大学物理入門編

初めから解ける

演習 熱力学

■ キャンパス・ゼミ ■

大学物理を楽しく練習できる演習書！

馬場敬之

MATHEMA

マセマ出版社

◆ はじめに ◆

みなさん，こんにちは。マセマの**馬場敬之(けいし)**です。既刊の『**初めから学べる 熱力学キャンパス・ゼミ**』は多くの読者の皆様のご支持を頂いて，**大学の基礎物理の教育のスタンダードな参考書**として定着してきているようです。そして，マセマには連日のように，この『初めから学べる熱力学キャンパス・ゼミ』で養った実力をより確実なものとするための『**演習書(問題集)**』が欲しいとのご意見が寄せられてきました。このご要望にお応えするため，新たに，この『**初めから解ける 演習 熱力学キャンパス・ゼミ**』を上梓することができて，心より嬉しく思っています。

推薦入試や**AO入試**など，本格的な大学受験の洗礼を受けることなく大学に進学して，大学の**熱力学**の講義を受けなければならない皆さんにとって，その基礎学力を鍛えるために**問題練習は欠かせません。**

この『**初めから解ける 演習 熱力学キャンパス・ゼミ**』は，そのための**最適な演習書**と言えます。

ここで，まず本書の特徴を紹介しておきましょう。

- 『大学基礎物理 熱力学キャンパス・ゼミ』に準拠して全体を**6**章に分け，各章毎に，解法のパターンが一目で分かるように，(***methods & formulae***)(要項)を設けている。
- マセマオリジナルの頻出典型の演習問題を，各章毎に**分かりやすく体系立てて配置**している。
- 各演習問題には(ヒント)を設けて解法の糸口を示し，また(解答&解説)では，定評あるマセマ流の読者の目線に立った**親切で分かりやすい解説**で明快に解き明かしている。
- **2色刷り**の美しい構成で，読者の理解を助けるため**図解も豊富**に掲載している。

さらに，本書の具体的な利用法についても紹介しておきましょう。

- まず，各章毎に，(methods & formulae)(要項)と演習問題を一度**流し読み**して，学ぶべき内容の全体像を押さえる。
- 次に，(methods & formulae)(要項)を**精読**して，公式や定理それに解法パターンを頭に入れる。そして，各演習問題の(解答 & 解説)を見ずに，問題文と(ヒント)のみを読んで，**自分なりの解答**を考える。
- その後，(解答 & 解説)をよく読んで，自分の解答と比較してみる。そして間違っている場合は，**どこにミスがあったかをよく検討**する。
- 後日，また(解答 & 解説)を見ずに**再チャレンジ**する。
- そして，問題がスラスラ解けるようになるまで，何度でも納得がいくまで**反復練習**する。

以上の流れに従って練習していけば，大学で学ぶ熱力学の基本を確実にマスターできますので，**熱力学の講義にも自信をもって臨める**ようになります。また，易しい問題であれば，**十分に解きこなすだけの実力**も身につけることができます。どう？ やる気が湧いてきたでしょう？

この『**初めから解ける 演習 熱力学キャンパス・ゼミ**』では，**偏微分と全微分，ファン・デル・ワールスの状態方程式と還元状態方程式，理想気体の内部エネルギー，定積・定圧モル比熱，断熱変化，第1種・第2種の永久機関，様々な循環過程，カルノー・サイクル，クラウジウス・トムソンの原理，エントロピー，エンタルピー，熱力学的関係式，マクスウェルの関係式**など，高校物理で扱われない分野でも，**大学物理で重要なテーマの問題は積極的に掲載**しています。したがって，これで確実に**高校物理から大学物理へステップアップ**していけます。

マセマ代表　馬場　敬之(けいし)

本書はこれまで出版されていた「演習 大学基礎物理 熱力学キャンパス・ゼミ」をより親しみをもって頂けるように「初めから解ける 演習 熱力学キャンパス・ゼミ」とタイトルを変更したものです。本書では，**Appendix**(付録)として，$xy^2 = c$ の微分表示の問題を追加しました。

◆ 目 次 ◆

講義4 熱力学第2法則

講義5 エントロピー

講義6 熱力学的関係式

講義 Lecture 1 微分・積分の基本 methods & formulae

§1. 1変数関数の微分・積分

1 変数関数の微分計算の基本公式と，導関数の性質，重要公式を示す。

微分計算の8つの基本公式

(1) $(x^{\alpha})' = \alpha x^{\alpha-1}$　　(2) $(\sin x)' = \cos x$

(3) $(\cos x)' = -\sin x$　　(4) $(\tan x)' = \dfrac{1}{\cos^2 x}$ ← $\sec^2 x$ とも書く。

(5) $(e^x)' = e^x$　$(e \fallingdotseq 2.72)$　　(6) $(a^x)' = a^x \cdot \log a$

(7) $(\log x)' = \dfrac{1}{x}$　$(x > 0)$　　(8) $\{\log f(x)\}' = \dfrac{f'(x)}{f(x)}$　$(f(x) > 0)$

（ただし，α は実数，$a > 0$ かつ $a \neq 1$，
$\log x$，$\log f(x)$ は自然対数(底が $e(\fallingdotseq 2.72)$ の対数)）

導関数の性質

$f(x)$，$g(x)$ が微分可能なとき，以下の式が成り立つ。

(1) $\{kf(x)\}' = k \cdot f'(x)$　　(k：実数定数)

(2) $\{f(x) \pm g(x)\}' = f'(x) \pm g'(x)$　　(複号同順)

微分計算の3つの重要公式

$f(x) = f$，$g(x) = g$ と略記して表すと，次の公式が成り立つ。

(1) $(f \cdot g)' = f' \cdot g + f \cdot g'$

(2) $\left(\dfrac{f}{g}\right)' = \dfrac{f' \cdot g - f \cdot g'}{g^2}$ ← $\left(\dfrac{分子}{分母}\right)' = \dfrac{(分子)' \cdot 分母 - 分子 \cdot (分母)'}{(分母)^2}$ と口ずさみながら覚えるといい。

(3) 合成関数の微分

$$y' = \frac{dy}{dx} = \frac{dy}{dt} \cdot \frac{dt}{dx}$$

← 複雑な関数の微分で威力を発揮する公式だ。

(ex) $y = (x^2 - x)^3$ の微分は，$x^2 - x = t$ とおいて合成関数の微分を用いると，

$y = 3 \cdot t^2 \cdot t' = 3(x^2 - x)^2 \cdot (x^2 - x)' = 3(2x - 1)(x^2 - x)^2$ となる。

関数 $y=f(x)$ のグラフは，右図に示すように，

(i) $f'(x)>0$ のとき，

$y=f(x)$ は増加し，

(ii) $f'(x)<0$ のとき，

$y=f(x)$ は減少する。

また，

(i) $f''(x)>0$ のとき，

下に凸のグラフとなり，

(ii) $f''(x)<0$ のとき，

上に凸のグラフとなる。

$f'(x)$ の符号と $f(x)$ の増減

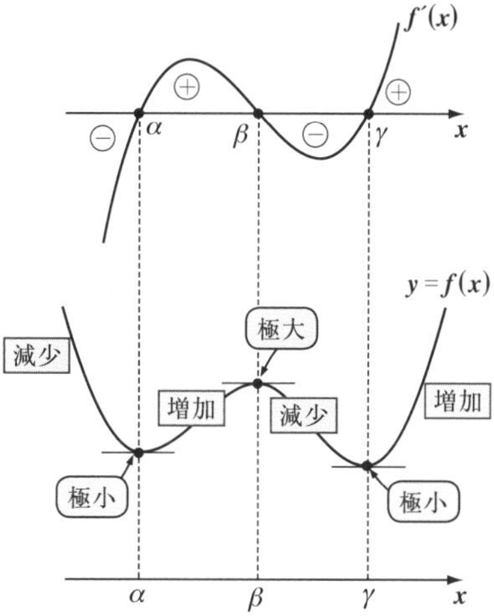

次に，関数 $f(x)$ の不定積分の定義と 8 つの基本公式，およびその性質を示す。

不定積分の定義

$f(x)$ の原始関数の 1 つが $F(x)$ のとき，$f(x)$ の不定積分を $\int f(x)dx$ で表し，これを次のように定義する。

"インテグラル・$f(x)$・dx" と読む。

$$\int f(x)dx = F(x)+C$$

($f(x)$：被積分関数，$F(x)$：原始関数の 1 つ，C：積分定数)

不定積分の 8 つの基本公式

(1) $\int x^{\alpha}dx = \frac{1}{\alpha+1}x^{\alpha+1}+C$　　(2) $\int \cos x\,dx = \sin x + C$

(3) $\int \sin x\,dx = -\cos x + C$　　(4) $\int \frac{1}{\cos^2 x}dx = \tan x + C$

(5) $\int e^x dx = e^x + C$　　(6) $\int a^x dx = \frac{a^x}{\log a}+C$

(7) $\int \frac{1}{x}dx = \log|x|+C$　　(8) $\int \frac{f'(x)}{f(x)}dx = \log|f(x)|+C$

(ただし，$\alpha \neq -1$，$a>0$ かつ $a \neq 1$，対数は自然対数，C：積分定数)

不定積分の 2 つの性質

(1) $\int kf(x)dx = k\int f(x)dx$　（k：定数）

(2) $\int \{f(x) \pm g(x)\}dx = \int f(x)dx \pm \int g(x)dx$　（複号同順）

次に定積分の定義を下に示す。これから定積分の結果は数値で表されることになる。

定積分の定義

閉区間 $a \leqq x \leqq b$ で，$f(x)$ の原始関数 $F(x)$ が存在するとき，定積分を次のように定義する。

$$\int_a^b f(x)dx = \left[F(x)\right]_a^b = F(b) - F(a)$$

定積分の結果は数値になる。

定積分の計算では，原始関数に積分定数 C がたされていても，$\left[F(x)+C\right]_a^b = F(b) + \cancel{C} - \{F(a) + \cancel{C}\} = F(b) - F(a)$ となって，どうせ引き算で打ち消し合う。よって，定積分の計算で C は不要だ。

右図に示すように，$a \leqq x \leqq b$ において，$f(x) \geqq 0$ であるならば，この範囲で，曲線 $y = f(x)$ と x 軸とで挟まれる図形の面積 S は，定積分より，

$S = \int_a^b f(x)dx$ として，求められる。

$a \leqq x \leqq b$ で，$f(x) \geqq 0$ のとき，

面積 $S = \int_a^b f(x)dx$

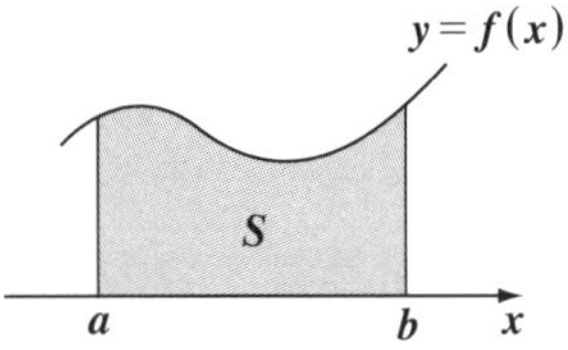

(ex) $\int_0^3 x(3-x)dx$ を計算すると，

$$\int_0^3 (3x - x^2)dx = \left[\frac{3}{2}x^2 - \frac{1}{3}x^3\right]_0^3$$

公式：$\int x^\alpha dx = \frac{1}{\alpha+1}x^{\alpha+1} + C$

$$= \frac{3}{2} \times 9 - \frac{1}{3} \times 27 = \frac{27}{2} - 9 = \frac{27-18}{2}$$

$$= \frac{9}{2}$$ となる。

これは，右図網目部の面積 S を表す。

面積 S
$S = \int_0^3 f(x)dx$

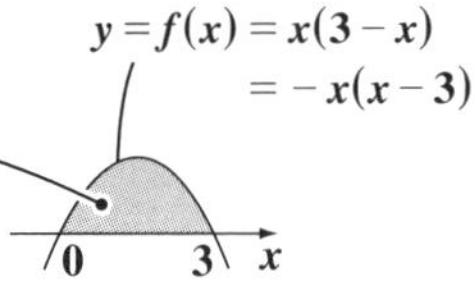

“変数分離形” による微分方程式の解法を下に示す。

変数分離形による解法

与えられた微分方程式 $y'=\frac{g(x)}{f(y)}$ を変形して，

$\frac{dy}{dx}=\frac{g(x)}{f(y)}$ より，$f(y)dy=g(x)dx$ と変数を分離し，
（yのみの式）（xのみの式）

両辺の不定積分をとって，$\int f(y)dy=\int g(x)dx$ として，解を求める。

(ex) 微分方程式：$y'=-\frac{y}{x^2}$ $(x\neq 0,\ y>0)$ を解くと，

$\frac{dy}{dx}=-\frac{y}{x^2}$ より，$\int\frac{1}{y}dy=-\int x^{-2}dx$ ←（変数分離形：$\int(y$の式$)dy=\int(x$の式$)dx$ になっている。）

よって，$\log y=x^{-1}+C_1$ (C_1：積分定数) より，

$y=e^{\frac{1}{x}+C_1}=e^{C_1}\cdot e^{\frac{1}{x}}$ $\therefore y=Ce^{\frac{1}{x}}$ $(C=e^{C_1})$ となって，答えだ。
（これを新たな定数Cとおく。）

§2. 2変数関数の微分

zを従属変数とし，2つの独立変数xとyをもつ2変数関数：$z=f(x,\ y)$は，右図に示すように，一般にxyz座標空間上における曲面を表す。

この2変数関数の微分には，

(i) **偏微分** $\frac{\partial z}{\partial x}$，$\frac{\partial z}{\partial y}$ と，

(ii) **全微分** dz の2種類がある。

曲面 $z=f(x,\ y)$

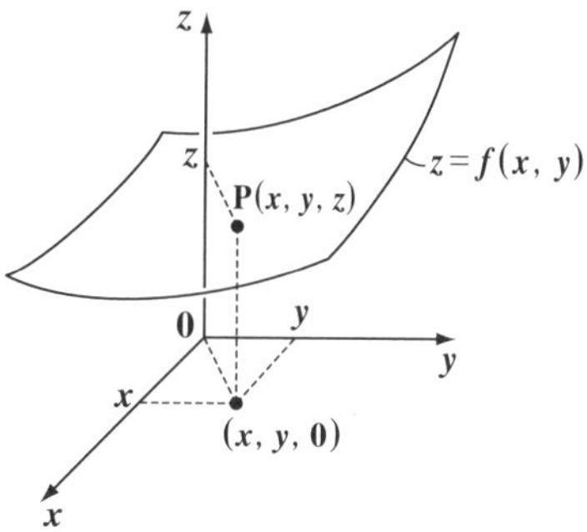

2 変数関数 $z = f(x, y)$ は，x と y それぞれによる**偏導関数**(**偏微分**)をもつ。これらの定義を下に示す。

(i) z の x による偏微分(または，偏導関数)は，次のように表される。

$$\frac{\partial z}{\partial x} = \frac{\partial f(x, y)}{\partial z} = \frac{\partial f}{\partial x}$$

← これは，y を定数とみなして，x で偏微分したもののことである。

z が x の **1** 変数関数：$z = f(x)$ であるとき，z の x による微分を**常微分**と呼び，$\frac{dz}{dx} = \frac{df}{dx}$ などと表す。今回，z は **2** 変数関数なので，偏微分 $\frac{\partial z}{\partial x} = \frac{\partial f}{\partial x}$ などで表す。

これは，"ラウンド z，ラウンド x" などと読む

(ii) z の y による偏微分(または，偏導関数)は，次のように表される。

$$\frac{\partial z}{\partial y} = \frac{\partial f(x, y)}{\partial y} = \frac{\partial f}{\partial y}$$

← これは，x を定数とみなして，y で偏微分したもののことである。

これは，"ラウンド z，ラウンド y" などと読む。

2 つの偏微分 $\frac{\partial f}{\partial x}$，$\frac{\partial f}{\partial y}$ はそれぞれ，曲面 $z = f(x, y)$ 上の点 $\mathrm{P}(x, y, z)$ における (i) x 軸方向の偏導関数と (ii) y 軸方向の偏導関数のことである。

より正確には，曲面 $z = f(x, y)$ を，点 $\mathrm{P}(x, y, z)$ を通り y 軸に垂直な平面で切ってできる曲線の，点 P における接線の傾きのこと。

より正確には，曲面 $z = f(x, y)$ を，点 $\mathrm{P}(x, y, z)$ を通り x 軸に垂直な平面で切ってできる曲線の，点 P における接線の傾きのこと。

(ex1) $z = f(x, y) = xy + x - y$ のとき，偏微分 $\frac{\partial z}{\partial x}$ と $\frac{\partial z}{\partial y}$ を求めよう。

・$\frac{\partial z}{\partial x} = \frac{\partial f}{\partial x} = \frac{\partial}{\partial x}(x \cdot y + x - y) = 1 \cdot y + 1 = y + 1$ ……①

（y：定数扱い）

・$\frac{\partial z}{\partial y} = \frac{\partial f}{\partial y} = \frac{\partial}{\partial y}(x \cdot y + x - y) = x \cdot 1 - 1 = x - 1$ ……②

（x：定数扱い）

(ex2) $z = f(x, y) = \frac{y}{x} = x^{-1} \cdot y$ のとき，偏微分 $\frac{\partial z}{\partial x}$，$\frac{\partial z}{\partial y}$ を求めよう。

$$\cdot\ \frac{\partial z}{\partial x}=\frac{\partial f}{\partial x}=\frac{\partial}{\partial x}(x^{-1}\cdot \underbrace{y}_{\text{定数扱い}})=-x^{-2}\cdot y=-\frac{y}{x^2}\ \cdots\cdots③$$

$$\cdot\ \frac{\partial z}{\partial y}=\frac{\partial f}{\partial y}=\frac{\partial}{\partial y}(\underbrace{x^{-1}}_{\text{定数扱い}}\cdot y)=x^{-1}\cdot 1=\frac{1}{x}\ \cdots\cdots\cdots\cdots④$$

2 変数関数 $z=f(x,\ y)$ について，この**全微分**(ぜんびぶん) dz は，次のように定義される。

全微分の定義

2 変数関数 $z=f(x,\ y)$ が点 $(x,\ y)$ で全微分可能のとき，

$dz=\dfrac{\partial f}{\partial x}dx+\dfrac{\partial f}{\partial y}dy$ が成り立ち，

この dz を，点 $(x,\ y)$ における全微分という。

$(ex1)$ $z=f(x,\ y)=xy+x-y$ の全微分 dz を求めよう。

①，②より，偏微分 $\dfrac{\partial z}{\partial x}=y+1$，$\dfrac{\partial z}{\partial y}=x-1$ だから，

全微分 $dz=\underbrace{\dfrac{\partial z}{\partial x}}_{(y+1)}dx+\underbrace{\dfrac{\partial z}{\partial y}}_{(x-1)}dy=(y+1)dx+(x-1)dy$ である。

$(ex2)$ $z=f(x,\ y)=\dfrac{y}{x}$ の全微分 dz を求めよう。

③，④より，全微分 $dz=\underbrace{\dfrac{\partial z}{\partial x}}_{-\frac{y}{x^2}}dx+\underbrace{\dfrac{\partial z}{\partial y}}_{\frac{1}{x}}dy=-\dfrac{y}{x^2}dx+\dfrac{1}{x}dy$ である。

演習問題 1　● 微分計算(I) ●

次の関数を微分せよ。ただし，$x>0$ とする。

(1) $y=2\sqrt{x}+1$　　(2) $y=3\sqrt[3]{x^5}-2\sqrt{x^3}$

(3) $y=x(\sqrt{x}-1)^2$　　(4) $y=\dfrac{1}{x^2}+\log x$

ヒント！ 微分計算の公式：$(x^{\alpha})'=\alpha\cdot x^{\alpha-1}$ と，$(\log x)'=\dfrac{1}{x}$ を利用して計算しよう。

解答＆解説

公式：$(x^{\alpha})'=\alpha x^{\alpha-1}$

(1) $y=2\cdot x^{\frac{1}{2}}+1$　$(x>0)$ を x で微分すると，

$y'=\left(2\cdot x^{\frac{1}{2}}+1\right)'=2\cdot\dfrac{1}{2}x^{-\frac{1}{2}}=x^{-\frac{1}{2}}=\dfrac{1}{\sqrt{x}}$　である。……(答)

(2) $y=3\cdot x^{\frac{5}{3}}-2\cdot x^{\frac{3}{2}}$　$(x>0)$ を x で微分すると，

$y'=\left(3\cdot x^{\frac{5}{3}}-2\cdot x^{\frac{3}{2}}\right)'=3\cdot\underbrace{\left(x^{\frac{5}{3}}\right)'}_{\frac{5}{3}x^{\frac{2}{3}}}-2\cdot\underbrace{\left(x^{\frac{3}{2}}\right)'}_{\frac{3}{2}x^{\frac{1}{2}}}=3\cdot\dfrac{5}{3}x^{\frac{2}{3}}-2\cdot\dfrac{3}{2}x^{\frac{1}{2}}$

$=5\sqrt[3]{x^2}-3\sqrt{x}$　である。……(答)

(3) $y=x\left(x^{\frac{1}{2}}-1\right)^2=x\cdot\left(x-2x^{\frac{1}{2}}+1\right)=x^2-2x^{\frac{3}{2}}+x$　$(x>0)$ を x で微分すると，

$y'=\left(x^2-2x^{\frac{3}{2}}+x\right)'=2x-2\cdot\dfrac{3}{2}x^{\frac{1}{2}}+1$

$=2x-3\sqrt{x}+1$　である。……(答)

(4) $y=x^{-2}+\log x$　$(x>0)$ を x で微分すると，

公式：$(x^{\alpha})'=\alpha x^{\alpha-1}$
$(\log x)'=\dfrac{1}{x}$

$y'=(x^{-2}+\log x)'=\underbrace{(x^{-2})'}_{-2\cdot x^{-3}}+\underbrace{(\log x)'}_{\frac{1}{x}}$

$=-2\cdot\dfrac{1}{x^3}+\dfrac{1}{x}=\dfrac{x^2-2}{x^3}$　である。……(答)

演習問題 2 ● 微分計算 (II) ●

次の関数を微分せよ。

(1) $y=(2x^2+1)\cdot\log x \quad (x>0)$　　(2) $y=x\cdot\log(x^2+1)$

(3) $y=(x^2+1)^3$　　(4) $y=x(\sqrt{x}-1)^2 \quad (x>0)$

ヒント! 微分の基本公式：$(x^\alpha)'=\alpha\cdot x^{\alpha-1}$，$(\log x)'=\dfrac{1}{x}$，$(\log f)'=\dfrac{f'}{f}$，

および微分の重要公式：$(f\cdot g)'=f'\cdot g+f\cdot g'$ と $\dfrac{dy}{dx}=\dfrac{dy}{dt}\cdot\dfrac{dt}{dx}$（合成関数の微分）を利用して解いていこう。

解答＆解説

(1) $y'=\{(2x^2+1)\cdot\log x\}'=\underbrace{(2x^2+1)'}_{4x}\cdot\log x+(2x^2+1)\cdot\underbrace{(\log x)'}_{\frac{1}{x}}$ ← 公式：$(f\cdot g)'=f'\cdot g+f\cdot g'$

$=4x\cdot\log x+\dfrac{2x^2+1}{x}=\dfrac{4x^2\log x+2x^2+1}{x}$ ……………………(答)

(2) $y'=\{x\cdot\log(x^2+1)\}'=\underbrace{x'}_{1}\cdot\log(x^2+1)+x\cdot\underbrace{\{\log(x^2+1)\}'}_{\frac{(x^2+1)'}{x^2+1}=\frac{2x}{x^2+1}}$ ← 公式：$(\log f)'=\dfrac{f'}{f}$

$=\log(x^2+1)+\dfrac{2x^2}{x^2+1}$ ……………………(答)

(3) $y'=\{(\underbrace{x^2+1}_{t\text{とおく}})^3\}'=\dfrac{dy}{dx}=\underbrace{\dfrac{d(t^3)}{dt}}_{3t^2=3(x^2+1)^2}\cdot\underbrace{\dfrac{dt}{dx}}_{(x^2+1)'=2x}$ ← 合成関数の微分：$\dfrac{dy}{dx}=\dfrac{dy}{dt}\cdot\dfrac{dt}{dx}$

$=3(x^2+1)^2\cdot2x=6x(x^2+1)^2$ ……………………(答)

(4) $y'=\underbrace{x'}_{1}\cdot(\sqrt{x}-1)^2+x\cdot\underbrace{\{(\overbrace{x^{\frac{1}{2}}-1}^{t\text{とおく}})^2\}'}_{\frac{d(t^2)}{dt}\cdot\frac{dt}{dx}=2t\cdot(x^{\frac{1}{2}}-1)'=2(\sqrt{x}-1)\cdot\frac{1}{2}x^{-\frac{1}{2}}=\frac{\sqrt{x}-1}{\sqrt{x}}}$ ← 公式：$(f\cdot g)'=f'\cdot g+f\cdot g'$

$=\underbrace{(\sqrt{x}-1)^2}_{x-2\sqrt{x}+1}+\underbrace{x\cdot\dfrac{\sqrt{x}-1}{\sqrt{x}}}_{\sqrt{x}(\sqrt{x}-1)=x-\sqrt{x}}=x-2\sqrt{x}+1+x-\sqrt{x}=2x-3\sqrt{x}+1$ …(答)

（演習問題 1 (3) と同じ結果になった！）

演習問題 3　● 微分計算 (Ⅲ) ●

次の関数を微分せよ。

(1) $y = \dfrac{\log x}{x+1}$ ………① $(x > 0)$　　(2) $y = \dfrac{x-1}{x^2+1}$ ………②

(3) $y = \dfrac{\sqrt{x}-1}{\sqrt{x}+1}$ ……③ $(x \geqq 0)$　　(4) $y = \dfrac{(\sqrt{x}-2)^2}{(\sqrt{x}+2)^2}$ ……④

ヒント！ 今回は，分数関数の微分公式：$\left(\dfrac{f}{g}\right)' = \dfrac{f'\cdot g - f\cdot g'}{g^2}$ を利用して解いていこう。

解答＆解説

(1) ①の関数を x で微分して，

$$y' = \left(\frac{\log x}{x+1}\right)' = \frac{\overset{\frac{1}{x}}{(\log x)'}\cdot(x+1) - \log x\cdot\overset{1}{(x+1)'}}{(x+1)^2}$$

公式：$\left(\dfrac{f}{g}\right)' = \dfrac{f'\cdot g - f\cdot g'}{g^2}$

$$= \frac{\dfrac{1}{x}\cdot(x+1) - \log x}{(x+1)^2} = \frac{x+1-x\log x}{x(x+1)^2} \quad \text{……(答)}$$

分子・分母に x をかけて

(2) ②の関数を x で微分して，

$$y' = \left(\frac{x-1}{x^2+1}\right)' = \frac{\overset{1}{(x-1)'}\cdot(x^2+1) - (x-1)\cdot\overset{2x}{(x^2+1)'}}{(x^2+1)^2}$$

$$= \frac{1\cdot(x^2+1) - 2x(x-1)}{(x^2+1)^2} = \frac{x^2+1-2x^2+2x}{(x^2+1)^2}$$

$$= \frac{-x^2+2x+1}{(x^2+1)^2} \quad \text{……(答)}$$

(3) ③の関数を x で微分して，

公式：$\left(\frac{f}{g}\right)' = \frac{f' \cdot g - f \cdot g'}{g^2}$

$$y' = \left(\frac{\sqrt{x}-1}{\sqrt{x}+1}\right)' = \frac{\underbrace{(x^{\frac{1}{2}}-1)'}_{\frac{1}{2}x^{-\frac{1}{2}}} \cdot (\sqrt{x}+1) - (\sqrt{x}-1) \cdot \underbrace{(x^{\frac{1}{2}}+1)'}_{\frac{1}{2}x^{-\frac{1}{2}}}}{(\sqrt{x}+1)^2}$$

$$= \frac{\frac{1}{2\sqrt{x}} \cdot (\sqrt{x}+1) - \frac{1}{2\sqrt{x}} \cdot (\sqrt{x}-1)}{(\sqrt{x}+1)^2}$$

分子・分母に $2\sqrt{x}$ をかけて

$$= \frac{\sqrt{x}+1-\sqrt{x}+1}{2\sqrt{x}(\sqrt{x}+1)^2} = \frac{2}{2\sqrt{x}(\sqrt{x}+1)^2} = \frac{1}{\sqrt{x}(\sqrt{x}+1)^2}$$ ……………(答)

(4) ④の関数を x で微分して，

$\sqrt{x}-2=t$ とおいて，合成関数の微分 $2(\sqrt{x}-2)\cdot(\sqrt{x}-2)'$

$\sqrt{x}+2=t$ とおいて，合成関数の微分 $2(\sqrt{x}+2)\cdot(\sqrt{x}+2)'$

$$y' = \left\{\frac{(\sqrt{x}-2)^2}{(\sqrt{x}+2)^2}\right\}' = \frac{\{(\sqrt{x}-2)^2\}'(\sqrt{x}+2)^2 - (\sqrt{x}-2)^2 \cdot \{(\sqrt{x}+2)^2\}'}{(\sqrt{x}+2)^4}$$

$$= \frac{2(\sqrt{x}-2)\cdot\frac{1}{2}\cdot\underbrace{x^{-\frac{1}{2}}}_{\frac{1}{\sqrt{x}}}\cdot(\sqrt{x}+2)^2 - (\sqrt{x}-2)^2\cdot 2(\sqrt{x}+2)\cdot\frac{1}{2}\underbrace{x^{-\frac{1}{2}}}_{\frac{1}{\sqrt{x}}}}{(\sqrt{x}+2)^4}$$

分子・分母に $\sqrt{x}$ をかける

$$= \frac{(\sqrt{x}-2)(\sqrt{x}+2)^2 - (\sqrt{x}-2)^2(\sqrt{x}+2)}{\sqrt{x}(\sqrt{x}+2)^4}$$

分子の共通関数 $(\sqrt{x}-2)(\sqrt{x}+2)$ をくくり出す。

$$= \frac{\underbrace{(\sqrt{x}-2)(\sqrt{x}+2)}_{(x-4)}\{\sqrt{x}+2-(\sqrt{x}-2)\}}{\sqrt{x}(\sqrt{x}+2)^4}$$

$$= \frac{4(x-4)}{\sqrt{x}(\sqrt{x}+2)^4}$$ ……………………………………………(答)

演習問題 4 ● $y=cx$ の差分表示・微分表示 ●

2変数 x と y について，$y=cx$ ……$(*)$ (c：定数) が成り立つとき，

(1) $(*)$ の差分表示：$\Delta y = c\cdot\Delta x$ ……$(*)'$ が成り立つことを示せ。

(2) $(*)$ の微分表示：$dy = c\cdot dx$ ……$(*)''$ が成り立つことを示せ。

ヒント！ (1) $(*)$ をみたす異なる 2 点 (x_1, y_1) と (x_2, y_2) をとって考えよう。(2) では，(1) の $(*)'$ の結果から，$\Delta x\to 0$ の極限として求めてもよい。

解答＆解説

(1) $y=cx$ ……$(*)$ をみたす異なる 2 点 $(x_1,\ y_1)$，$(x_2,\ y_2)$ を $(*)$ に代入して，列記すると，

$$\begin{cases} y_1 = cx_1 \cdots\cdots ① \\ y_2 = cx_2 \cdots\cdots ② \end{cases}$$ となる。

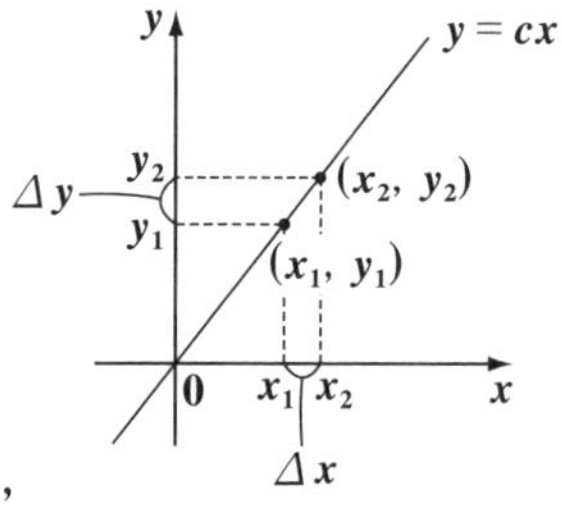

ここで，② − ① より，$\underbrace{y_2 - y_1}_{\Delta y} = c(\underbrace{x_2 - x_1}_{\Delta x})$

ここで，$\Delta x = x_2 - x_1$，$\Delta y = y_2 - y_1$，とおくと，

$(*)$ の差分表示 $\Delta y = c\cdot\Delta x$ ……$(*)'$ が導ける。……………………(終)

(2) $(*)'$ の Δx を限りなく 0 に近づけると，$\Delta x\to dx$，$\Delta y\to dy$ となる。

よって，$(*)'$ の両辺の $\Delta x\to 0$ の極限を求めると，

$dy = c\cdot dx$ ……$(*)''$ が導ける。……………………………………(終)

別解

(i) $(*)$ の両辺を x で微分して，$y' = \boxed{\dfrac{dy}{dx} = c}$ よって，$\dfrac{dy}{dx} = c$ より，

$dy = c\cdot dx$ ……$(*)''$ が導ける。

(ii) $y=cx$ …$(*)$ の式を変数分離形の式：(y の式)=(x の式) とみると，

$$\underbrace{\frac{d(y\text{の式})}{dy}}_{1}\cdot dy = \underbrace{\frac{d(x\text{の式})}{dx}}_{c}\cdot dx$$ より，$dy = c\cdot dx$ ……$(*)''$ が導ける。

演習問題 5　● $xy=c$ の微分表示 ●

2 変数 x, y について, $xy=c$ ……$(*)$ (c：0 以外の定数) が成り立つとき, $xdy+ydx=0$ ……$(*)'$ が成り立つことを示せ。

ヒント！ 2 つの関数 f と g の積の微分公式：$(fg)'=f'\cdot g+f\cdot g'$ と同様に, $xy=c$ …$(*)$ の微分表示が, $xdy+ydx=0$ …$(*)'$ となることを示そう。$(*)$ から, $y=\frac{c}{x}$ として, これを x で微分すると, $(*)'$ が導ける。

解答＆解説

$xy=c$ ……$(*)$ について, c は 0 以外の定数より,

$x \neq 0$, $y \neq 0$ である。

（もし, $x=0$ または $y=0$ と仮定すると, $(*)$ より, $0=c$ となって, $c \neq 0$ に矛盾するからだね。(背理法)）

よって, $(*)$ の両辺を x で割って,

$y=\frac{c}{x}=c\cdot x^{-1}$ ……① とする。

①の両辺を x で微分して,

$y'=\frac{dy}{dx}=c\cdot(-1)\cdot x^{-2}=-\frac{c}{x^2}$ となる。これから,

$\frac{dy}{dx}=-\frac{c}{x^2}$ ……②

ここで, $(*)$ より, ②の c に xy を代入して c を消去すると,

$\frac{dy}{dx}=-\frac{xy}{x^2}$ 　$\therefore \frac{dy}{dx}=-\frac{y}{x}$ ……③ 　③の両辺に xdx をかけると,

$xdy=-ydx$ 　$\therefore xdy+ydx=0$ ……$(*)'$ が導ける。……………………(終)

参考

$xy=c$ のとき, この両辺の微分をとって,

$d(xy)=dc$ 　$\therefore ydx+xdy=0$ と計算してもよい。

（dc：c は定数より, これは 0）

（$d(xy)$ $=$ $xdy+ydx$ ← $(f\cdot g)'=f'\cdot g+f\cdot g'$ と同様）

演習問題 6　● 関数 $y=f(x)$ のグラフ (Ⅰ) ●

関数 $y=f(x)=\dfrac{3}{\sqrt[3]{x^5}}$ ……① $(x>0)$ について，$f'(x)$ と $f''(x)$ を調べ，極限 $\lim\limits_{x\to+0} f(x)$ と，$\lim\limits_{x\to\infty} f(x)$ を求めて，関数①のグラフの概形を描け。

ヒント！ $f'(x)$ の符号により，$y=f(x)$ の増減を調べ，$f''(x)$ の符号により，このグラフが下に凸か，上に凸かを調べることができ，これらを増減・凹凸表にまとめよう。

解答＆解説

$y=f(x)=\dfrac{3}{x^{\frac{5}{3}}}=3\cdot x^{-\frac{5}{3}}$ ……① $(x>0)$ を x で 2 回微分すると，

$$f'(x)=3\cdot\left(-\frac{5}{3}\right)\cdot x^{-\frac{8}{3}}=-5\cdot \underbrace{x^{-\frac{8}{3}}}_{\oplus}<0 \quad (\because x>0)$$

← $x>0$ の範囲で，$f(x)$ は単調に減少する。

$$f''(x)=\left(-5\cdot x^{-\frac{8}{3}}\right)'=\frac{40}{3}\underbrace{x^{-\frac{11}{3}}}_{\oplus}>0 \quad (\because x>0)$$

← $x>0$ の範囲で，$f(x)$ は下に凸のグラフになる。

よって，$y=f(x)$ $(x>0)$ の増減・凹凸表は右表のようになる。

増減・凹凸表 $(x>0)$

x	(0)	
$f'(x)$		$-$
$f''(x)$		$+$
$f(x)$		↘

ここで，2 つの極限 $\lim\limits_{x\to+0} f(x)$ と $\lim\limits_{x\to\infty} f(x)$ を調べると，

$$\lim_{x\to+0} f(x)=\lim_{x\to+0}\frac{3}{\underbrace{\sqrt[3]{x^5}}_{+0}}=\frac{3}{+0}=+\infty$$

$$\lim_{x\to\infty} f(x)=\lim_{x\to\infty}\frac{3}{\underbrace{\sqrt[3]{x^5}}_{\infty}}=\frac{3}{\infty}=0$$

以上より，関数 $y=f(x)$ $(x>0)$ のグラフの概形は，右図のようになる。

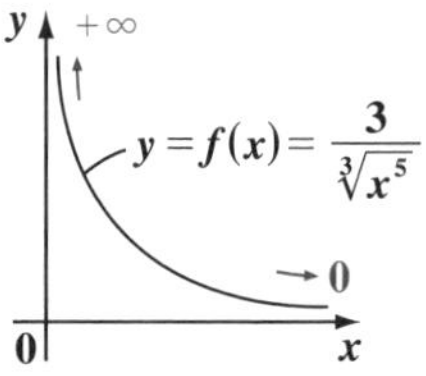

……(答)

演習問題 7　● 関数 $y=f(x)$ のグラフ (Ⅱ) ●

関数 $y=f(x)=x(\sqrt{x}-1)^2$ ……① $(x \geqq 0)$ について，$f'(x)$ を調べ，極限 $\lim_{x\to\infty} f(x)$ を求めて，①のグラフの概形を描け。

ヒント！ この①は，演習問題 **1(3)(P12)**，および **2(4)** と同じ関数で，$f'(x)=2x-3\sqrt{x}+1$ となることは分かっている。今回は $f''(x)$ を求めないが，これでもグラフの概形は分かるんだね。

解答&解説

$y=f(x)=x(\sqrt{x}-1)^2$ ……① $(x \geqq 0)$ を x で微分して，

$f'(x)=\underline{2x-3\sqrt{x}+1}=\underline{(2\sqrt{x}-1)(\sqrt{x}-1)}$

$\sqrt{x}=t$ とおくと，$2t^2-3t+1=(2t-1)(t-1)$

$$\begin{matrix} 2 & \times & -1 \\ 1 & & -1 \end{matrix}$$

$f(x)=x(x-2\sqrt{x}+1)$
$=x^2-2x^{\frac{3}{2}}+x$
$f'(x)=2x-3x^{\frac{1}{2}}+1$

よって，$f'(x)=0$ のとき，

$\sqrt{x}=\dfrac{1}{2}$，1 より，$x=\dfrac{1}{4}$，1

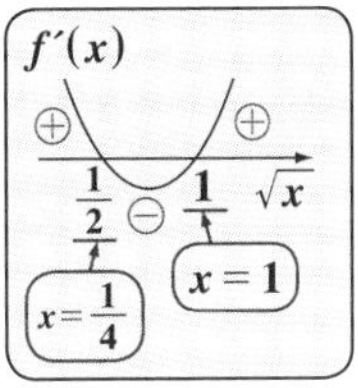

また，$f(0)=0\cdot(0-1)^2=0$，

$f\left(\dfrac{1}{4}\right)=\dfrac{1}{4}\cdot\left(\dfrac{1}{2}-1\right)^2=\dfrac{1}{16}$，

$f(1)=1\cdot(1-1)^2=0$ より，

$f(x)$ $(x \geqq 0)$ の増減表は右のようになる。

増減表 $(x \geqq 0)$

x	0		$\frac{1}{4}$		1	
$f'(x)$		$+$	0	$-$	0	$+$
$f(x)$	0	↗	$\frac{1}{16}$	↘	0	↗

（$\frac{1}{16}$：極大値，0：極小値）

次に極限 $\lim_{x\to\infty} f(x)$ を調べると，

$$\lim_{x\to\infty} f(x)=\lim_{x\to\infty} \underset{\infty}{x}\cdot\underset{\infty}{(\sqrt{x}-1)^2}=\infty\times\infty=\infty$$

となる。

以上より，関数 $y=f(x)$ $(x \geqq 0)$ のグラフの概形は右図のようになる。

……(答)

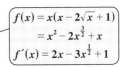

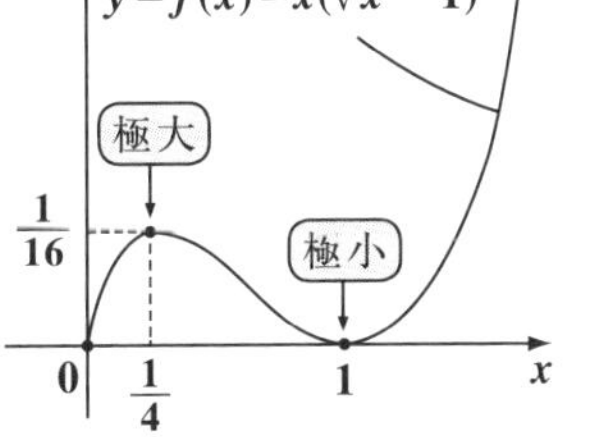

演習問題 8　● 関数 $y=f(x)$ のグラフ (Ⅲ) ●

関数 $y=f(x)=\dfrac{10}{3x-1}-\dfrac{3}{x^2}$ ……① $\left(x>\dfrac{1}{3}\right)$ について，次の問いに答えよ。

(1) $x>\dfrac{1}{3}$ のとき，$f'(x)<0$ となることを示せ。

(2) 極限 $\displaystyle\lim_{x\to\frac{1}{3}+0}f(x)$ と $\displaystyle\lim_{x\to\infty}f(x)$ を調べて，関数 $y=f(x)$ のグラフの概形を xy 平面上に描け。

ヒント！ (1) $f(x)=10(3x-1)^{-1}-3x^{-2}$ $\left(x>\dfrac{1}{3}\right)$ を x で微分して，$f'(x)$ の符号に関する本質的な部分 $g(x)$ を調べよう。(2) (1) の結果と，2つの極限から，この $y=f(x)$ のグラフの概形を描くことができるんだね。

解答＆解説

(1) 関数 $y=f(x)=\dfrac{10}{3x-1}-\dfrac{3}{x^2}$ ……① $\left(x>\dfrac{1}{3}\right)$

を x で微分して，

$$f'(x)=\{10\underline{(3x-1)^{-1}}-3x^{-2}\}'=10\cdot\underline{(-1)\cdot(3x-1)^{-2}\cdot 3}-3\cdot(-2)\cdot x^{-3}$$

（$3x-1=t$ とおいて，合成関数の微分を用いた。）

$$=-\frac{30}{(3x-1)^2}+\frac{6}{x^3}=-6\cdot\frac{5x^3-(3x-1)^2}{x^3(3x-1)^2}\ \cdots②$$

（$f'(x)$ の符号に関する本質的な部分で，これを $g(x)$ とおくと，$g(x)>0$ のとき，$f'(x)<0$，$g(x)<0$ のとき，$f'(x)>0$ となる。）

（$x>\dfrac{1}{3}$ より，$x^3>0$，$(3x-1)^2>0$ となるので，これは常に⊖となる部分）

ここで，$x>\dfrac{1}{3}$ より，$-\dfrac{6}{x^3(3x-1)^2}<0$ となる。よって，$f'(x)$ の符号に関する本質的な部分を $\underline{y=g(x)=5x^3-(3x-1)^2}=5x^3-9x^2+6x-1$ …③ $\left(x>\dfrac{1}{3}\right)$

（(ⅰ) $g(x)>0$ のとき，$f'(x)<0$，(ⅱ) $g(x)<0$ のとき，$f'(x)>0$ となり，これが $f'(x)$ の符号を決定する。）

とおいて，この符号を調べる。まず，$y=g(x)$ ……③ を x で微分して，

$g'(x) = 15x^2 - 18x + 6 = 3(5x^2 - 6x + 2)$

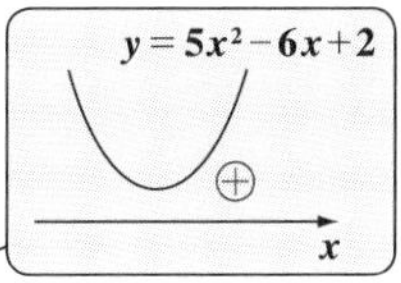

ここで，$5x^2 - 6x + 2 = 0$ の判別式を D とおくと，

$\dfrac{D}{4} = (-3)^2 - 5 \cdot 2 = -1 < 0$ より，$y = 5x^2 - 6x + 2 > 0$

$\therefore\ g'(x) = 3(\underbrace{5x^2 - 6x + 2}_{\oplus}) > 0$ より，$g(x)$ は，$x > \dfrac{1}{3}$ において単調に増加する。次に，

$g\left(\dfrac{1}{3}\right) = 5 \cdot \left(\dfrac{1}{3}\right)^3 - \left(3 \times \dfrac{1}{3} - 1\right)^2 = \dfrac{5}{27} > 0$

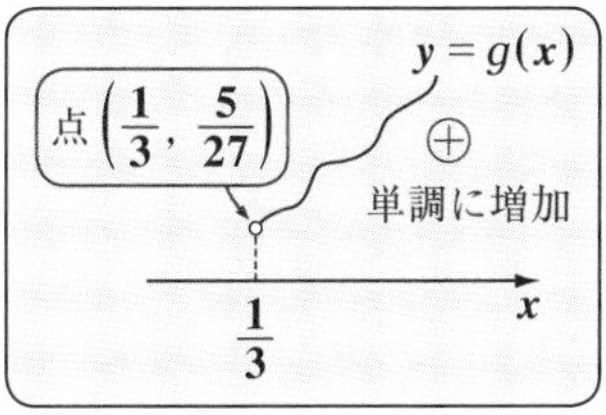

よって，$y = g(x)$ は，$x > \dfrac{1}{3}$ の範囲において，常に正である。よって，②より，

$f'(x) = \underbrace{-\dfrac{6}{x^3(3x-1)^2}}_{\ominus} \times \underbrace{g(x)}_{\oplus} < 0$

となる。……………………………………(終)

増減表 $\left(x > \dfrac{1}{3}\right)$

x	$\left(\frac{1}{3}\right)$	
$f'(x)$		$-$
$f(x)$		↘

よって，$y = f(x)$ は $x > \dfrac{1}{3}$ の範囲で単調に減少する。

(2) 2つの極限を調べると，

$\displaystyle\lim_{x \to \frac{1}{3}+0} f(x) = \lim_{x \to \frac{1}{3}+0} \left(\underbrace{\frac{10}{3x-1}}_{\frac{10}{+0} = \infty} - \underbrace{\frac{3}{x^2}}_{27}\right) = \infty$ ……………………………………(答)

$\displaystyle\lim_{x \to \infty} f(x) = \lim_{x \to \infty} \left(\underbrace{\frac{10}{3x-1}}_{\frac{10}{\infty} = 0} - \underbrace{\frac{3}{x^2}}_{\frac{3}{\infty} = 0}\right) = 0$ …(答)

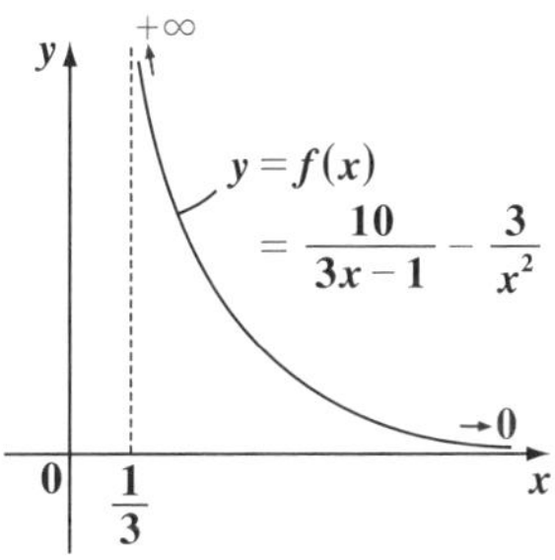

以上より，関数 $y = f(x)$ $\left(x > \dfrac{1}{3}\right)$ のグラフの概形は，右図のようになる。…………(答)

演習問題 9　● 不定積分の計算 ●

次の不定積分を求めよ。ただし $x>0$ とする。

(1) $\displaystyle\int\left(5x\sqrt{x}-\frac{1}{\sqrt{x}}\right)dx$　　(2) $\displaystyle\int\frac{x^3-\sqrt{x}}{x^2}dx$

(3) $\displaystyle\int\frac{x^2\sqrt{x}-2}{x}dx$　　(4) $\displaystyle\int\frac{3x^2-1}{x^3}dx$

ヒント！ 公式：$\displaystyle\int x^\alpha dx=\frac{1}{\alpha+1}x^{\alpha+1}+C\ (\alpha\neq-1)$, $\displaystyle\int\frac{1}{x}dx=\log|x|+C$ を利用しよう。

解答&解説

(1) $\displaystyle\int\left(5x\cdot x^{\frac{1}{2}}-x^{-\frac{1}{2}}\right)dx=\int\left(5x^{\frac{3}{2}}-x^{-\frac{1}{2}}\right)dx$

$\displaystyle=\cancel{5}\cdot\frac{2}{\cancel{5}}x^{\frac{5}{2}}-2x^{\frac{1}{2}}+C=2x^2\sqrt{x}-2\sqrt{x}+C$

$=2\sqrt{x}(x^2-1)+C$　(C：積分定数)……(答)

公式：$\displaystyle\int x^\alpha dx=\frac{1}{\alpha+1}x^{\alpha+1}+C$ $(\alpha\neq-1)$

(2) $\displaystyle\int\frac{x^3-x^{\frac{1}{2}}}{x^2}dx=\int\left(x-x^{-\frac{3}{2}}\right)dx$

$\displaystyle=\frac{1}{2}x^2+2x^{-\frac{1}{2}}+C=\frac{1}{2}x^2+\frac{2}{\sqrt{x}}+C$　(C：積分定数)……………(答)

(3) $\displaystyle\int\frac{x^2\cdot x^{\frac{1}{2}}-2}{x}dx=\int\frac{x^{\frac{5}{2}}-2}{x}dx$

$\displaystyle=\int\left(x^{\frac{3}{2}}-\frac{2}{x}\right)dx=\frac{2}{5}x^{\frac{5}{2}}-2\cdot\log x+C$

公式：$\displaystyle\int\frac{1}{x}dx=\log|x|+C$

$\displaystyle=\frac{2}{5}x^2\sqrt{x}-2\log x+C$　(C：積分定数)……………………………(答)

(4) $\displaystyle\int\frac{3x^2-1}{x^3}dx=\int\left(\frac{3}{x}-x^{-3}\right)dx$

$\displaystyle=3\cdot\log x+\frac{1}{2}x^{-2}+C$

$\displaystyle=3\log x+\frac{1}{2x^2}+C$　(C：積分定数)……………………………(答)

演習問題 10 ● 定積分の計算 ●

次の定積分を計算せよ。

(1) $\displaystyle\int_0^1 (x^2+x)\,dx$　　(2) $\displaystyle\int_0^2 (x\sqrt{x}+2x)\,dx$

(3) $\displaystyle\int_1^{e^3} \frac{x+x^3}{x^2}\,dx$　　(4) $\displaystyle\int_e^{e^2} \frac{x+\sqrt{x}}{x\sqrt{x}}\,dx$

ヒント！ 積分公式：$\displaystyle\int x^{\alpha}dx=\frac{1}{\alpha+1}x^{\alpha+1}+C,\ \int\frac{1}{x}dx=\log|x|+C$ を利用して解いていこう。

解答＆解説

(1) $\displaystyle\int_0^1 (x^2+x)\,dx=\left[\frac{1}{3}x^3+\frac{1}{2}x^2\right]_0^1$　　公式：$\displaystyle\int x^{\alpha}dx=\frac{1}{\alpha+1}x^{\alpha+1}+C$

$\displaystyle=\frac{1}{3}\cdot 1^3+\frac{1}{2}\cdot 1^2-0=\frac{1}{3}+\frac{1}{2}=\frac{2+3}{6}=\frac{5}{6}$ ……(答)

(2) $\displaystyle\int_0^2 (x\sqrt{x}+2x)\,dx=\int_0^2\left(x^{\frac{3}{2}}+2x\right)dx=\left[\frac{2}{5}x^{\frac{5}{2}}+x^2\right]_0^2$

$\displaystyle=\frac{2}{5}\underbrace{2^{\frac{5}{2}}}_{2^2\cdot\sqrt{2}=4\sqrt{2}}+2^2-0=\frac{8\sqrt{2}}{5}+4=\frac{4(2\sqrt{2}+5)}{5}$ ……(答)

(3) $\displaystyle\int_1^{e^3}\frac{x+x^3}{x^2}\,dx=\int_1^{e^3}\left(\frac{1}{x}+x\right)dx$　　公式：$\displaystyle\int\frac{1}{x}dx=\log|x|+C$

$\displaystyle=\left[\log x+\frac{1}{2}x^2\right]_1^{e^3}=\underbrace{\log e^3}_{3}+\frac{1}{2}e^6-\underbrace{\log 1}_{0}-\frac{1}{2}=\frac{e^6+5}{2}$ ……(答)

(4) $\displaystyle\int_e^{e^2}\frac{x+\sqrt{x}}{x\sqrt{x}}\,dx=\int_e^{e^2}\left(\frac{1}{\sqrt{x}}+\frac{1}{x}\right)dx=\int_e^{e^2}\left(x^{-\frac{1}{2}}+\frac{1}{x}\right)dx$

$\displaystyle=\left[2x^{\frac{1}{2}}+\log x\right]_e^{e^2}=\left[2\sqrt{x}+\log x\right]_e^{e^2}$

$\displaystyle=2\underbrace{\sqrt{e^2}}_{e}+\underbrace{\log e^2}_{2}-2\sqrt{e}-\underbrace{\log e}_{1}=2e+2-2\sqrt{e}-1$

$=2e-2\sqrt{e}+1$ ……(答)

演習問題 11 ● 面積計算 ●

次の各問いに答えよ。

(1) 区間 $1 \leqq x \leqq 2$ において，曲線 $y = f(x) = \dfrac{3}{\sqrt[3]{x^5}}$ $(x > 0)$ と x 軸とで挟まれる図形の面積 S_1 を求めよ。

(2) 区間 $0 \leqq x \leqq 1$ において，曲線 $y = g(x) = x(\sqrt{x} - 1)^2$ $(x \geqq 0)$ と x 軸とで挟まれる図形の面積 S_2 を求めよ。

(3) 区間 $1 \leqq x \leqq 3$ において，曲線 $y = h(x) = \dfrac{10}{3x-1} - \dfrac{3}{x^2}$ $\left(x > \dfrac{1}{3}\right)$ と x 軸とで挟まれる図形の面積 S_3 を求めよ。

ヒント！ **(1)** の曲線は，演習問題**6**で，**(2)** の曲線は演習問題**7**で，そして **(3)** の曲線は，演習問題 **8** で既に描いているんだね。今回は，これらの曲線と x 軸とで挟まれる（または，囲まれる）図形の面積を，定積分により計算してみよう。

解答＆解説

(1) 曲線 $y = f(x) = \dfrac{3}{\sqrt[3]{x^5}} = 3 \cdot x^{-\frac{5}{3}}$ $(x > 0)$ のグラフは右図のようになる。

$y = f(x)$ $(x > 0)$ は，$f'(x) < 0$，$\displaystyle\lim_{x \to +0} f(x) = \infty$，$\displaystyle\lim_{x \to \infty} f(x) = 0$ より，

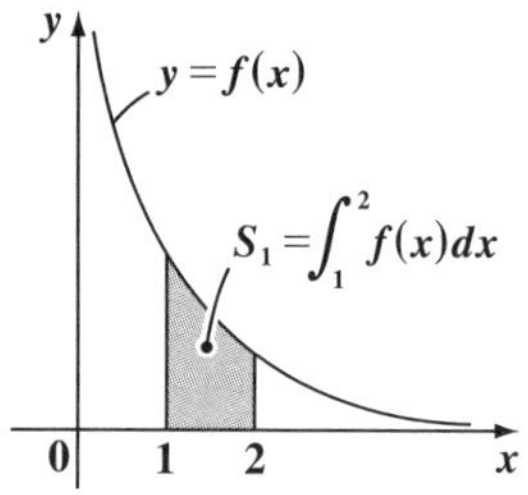

$1 \leqq x \leqq 2$ において，$f(x) > 0$ より，この範囲で，曲線 $y = f(x)$ と x 軸とで挟まれる図形の面積 S_1 は，

$$S_1 = \int_1^2 f(x)\,dx = \int_1^2 3 \cdot x^{-\frac{5}{3}}\,dx$$

$$= 3 \cdot \left(-\frac{3}{2}\right)\left[x^{-\frac{2}{3}}\right]_1^2$$

$$= -\frac{9}{2}\left(2^{-\frac{2}{3}} - 1\right) = \frac{9}{2}\left(1 - \frac{1}{\sqrt[3]{4}}\right)$$ である。…………………………(答)

$\left(\dfrac{1}{2^{\frac{2}{3}}} = \dfrac{1}{\sqrt[3]{4}}\right)$

(2) 曲線 $y = g(x) = x(\sqrt{x} - 1)^2$

$= x^2 - 2x^{\frac{3}{2}} + x \quad (x \geqq 0)$

のグラフは右図のようになる。

$0 \leqq x \leqq 1$ において，$g(x) \geqq 0$ より，

この範囲で，曲線 $y = g(x)$ と x 軸とで挟まれる図形の面積 S_2 は，

$y = g(x) \quad (x \geqq 0)$ は，

$g'(x) = (2\sqrt{x} - 1)(\sqrt{x} - 1)$,

$g(0) = 0,\ \lim_{x \to \infty} g(x) = \infty$ より，

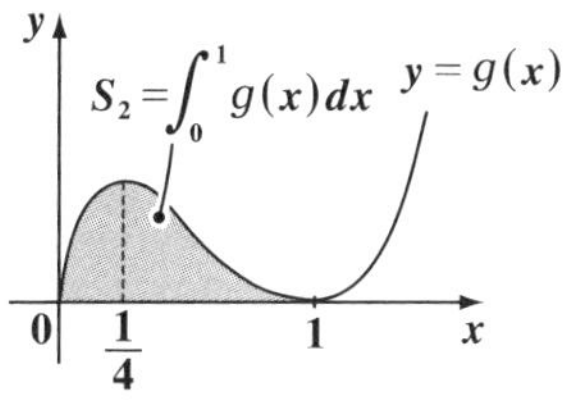

$$S_2 = \int_0^1 g(x)\,dx = \int_0^1 \left(x^2 - 2x^{\frac{3}{2}} + x\right)dx$$

$$= \left[\frac{1}{3}x^3 - \frac{4}{5}x^{\frac{5}{2}} + \frac{1}{2}x^2\right]_0^1 = \frac{1}{3} - \frac{4}{5} + \frac{1}{2} - 0$$

$= \dfrac{10 - 24 + 15}{30} = \dfrac{1}{30}$ である。……………………………………(答)

(3) 曲線 $y = h(x) = \dfrac{10}{3x - 1} - \dfrac{3}{x^2} \quad \left(x > \dfrac{1}{3}\right)$

のグラフは右図のようになる。

$1 \leqq x \leqq 3$ において，$h(x) > 0$ より，

この範囲で，曲線 $y = h(x)$ と x 軸とで挟まれる図形の面積 S_3 は，

$y = h(x) \quad \left(x > \dfrac{1}{3}\right)$ は，

$h'(x) < 0,\ \lim_{x \to \frac{1}{3}+0} h(x) = \infty$,

$\lim_{x \to \infty} h(x) = 0$ より，

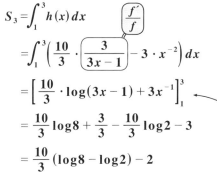

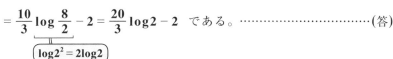

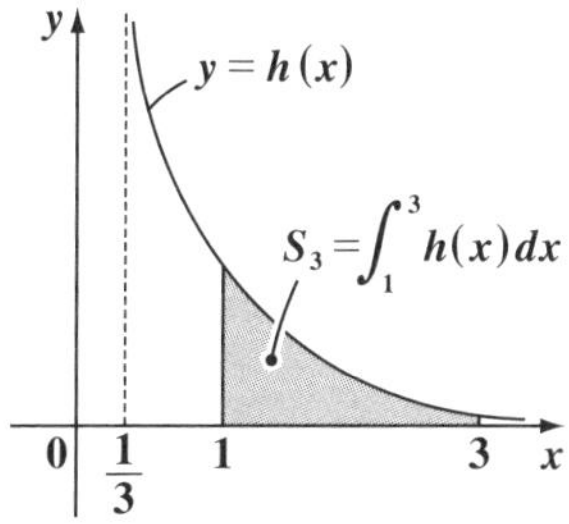

$$S_3 = \int_1^3 h(x)\,dx$$

$$= \int_1^3 \left(\frac{10}{3} \cdot \boxed{\frac{3}{3x - 1}} - 3 \cdot x^{-2}\right)dx \qquad \boxed{\frac{f'}{f}}$$

$$= \left[\frac{10}{3} \cdot \log(3x - 1) + 3x^{-1}\right]_1^3$$

公式：
$$\int \frac{f'}{f}\,dx = \log f + C \quad (f > 0)$$

$$= \frac{10}{3}\log 8 + \frac{3}{3} - \frac{10}{3}\log 2 - 3$$

$$= \frac{10}{3}(\log 8 - \log 2) - 2$$

$= \dfrac{10}{3}\log\dfrac{8}{2} - 2 = \dfrac{20}{3}\log 2 - 2$ である。……………………………(答)

$\boxed{\log 2^2 = 2\log 2}$

演習問題 12　● 変数分離形の微分方程式 ●

次の各微分方程式の一般解を求めよ。

(1) $y' = -\dfrac{x}{y}$　$(y \neq 0)$　　(2) $y' = \dfrac{4y}{2x-1}$　$\left(x > \dfrac{1}{2},\ y > 0\right)$

(3) $y' = \dfrac{2y-1}{x^2}$　$\left(x > 0,\ y > \dfrac{1}{2}\right)$

ヒント！ (1), (2), (3) いずれも，変数分離して，$(y$ の式$)dy = (x$ の式$)dx$ の形にもち込める。よって，この両辺を不定積分して，$\int(y$ の式$)dy = \int(x$ の式$)dx$ として，一般解を求めればいい。一般解とは文字定数 C を含んだ微分方程式の解のことなんだね。

解答＆解説

(1) $y' = -\dfrac{x}{y}$ ……①　$(y \neq 0)$ より，

$$\frac{dy}{dx} = -\frac{x}{y} \qquad \underbrace{y}_{(y\text{の式})}dy = \underbrace{-x}_{(x\text{の式})}dx$$

変数分離形：$(y$ の式$)dy = (x$ の式$)dx$ として，$\int(y$ の式$)dy = \int(x$ の式$)dx$ から，一般解を求める。

$$\int y\,dy = -\int x\,dx$$

$\dfrac{1}{2}y^2 = -\dfrac{1}{2}x^2 + C_1$　$(C_1$：定数$)$　両辺に 2 をかけて，

①の求める一般解は，

$x^2 + y^2 = C$　$(C = 2C_1)$　（ただし，$y \neq 0$）である。……………………(答)

(2) $y' = \dfrac{4y}{2x-1}$ ……②　$\left(x > \dfrac{1}{2},\ y > 0\right)$ より，

$$\frac{dy}{dx} = \frac{4y}{2x-1} \qquad \frac{1}{y}dy = 2\cdot\frac{2}{2x-1}dx$$

（変数分離形）

この両辺の不定積分を求めると，

公式：$\int\dfrac{f'}{f}dx = \log f + C$　$(f > 0)$

$$\int\frac{1}{y}dy = 2\int\underbrace{\frac{2}{2x-1}}_{\frac{f'}{f}}dx \qquad \log\underbrace{y}_{\oplus} = 2\cdot\overbrace{\log(\underbrace{2x-1}_{\oplus})}^{\log f} + C_1$$

$\because\ x > \dfrac{1}{2},\ y > 0$

$\log y = \log(2x-1)^2 + C_1$ ← 自然対数の公式：$\cdot\, p\log x = \log x^p$　$\cdot\, \log x + \log y = \log xy$

（$\log C$，すなわち $C = e^{C_1}$ とおく。）

$= \log(2x-1)^2 + \log C \quad (C = e^{C_1})$

$\therefore \log y = \log C(2x-1)^2$

よって，両辺の各真数を比較して，②の一般解は，

$y = C(2x-1)^2 \quad \left(x > \frac{1}{2},\ y > 0\right)$ である。……………………………(答)

(3) $y' = \dfrac{2y-1}{x^2}$ ……③ $\left(x > 0,\ y > \frac{1}{2}\right)$ より，

$\dfrac{dy}{dx} = \dfrac{2y-1}{x^2}$　　$\dfrac{1}{2y-1}dy = \dfrac{1}{x^2}dx$ ←変数分離形

$\dfrac{1}{2}\displaystyle\int \frac{2}{2y-1}dy = \int x^{-2}dx$　（$\frac{f'}{f}$）　　$\dfrac{1}{2}\log(2y-1) = -x^{-1} + C_1$　（$\log f\ (f>0)$）（$2y-1$ は $\oplus$ ←$\because y > \frac{1}{2}$）

両辺に 2 をかけて，$\log(2y-1) = -\dfrac{2}{x} + C_2 \quad (C_2 = 2C_1)$

$2y - 1 = e^{-\frac{2}{x}+C_2}$

$2y - 1 = e^{C_2}\cdot e^{-\frac{2}{x}}$ より，

$y = \dfrac{1}{2}e^{C_1}\cdot e^{-\frac{2}{x}} + \dfrac{1}{2}$

（これを新たに，定数 C とおく。）

よって，③の微分方程式の一般解は，

$y = Ce^{-\frac{2}{x}} + \dfrac{1}{2} \quad \left(x > 0,\ y > \frac{1}{2}\right)$ である。……………………………(答)

演習問題 13	● 偏微分と全微分 ●

次の各 **2** 変数関数 $z=f(x, y)$ の(i)偏微分 $\dfrac{\partial z}{\partial x}$ と $\dfrac{\partial z}{\partial y}$，および

(ii)全微分 $dz=\dfrac{\partial z}{\partial x}dx+\dfrac{\partial z}{\partial y}dy$ を求めよ。

(1) $z=f(x, y)=2x+3y-1$ ………………①

(2) $z=f(x, y)=xy^2+\sqrt{x}+y\sqrt{y}$ …………② $(x>0)$

(3) $z=f(x, y)=3y\cdot\log x+x+\sqrt{y}$ ………③ $(y>0)$

(4) $z=f(x, y)=\log 2x^2y^3$ ……………………④ $(x>0)$

ヒント！ 偏微分 $\dfrac{\partial z}{\partial x}$ を求めるときは，y は定数として扱う。同様に偏微分 $\dfrac{\partial z}{\partial y}$ を求めるときは，x を定数として扱えばいいんだね。これらの偏微分を使って，全微分の公式：$dz=\dfrac{\partial z}{\partial x}dx+\dfrac{\partial z}{\partial y}dy$ から，全微分 dz を求めよう。

解答＆解説

(1) (i) ①の x による偏微分 $\dfrac{\partial z}{\partial x}=\dfrac{\partial}{\partial x}(2x+\underbrace{3y-1}_{\text{定数扱い}})=2$ ……………………(答)

(ii) ①の y による偏微分 $\dfrac{\partial z}{\partial y}=\dfrac{\partial}{\partial y}(\underbrace{2x}_{\text{定数扱い}}+3y-1)=3$ ………………(答)

(i), (ii) より，①の全微分 $dz=\underbrace{\dfrac{\partial z}{\partial x}}_{2}dx+\underbrace{\dfrac{\partial z}{\partial y}}_{3}dy=2dx+3dy$ ……(答)

(2) $z=f(x, y)=x\cdot y^2+x^{\frac{1}{2}}+y^{\frac{3}{2}}$ ……② について，

(i) ②の x による偏微分 $\dfrac{\partial z}{\partial x}=\dfrac{\partial}{\partial x}\left(x\cdot \underbrace{y^2}_{\text{定数扱い}}+x^{\frac{1}{2}}+\underbrace{y^{\frac{3}{2}}}_{\text{定数扱い}}\right)=1\cdot y^2+\dfrac{1}{2}x^{-\frac{1}{2}}$

$=\dfrac{1}{2\sqrt{x}}+y^2$ ……………………………………(答)

(ii) ②の y による偏微分 $\dfrac{\partial z}{\partial y}=\dfrac{\partial}{\partial y}\left(x\cdot y^2+x^{\frac{1}{2}}+y^{\frac{3}{2}}\right)$（$x$, $x^{\frac{1}{2}}$：定数扱い）

$=x\cdot 2y+\dfrac{3}{2}y^{\frac{1}{2}}=2xy+\dfrac{3}{2}\sqrt{y}$ ………(答)

(i), (ii)より，②の全微分 $dz=\dfrac{\partial z}{\partial x}dx+\dfrac{\partial z}{\partial y}dy=\left(\dfrac{1}{2\sqrt{x}}+y^2\right)dx+\left(2xy+\dfrac{3}{2}\sqrt{y}\right)dy$

……(答)

(3) $z=f(x,\ y)=3y\cdot\log x+x+y^{\frac{1}{2}}$ ……③ について，

(i) ③の x による偏微分 $\dfrac{\partial z}{\partial x}=\dfrac{\partial}{\partial x}\left(3y\cdot\log x+x+y^{\frac{1}{2}}\right)=3y\cdot\dfrac{1}{x}+1=\dfrac{3y}{x}+1$（$3y$, $y^{\frac{1}{2}}$：定数扱い）

……(答)

(ii) ③の y による偏微分 $\dfrac{\partial z}{\partial y}=\dfrac{\partial}{\partial y}\left(3y\cdot\log x+x+y^{\frac{1}{2}}\right)=3\log x+\dfrac{1}{2}y^{-\frac{1}{2}}$（$\log x$, x：定数扱い）

$=3\log x+\dfrac{1}{2\sqrt{y}}$ ……………………………(答)

(i), (ii) より，③の全微分 dz は，

$dz=\dfrac{\partial z}{\partial x}dx+\dfrac{\partial z}{\partial y}dy=\left(\dfrac{3y}{x}+1\right)dx+\left(3\log x+\dfrac{1}{2\sqrt{y}}\right)dy$ …………(答)

(4) $z=f(x,\ y)=\log 2x^2y^3=\log 2+\log x^2+\log y^3=2\log x+3\log y+\log 2$ …④

について，

(i) ④の x による偏微分 $\dfrac{\partial z}{\partial x}=\dfrac{\partial}{\partial x}(2\log x+3\log y+\log 2)=\dfrac{2}{x}$ …(答)（$3\log y$：定数扱い）

(ii) ④の y による偏微分 $\dfrac{\partial z}{\partial y}=\dfrac{\partial}{\partial y}(2\log x+3\log y+\log 2)=\dfrac{3}{y}$ …(答)（$2\log x$：定数扱い）

(i), (ii) より，④の全微分 $dz=\dfrac{\partial z}{\partial x}dx+\dfrac{\partial z}{\partial y}dy=\dfrac{2}{x}dx+\dfrac{3}{y}dy$ …(答)

演習問題 14　●全微分の応用●

次の各問いに答えよ。

(1) 2 変数関数 $z = xy + x + y + 1$ ……① の全微分 dz が，

$dz = (2x+1)dx + \left(\frac{y}{2} + 1\right)dy$ ……② であるとき，①は x の 1 変数関数 $z = 2x^2 + 3x + 1$ となることを示せ。

(2) 2 変数関数 $z = \log x^2 y + 2x - y^2$ ……③ $(x > 0)$ の全微分 dz が，$dz = (y+2)dx + \left(\frac{x}{2} - 2y\right)dy$ ……④ であるとき，③は x の 1 変数関数 $z = \log x + 2x - \frac{4}{x^2} + \log 2$ となることを示せ。

ヒント！ (1) ①より，z の全微分 $dz = \frac{\partial z}{\partial x}dx + \frac{\partial z}{\partial y}dy$ を求め，②の dx と dy にかかっている項とそれぞれ比較して，$y = 2x$ となることを導ければいいんだね。(2)も同様に考えれば解けるはずだ。

解答＆解説

(1) ①の偏微分 $\frac{\partial z}{\partial x}$ と $\frac{\partial z}{\partial y}$ を求めると，

$$\begin{cases} \dfrac{\partial z}{\partial x} = \dfrac{\partial}{\partial x}(xy + x + \cancel{y+1}) = 1 \cdot y + 1 = y + 1 \\ \dfrac{\partial z}{\partial y} = \dfrac{\partial}{\partial y}(xy + \cancel{x} + y + \cancel{1}) = x \cdot 1 + 1 = x + 1 \end{cases}$$

となる。これから，①の全微分 dz は，$dz = \frac{\partial z}{\partial x}dx + \frac{\partial z}{\partial y}dy = (\underbrace{y+1}_{2x+1})dx + (\underbrace{x+1}_{\frac{y}{2}+1})dy$ ……②′

となる。②′と，$dz = (2x+1)dx + \left(\frac{y}{2} + 1\right)dy$ ……② とを比較して，

$y \cancel{+1} = 2x \cancel{+1}$ かつ $x \cancel{+1} = \frac{y}{2} \cancel{+1}$ となるが，これらはいずれも，

$y = 2x$ ……②´´ となる。

よって，②´´ を，$z = xy + x + y + 1$ ……① に代入すると，

z は，x の 1 変数関数として，

$z = x \cdot 2x + x + 2x + 1 = 2x^2 + 3x + 1$ と表せる。……………………(終)

(2) $z = \underbrace{\log x^2 y}_{\log x^2 + \log y = 2\log x + \log y} + 2x - y^2 = 2\log x + \log y + 2x - y^2$ ……③ について，

偏微分 $\dfrac{\partial z}{\partial x}$ と $\dfrac{\partial z}{\partial y}$ を求めると，

$$\begin{cases} \dfrac{\partial z}{\partial x} = \dfrac{\partial}{\partial x}(2\log x + \cancel{\log y} + 2x \cancel{- y^2}) = \dfrac{2}{x} + 2 \\ \dfrac{\partial z}{\partial y} = \dfrac{\partial}{\partial y}(\cancel{2\log x} + \log y + \cancel{2x} - y^2) = \dfrac{1}{y} - 2y \end{cases}$$ となる。

これから，③の全微分 dz は，

$dz = \dfrac{\partial z}{\partial x}dx + \dfrac{\partial z}{\partial y}dy = \underbrace{\left(\dfrac{2}{x} + 2\right)}_{y+2}dx + \underbrace{\left(\dfrac{1}{y} - 2y\right)}_{\frac{x}{2} - 2y}dy$ ……④´ となる。

④´ と，$dz = (y + 2)dx + \left(\dfrac{x}{2} - 2y\right)dy$ ……④ とを比較して，

$\dfrac{2}{x} \cancel{+2} = y \cancel{+2}$ かつ $\dfrac{1}{y} \cancel{-2y} = \dfrac{x}{2} \cancel{-2y}$ となるが，これらはいずれも，

$y = \dfrac{2}{x}$ ……④´´ となる。

よって，④´´ を，$z = \log x^2 y + 2x - y^2$ ……③ に代入すると，

z は x の 1 変数関数として，

$z = \underbrace{\log\left(x^2 \cdot \dfrac{2}{x}\right)}_{\log 2x = \log x + \log 2} + 2x - \left(\dfrac{2}{x}\right)^2$

$\therefore z = \log x + 2x - \dfrac{4}{x^2} + \log 2$ と表すことができる。…………………(終)

講義 Lecture 2 熱力学の基本 methods & formulae

§1. 理想気体の状態方程式

一般に，圧力が低く密度が小さい気体を熱力学的な系とする場合，この気体は次に示す“**ボイルの法則**”と“**シャルルの法則**”に従う。

(Ⅰ) ボイルの法則

温度 T が一定のとき，

圧力 p と体積 V は反比例する。

$pV=$(一定)

(Ⅱ) シャルルの法則

圧力 p が一定のとき，

体積 V と温度 T は比例する。

$\frac{V}{T}=$(一定)

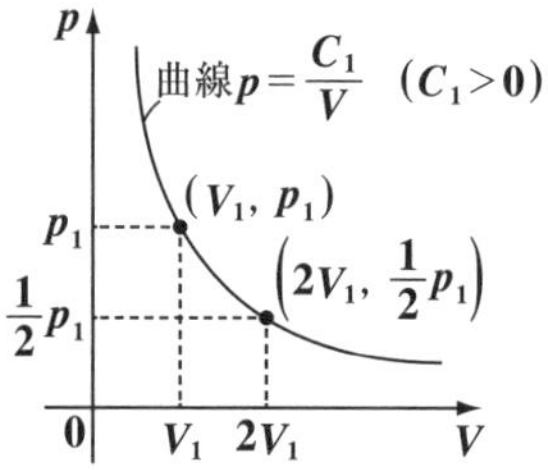

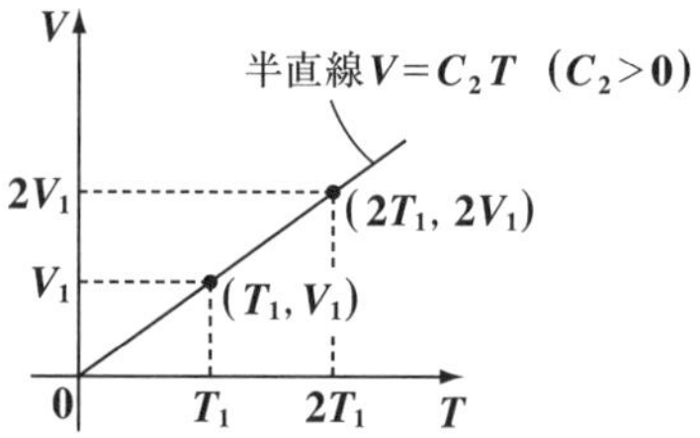

(単位は，圧力 $p(\mathrm{Pa})$，体積 $V(\mathrm{m}^3)$，温度 $T(\mathrm{K})$ である。)

(Ⅰ) ボイルの法則：$pV=C_1$(一定)　(T：一定) より，

$V=\frac{C_1}{p}$ となって，V は p と反比例する。

(Ⅱ) シャルルの法則：$\frac{V}{T}=C_2$(一定)　(p：一定) より，

$V=C_2T$ となって，V は T と比例する。

以上 (Ⅰ)，(Ⅱ) より，体積 V は，p と反比例し，T と比例するので，新たに正の定数 C を用いて，

$V=C\cdot\frac{T}{p}$ ……①　(C：正の定数) が導ける。これから，

次の**ボイル-シャルルの法則**：$\frac{pV}{T}=C$ (一定)……①　が導ける。

①について, $1(mol)$ の気体は, $0°C(=273.15(K))$, 1気圧 $(=1.013\times10^5(Pa))$ で, 気体の種類によらず約 $22.41l(=2.241\times10^{-2}(m^3))$ となるので,
これを①に代入すると, C の値は,

$$C=\frac{pV}{T}=\frac{1.013\times10^5\times2.241\times10^{-2}}{273.15}\fallingdotseq 8.31\ (J/mol\,K)$$ となる。

これを**気体定数** R とおくと,

$\frac{pV}{T}=R$ より, $pV=RT$ ……①′ が導ける。

ここで, 対象としている気体が $n(mol)$ のとき, 次の "**理想気体の状態方程式**" : $pV=nRT$ ……$(*1)$ が導かれる。

$(*1)$ の両辺を n で割って, $v=\frac{V}{n}$ とおくと, $1(mol)$ 当たりの理想気体の状態方程式:

$pv=RT$ ……$(*1)'$ が導かれる。

$1(mol)$ の気体には**アボガドロ数** $N_A\fallingdotseq6.02\times10^{23}$ 個の気体分子が含まれるが, その質量は右に示す原子量の表を基に計算することができる。

主な原子の原子量

水素	H	1.0
ヘリウム	He	4.0
炭素	C	12.0
窒素	N	14.0
酸素	O	16.0
ネオン	Ne	20.2
アルゴン	Ar	39.9

(ex) CO_2(二酸化炭素) の $1(mol)$ の
　質量は, $12.0+2\times16.0=44.0(g)$
　$=44.0\times10^{-3}(kg)$ と求められる。

$(*1)$ より, p を V と T の2変数関数として, $p=f(V,T)=\underbrace{nR}_{定数}\cdot\frac{T}{V}$ と表すと,

圧力 p の全微分は, $\frac{\partial p}{\partial V}=\frac{\partial}{\partial V}(nR\cdot TV^{-1})=-nR\cdot\frac{T}{V^2}$ と,

$\frac{\partial p}{\partial T}=\frac{\partial}{\partial T}\left(nR\cdot\frac{T}{V}\right)=\frac{nR}{V}$ より,

$$dp=\left(\frac{\partial p}{\partial V}\right)_T dV+\left(\frac{\partial p}{\partial T}\right)_V dT=-nR\frac{T}{V^2}dV+\frac{nR}{V}dT$$ と表せる。

(T 一定の意味)　(V 一定の意味)

§2. 気体の分子運動論

右図に示すように，**1** 辺の長さ l の立方体の容器内において，質量 m の **1** 個の単原子分子理想気体の分子が x 軸に垂直な **1** つの壁面 **A** に及ぼす力積を調べよう。
（力）×（時間）

単原子分子の理想気体の分子運動

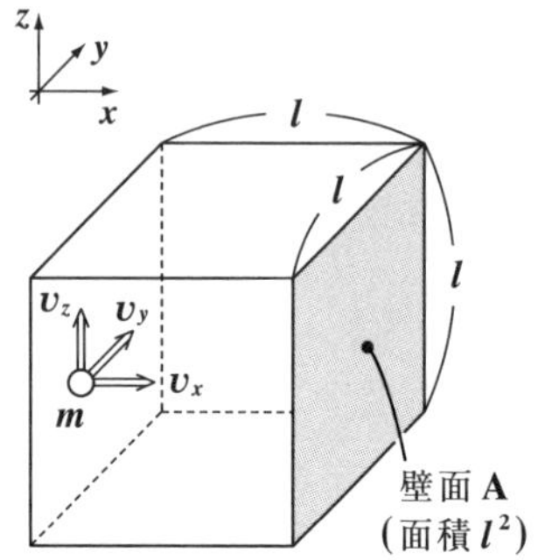

この気体分子の速度 $\boldsymbol{v}$ を，
$\boldsymbol{v}=[v_x,\ v_y,\ v_z]$ とおくと，**1** 個の気体分子が x 軸に垂直な壁面 **A** に **1** 回衝突することにより，壁面が受ける力積は，

$f\cdot t=mv_x-(-mv_x)=2mv_x$ である。

よって，$t=1$ 秒間に $\frac{v_x}{2l}$ 回衝突するので，$f\cdot 1=f$ は，

$$f=2mv_x\cdot\frac{v_x}{2l}=\frac{mv_x^2}{l}$$ となる。

(図 (i)(ii) 参照)

壁面 A が受ける力積

(i) $ft=2mv_x$

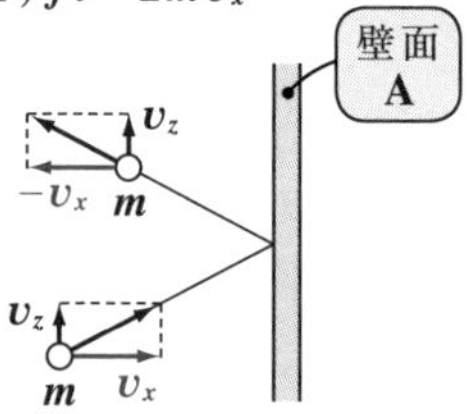

(ii) $t=1$ 秒間に $\frac{v_x}{2l}$ 回衝突する

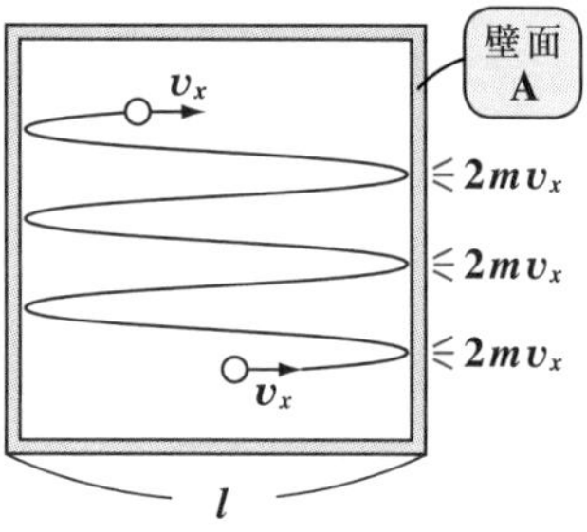

容器内には $N=nN_A$ 個の気体分子があるものとし，また，v_x^2 の平均値を
$\langle v_x^2\rangle=\frac{1}{N}\sum_{k=1}^{N}v_{xk}^2$ とおくと，
f の平均値 $\langle f\rangle$ は，

$\langle f\rangle=\frac{m}{l}\langle v_x^2\rangle$ となる。ここで，

N 個の気体分子全体の速さの **2** 乗平均を $\langle v^2\rangle$ とおくと，

$$\langle v^2\rangle=\frac{1}{N}\sum_{k=1}^{N}\underbrace{(v_{xk}^2+v_{yk}^2+v_{zk}^2)}_{v_k^2=\|\boldsymbol{v}_k\|^2}=\langle v_x^2\rangle+\langle v_y^2\rangle+\langle v_z^2\rangle$$ となる。

分子の不規則な運動に方向性はないので，$<v_x{}^2> = <v_y{}^2> = <v_z{}^2>$ となる。よって，$<v^2> = 3<v_x{}^2>$ より，$<v_x{}^2> = \frac{1}{3}<v^2>$

以上より，壁面 A が $N(=nN_A)$ 個の気体分子から受ける力を F とおくと，

$$F = nN_A <f> = nN_A \cdot \frac{m}{l}\underbrace{<v_x{}^2>}_{\frac{1}{3}<v^2>} = nN_A \cdot \frac{1}{3} \cdot \frac{m<v^2>}{l}$$ となる。

（アボガドロ数 $N_A \fallingdotseq 6.02 \times 10^{23}$ (1/mol)）

よって，A が気体から受ける圧力 p は，

$$p = \frac{F}{l^2} = nN_A \cdot \frac{1}{3} \cdot \frac{m<v^2>}{\underbrace{l^3}_{V\,(\text{容器の体積})}} = nN_A \cdot \frac{1}{3} \cdot \frac{m<v^2>}{l}$$ となる。これから，

$$pV = \underbrace{n \cdot N_A \frac{1}{3} m<v^2>}_{RT} \quad \cdots\cdots①$$ が導ける。

①と理想気体の状態方程式：$pV = nRT$ ……(＊1) を比較して，

$N_A \frac{1}{3} m<v^2> = RT$ より，$\frac{1}{2} m<v^2> = \frac{3}{2} \cdot \frac{R}{N_A} \cdot T = \frac{3}{2} kT$ ……(＊2)

(ボルツマン定数 $k = 1.38 \times 10^{-23}$ **(J/K))**

が導ける。1 個の分子は，x，y，z 軸の 3 方向に運動できるため，3 つの自由度をもつ。この各自由度に対して等しいエネルギー $\frac{1}{2}kT$ が振り分けられると考えられる。これを，**エネルギー等分配の法則**という。(＊2) より，

エネルギー等分配の法則

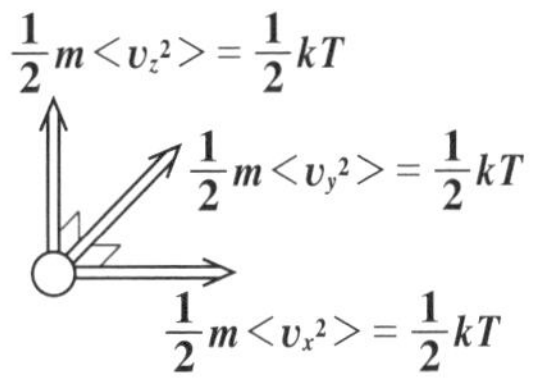

$$<v^2> = \frac{3RT}{mN_A} = \frac{3RT}{M \times 10^{-3}}$$

← 分子量 M(g)$(=mN_A)$ なので，これを kg の単位とするために，$M \times 10^{-3}$ (kg) とした。

これから，単原子分子の**速さの 2 乗平均根** $\sqrt{<v^2>}$ を

$$\sqrt{<v^2>} = \sqrt{\frac{3 \times 10^3 RT}{M}} \quad \cdots\cdots(＊3)$$ で計算することができる。

§3. ファン・デル・ワールスの状態方程式

実在の気体は，**臨界温度** T_C より高い温度で圧縮した場合は気体のままであるが，$T = T_C$ で圧縮すると，**臨界点** C が現われる。さらに，T_C より低い温度で圧縮すると，液化現象が起こり，やがて液体となる。酸素 ($T_C = 154.6\,\mathrm{K}$) の pv 図の例を右に示す。

この点の圧力は**臨界圧力** p_C で，体積は**臨界体積** v_C になる。

酸素の等温変化

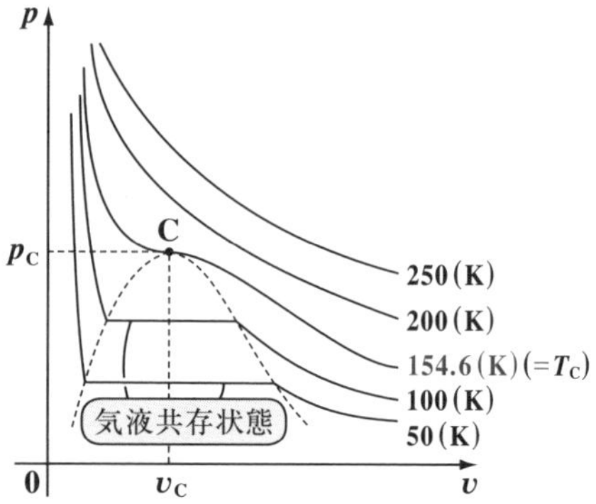

また，主要な気体の T_C, p_C, v_C の値を右の表に示す。

気体の臨界温度 T_C，臨界圧力 p_C，臨界体積 v_C

気体	T_C (K)	p_C ($\times 10^5$ Pa)	v_C ($\times 10^{-5}$ m^3/mol)
He	5.19	2.27	5.72
H_2	33.2	12.97	6.50
N_2	126.2	33.4	8.95
O_2	154.6	50.4	7.34
CO_2	304.1	73.8	9.40

このように，$T < T_C$ のとき，実在の気体は理想気体の状態方程式 $pv = RT$ で表すことはできない。

実在の気体を近似的に表す状態方程式として，次に示す，**ファン・デル・ワールスの状態方程式**がある。

$$\left(p + \frac{a}{v^2}\right)(v - b) = RT$$

a，b は**ファン・デル・ワールス定数**であり，主な気体の a，b の値を右に示す。この方程式も，(i) $T > T_C$，(ii) $T = T_C$，(iii) $T < T_C$ の 3 通りに場合分けすることができる。この 3 つの場合の pv 図を次に示す。

ファン・デル・ワールス定数

気体	a (Pa m^6/mol^2)	b ($\times 10^{-5}$ m^3/mol)
He	0.00345	2.38
H_2	0.0248	2.67
N_2	0.141	3.92
O_2	0.138	3.19
CO_2	0.365	4.28

(i) $T > T_C$ のとき，この方程式は，実在の気体をよく表しているが，(iii) $T < T_C$ のときは，極大・極小をもつ曲線となって，実在の気体の液化現象をうまく表現してはいない。

しかし，(iii) $T < T_C$ のときでも，この曲線（pv図）に v 軸と平行な線分を引き，この線分と曲線とで囲まれる 2 つの部分の面積 S_1 と S_2 が等しくなるようにすると，実在の気体が液化するときの気体と液体の共存状態を近似的に表すことができる。これを，“**マクスウェルの規則**”または，“**等面積の規則**”という。

ファン・デル・ワールスの状態方程式のグラフ（pv図）

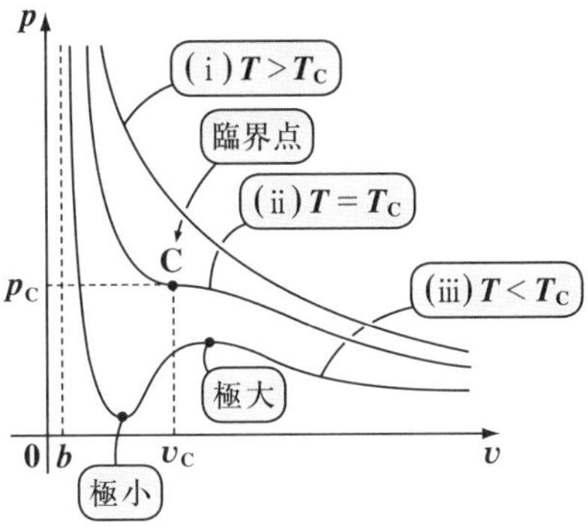

マクスウェルの規則

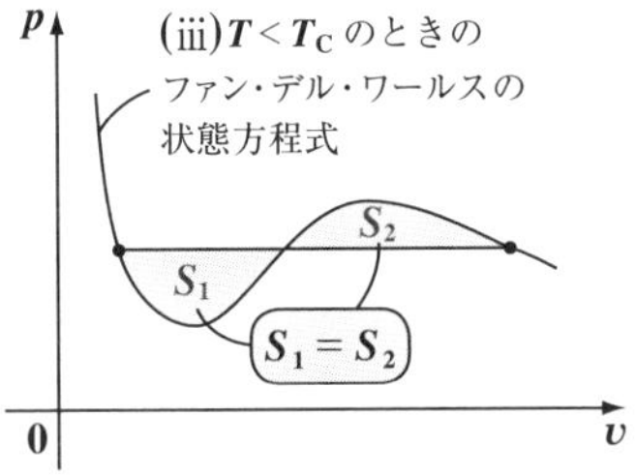

温度，圧力，体積の各臨界値 T_C，p_C，v_C を，ファン・デル・ワールス定数 a，b を用いて表すと，

$T_C = \dfrac{8}{27R} \cdot \dfrac{a}{b}$，$p_C = \dfrac{1}{27} \cdot \dfrac{a}{b^2}$，$v_C = 3b$　となる。

これらの臨界値を用いて，新たな圧力，体積，温度の変数 p_r，v_r，T_r を

$p_r = \dfrac{p}{p_C}$，$v_r = \dfrac{v}{v_C}$，$T_r = \dfrac{T}{T_C}$　と定義すると，ファン・デル・ワールスの状態方程式は，これら**還元化**された変数 p_r，v_r，T_r により，次のように変形して表すことができる。

$$\left(p_r + \frac{3}{{v_r}^2}\right)\left(v_r - \frac{1}{3}\right) = \frac{8}{3}T_r,\quad \text{または}\ p_r = \frac{8T_r}{3v_r - 1} - \frac{3}{{v_r}^2}\quad \left(v_r > \frac{1}{3}\right)$$

これらの方程式は，“**還元状態方程式**”と呼ばれ，気体の種類によらない一般的な気体の状態方程式になる。

演習問題 15　● ボイルの法則・シャルルの法則 ●

次の各問いに答えよ。ただし答えは，有効数字 **3** 桁で答えよ。

(1) 圧力 $p_1 = 2(\mathrm{atm})$, 体積 $V_1 = 500(\mathrm{cm}^3)$ の気体を，温度一定の条件で，体積 $V_2 = 0.2(l)$ に変化させた。このときの圧力 $p_2(\mathrm{Pa})$ を求めよ。

(2) 体積 $V_1 = 2.4(l)$，温度 $T_1 = 76.85(^\circ\mathrm{C})$ の気体を，圧力一定の条件で，温度 $T_2 = 326.85(^\circ\mathrm{C})$ に変化させた。このときの体積 $V_2(\mathrm{m}^3)$ を求めよ。

ヒント！ (1) では，ボイルの法則：$p_1V_1 = p_2V_2$ (T 一定) を使い，(2) では，シャルルの法則：$\frac{V_1}{T_1} = \frac{V_2}{T_2}$ (p 一定) を利用して解けばいい。ここでは，単位の変換も重要だね。

解答＆解説

(1) 温度一定の条件の下で，

> $1(\mathrm{atm}) = 1.013 \times 10^5(\mathrm{Pa})$
> $1(\mathrm{cm}^3) = 10^{-6}(\mathrm{m}^3)$
> $1(l) = 10^{-3}(\mathrm{m}^3)$

$$\begin{cases} \text{圧力 } p_1 = 2(\mathrm{atm}) = 2 \times 1.013 \times 10^5(\mathrm{Pa}) \\ \text{体積 } V_1 = 500(\mathrm{cm}^3) = 500 \times 10^{-6}(\mathrm{m}^3) \end{cases}$$

の気体の体積を $V_2 = 0.2(l) = 0.2 \times 10^{-3}(\mathrm{m}^3)$

としたとき，圧力 p_2 は，ボイルの法則より，

$$\underbrace{2 \times 1.013 \times 10^5}_{p_1} \times \underbrace{500 \times 10^{-6}}_{V_1} = p_2 \times \underbrace{0.2 \times 10^{-3}}_{V_2}$$

> ボイルの法則
> $p_1V_1 = p_2V_2$

$$\therefore\ p_2 = \frac{2 \times 1.013 \times 500 \times 10^{-1}}{2 \times 10^{-4}} = 506500 \fallingdotseq 5.07 \times 10^5(\mathrm{Pa}) \quad \cdots\cdots\cdots(\text{答})$$

(2) 圧力一定の条件の下で，

> $t(^\circ\mathrm{C})$ は，
> $T = t + 273.15(\mathrm{K})$
> となる。

$$\begin{cases} \text{体積 } V_1 = 2.4(l) = 2.4 \times 10^{-3}(\mathrm{m}^3) \\ \text{温度 } T_1 = 76.85(^\circ\mathrm{C}) = 76.85 + 273.15 = 350(\mathrm{K}) \end{cases}$$

の気体の温度を $T_2 = 326.85(^\circ\mathrm{C}) = 326.85 + 273.15 = 600(\mathrm{K})$

にしたとき，体積 V_2 は，シャルルの法則より，

$$\frac{2.4 \times 10^{-3}}{350} = \frac{V_2}{600}$$

$$\therefore\ V_2 = \frac{2.4 \times 10^{-3} \times 600}{350} = 4.114\cdots \times 10^{-3} \fallingdotseq 4.11 \times 10^{-3}(\mathrm{m}^3) \cdots\cdots\cdots(\text{答})$$

演習問題 16　● ボイル-シャルルの法則 ●

ボイル-シャルルの法則をみたす気体について，次の問いに答えよ。

(1) 圧力 $p_1(\mathrm{Pa})$，体積 $V_1(\mathrm{m}^3)$，温度 $T_1(\mathrm{K})$ の気体がある。この圧力を $\frac{4}{3}p_1(\mathrm{Pa})$，温度を $\frac{2}{5}T_1(\mathrm{K})$ に変化させたとき，このときの体積 V_2 を V_1 で表せ。

(2) $p_1 = 8\times10^4(\mathrm{Pa})$，体積 $V_1 = 0.01(\mathrm{m}^3)$，温度 $T_1 = 360(\mathrm{K})$ の気体がある。この圧力を $p_2 = 1.2\times10^5(\mathrm{Pa})$，体積 $V_2 = 0.005(\mathrm{m}^3)$ に変化させたとき，このときの温度 T_2 を求めよ。

ヒント！ ボイル-シャルルの法則：$\frac{p_1V_1}{T_1} = \frac{p_2V_2}{T_2}$ を用いて解いていけばいいんだね。

解答＆解説

(1) (p_1, V_1, T_1) の状態の気体を，$(p_2, V_2, T_2) = \left(\frac{4}{3}p_1,\ \alpha V_1,\ \frac{2}{5}T_1\right)$

(α：未知の定数) の状態に変化させたとき，ボイル-シャルルの法則より，

$$\frac{p_1V_1}{T_1} = \frac{p_2V_2}{T_2} = \frac{\frac{4}{3}p_1V_2}{\frac{2}{5}T_1} = \frac{10}{3}\cdot\frac{p_1V_2}{T_1}$$ より，$$\frac{\cancel{p_1}V_1}{\cancel{T_1}} = \frac{10}{3}\cdot\frac{\cancel{p_1}V_2}{\cancel{T_1}}$$

$\therefore V_2 = \frac{3}{10}V_1$ である。

$\left(\text{つまり，}\alpha = \frac{3}{10}\text{ である。}\right)$ ……………………………………………(答)

(2) $(p_1, V_1, T_1) = (8\times10^4(\mathrm{Pa}),\ 0.01(\mathrm{m}^3),\ 360(\mathrm{K}))$ の状態の気体を，

$(p_2, V_2, T_2) = (1.2\times10^5(\mathrm{Pa}),\ 0.005(\mathrm{m}^3),\ T_2(\mathrm{K}))$ に変化させたとき，

ボイル-シャルルの法則より，

$$\frac{8\times10^4\times0.01}{360} = \frac{1.2\times10^5\times0.005}{T_2}$$ ← ボイル-シャルルの法則：$\frac{p_1V_1}{T_1} = \frac{p_2V_2}{T_2}$

$$T_2 = \frac{12\times\cancel{10^4}}{8\times\cancel{10^4}}\times\frac{0.005}{0.01}\times360 = \frac{3}{2}\times\frac{1}{2}\times360$$

$\therefore T_2 = 270(\mathrm{K})$ である。

演習問題 17　● 理想気体の状態方程式 ●

圧力 $p = 2(\text{atm})$，体積 $V = 4(l)$，温度 $T = 400(\text{K})$ の理想気体について，次の各問いに答えよ。

(1) この理想気体の物質量 (モル数) を，有効数字 3 桁で求めよ。

(2) この理想気体の分子の個数を，有効数字 3 桁で求めよ。

ヒント！ (1) 理想気体の状態方程式：$pV = nRT$ から，$n(\text{mol})$ の値が求まる。(2) $n(\text{mol})$の気体分子の個数は，$n \cdot N_A$ (N_A：アボガドロ数) で求められるんだね。

解答＆解説

(1) 圧力 $p = 2(\text{atm}) = 2 \times 1.013 \times 10^5 (\text{Pa})$，体積 $V = 4(l) = 4 \times 10^{-3}(\text{m}^3)$，温度 $T = 400(\text{K})$ の理想気体は，次の状態方程式をみたす。

$pV = nRT$ ……①

①に，p，V，T および気体定数 $R = 8.31(\text{J/mol K})$ を代入して，

$2 \times 1.013 \times 10^5 \times 4 \times 10^{-3} = n \times 8.31 \times 400$ より，

$$n = \frac{2 \times 1.013 \times \cancel{4 \times 10^2}}{8.31 \times \cancel{4 \times 10^2}} = 0.24380\cdots$$

$\therefore n = 2.44 \times 10^{-1}(\text{mol})$ である。……………………………………(答)

(2) アボガドロ数 $N_A = 6.02 \times 10^{23}$ である。

よって，この $n = 2.44 \times 10^{-1}(\text{mol})$ の理想気体に含まれる分子の個数は，

$nN_A = 2.44 \times 10^{-1} \times 6.02 \times 10^{23}$

$\quad = 1.4688\cdots \times 10^{23}$ より，

$nN_A = 1.47 \times 10^{23}$ 個　である。……………………………………(答)

演習問題 18 ● 理想気体の p の全微分とボイルの法則 ●

$\mathbf{1(mol)}$ の理想気体の状態方程式：$pv = RT$ より，p を v と T の 2 変数関数 $p(v,\ T) = \dfrac{RT}{v}$ ……① として，次の各問いに答えよ。

(1) ①より，p の全微分 dp を求めよ。

(2) (1) の結果より，温度 T が一定のとき，ボイルの法則：$pv = $(一定) が成り立つことを示せ。

ヒント！ (1) 全微分の公式：$dp = \dfrac{\partial p}{\partial v}dv + \dfrac{\partial p}{\partial T}dT$ から，求めよう。(2) T が一定のとき，$dT = 0$ より，$dp = \dfrac{\partial p}{\partial v}dv$ となる。これから，$pv = $(一定) が導ける。

解答＆解説

(1) ①より，
$$\frac{\partial p}{\partial v} = \frac{\partial}{\partial v}(\underbrace{RT}_{\text{定数}}\cdot v^{-1}) = -RTv^{-2} = -\frac{RT}{v^2} \quad \cdots\cdots②$$

$$\frac{\partial p}{\partial T} = \frac{\partial}{\partial T}\left(\frac{RT}{v}\right) = \frac{R}{v} \quad \cdots\cdots③$$

以上②，③より，p の全微分 dp は，

$$dp = \frac{\partial p}{\partial v}dv + \frac{\partial p}{\partial T}dT = -\frac{RT}{v^2}dv + \frac{R}{v}dT \quad \cdots\cdots④$$ となる。……(答)

(2) T 一定のとき，この微小変化分 dT は，$dT = 0$ となる。よって，④は，

（T は変化しないので $dT = 0$ となる。）

$$dp = -\frac{\overset{pv}{RT}}{v^2}dv$$ となる。これに $RT = pv$ を代入すると，

$$dp = -\frac{p}{v}dv \qquad \frac{1}{p}dp = -\frac{1}{v}dv$$ ← 変数分離形の微分方程式

よって，$\displaystyle\int\frac{1}{p}dp = -\int\frac{1}{v}dv$ より，$\log p = -\log v + C_1$ （C_1：定数）

これから，$\log p + \log v = C_1 \qquad \log \underbrace{pv}_{\text{一定}} = C_1$

∴ボイルの法則：$pv = $(一定) が導ける。……………………………(終)

演習問題 19　● 理想気体の v の全微分とシャルルの法則 ●

$1(\mathrm{mol})$ の理想気体の状態方程式：$pv = RT$ より，v を p と T の 2 変数関数 $v(p,\ T) = \dfrac{RT}{p}$ ……① として，次の各問いに答えよ。

(1) ①より，v の全微分 dv を求めよ。

(2) **(1)** の結果より，圧力 p が一定のとき，シャルルの法則：$\dfrac{v}{T} = (\text{一定})$ が成り立つことを示せ。

ヒント！ **(1)** 全微分 $dv = \dfrac{\partial v}{\partial p}dp + \dfrac{\partial v}{\partial T}dT$ の公式を使う。**(2)** $p = (\text{一定})$ より $dp = 0$ として，シャルルの法則を導こう。

解答＆解説

(1) ①より，$\dfrac{\partial v}{\partial p} = \dfrac{\partial}{\partial p}(RTp^{-1}) = -RTp^{-2} = -\dfrac{RT}{p^2}$ …………②

$\dfrac{\partial v}{\partial T} = \dfrac{\partial}{\partial T}\left(\dfrac{RT}{p}\right) = \dfrac{R}{p}$ ………………………………③

以上②，③より，v の全微分 dv は，

$dv = \dfrac{\partial v}{\partial p}dp + \dfrac{\partial v}{\partial T}dT = -\dfrac{RT}{p^2}dp + \dfrac{R}{p}dT$ ……④　となる。……(答)

(2) p 一定のとき，この微小変化分 dp は，$dp = 0$ となる。よって，④は，

$dv = \dfrac{R}{p}dT$ となる。$pv = RT$ より，$\dfrac{R}{p} = \dfrac{v}{T}$ を代入すると，

$dv = \dfrac{v}{T}dT$　$\dfrac{1}{v}dv = \dfrac{1}{T}dT$　$\displaystyle\int \dfrac{1}{v}dv = \int \dfrac{1}{T}dT$ ← 変数分離形

$\log v = \log T + C_1$　(C_1：定数)　$\log v - \log T = C_1$　$\log \dfrac{v}{T} = C_1$（$\dfrac{v}{T}$：一定）

∴シャルルの法則：$\dfrac{v}{T} = (\text{一定})$ が導ける。…………………………(終)

演習問題 20　● 理想気体の T の全微分と p/T 一定の法則 ●

$1(\mathrm{mol})$ の理想気体の状態方程式：$pv = RT$ より，T を p と v の 2 変数関数 $T(p,\ v) = \dfrac{pv}{R}$ ……① として，次の各問いに答えよ。

(1) ①より，T の全微分 dT を求めよ。

(2) (1)の結果より，体積 v が一定のとき，$\dfrac{p}{T} = (一定)$ が成り立つことを示せ。

ヒント！ (1) 全微分 $dT = \dfrac{\partial T}{\partial p}dp + \dfrac{\partial T}{\partial v}dv$ の公式を利用する。(2) $v = (一定)$ より，$dv = 0$ として，$\dfrac{p}{T} = (一定)$ が成り立つことを示そう。

解答＆解説

(1) ①より，

$$\frac{\partial T}{\partial p} = \frac{\partial}{\partial p}\left(\frac{pv}{R}\right) = \frac{v}{R} \quad \cdots\cdots②$$

$$\frac{\partial T}{\partial v} = \frac{\partial}{\partial v}\left(\frac{pv}{R}\right) = \frac{p}{R} \quad \cdots\cdots③$$

以上②，③より，T の全微分 dT は，

$$dT = \frac{\partial T}{\partial p}dp + \frac{\partial T}{\partial v}dv = \frac{v}{R}dp + \frac{p}{R}dv \quad \cdots\cdots④$$ となる。…………(答)

(2) v 一定のとき，この微小変化分 dv は，$dv = 0$ となる。よって④は，

$dT = \dfrac{v}{R}dp$ （$\dfrac{v}{R} = \dfrac{T}{p}$）となる。$pv = RT$ より，$\dfrac{v}{R} = \dfrac{T}{p}$ を代入すると，

$$dT = \frac{T}{p}dp \qquad \frac{1}{p}dp = \frac{1}{T}dT \qquad \int\frac{1}{p}dp = \int\frac{1}{T}dT$$ （変数分離形）

$$\log p = \log T + C_1 \ \ (C_1：定数) \qquad \log p - \log T = C_1 \qquad \log\frac{p}{T} = C_1$$ （$\dfrac{p}{T}$：一定）

$\therefore \dfrac{p}{T} = (一定)$ が導ける。……………………………………(終)

演習問題 21 ● サイクルと理想気体の状態方程式(Ⅰ)●

ある容器内に理想気体があり，これを右の pV 図に示すように A→B→C→A と変化させた。具体的に，

A→B：$T = T_A$ の等温過程

B→C：$p = 0.4 \times 10^5$ (Pa) の定圧過程

C→A：$V = 0.2$ (m³) の定積過程

である。状態 C における温度 T_C は 480(K) である。このとき，次の各問いに答えよ。ただし，答えはすべて，有効数字 2 桁で示せ。

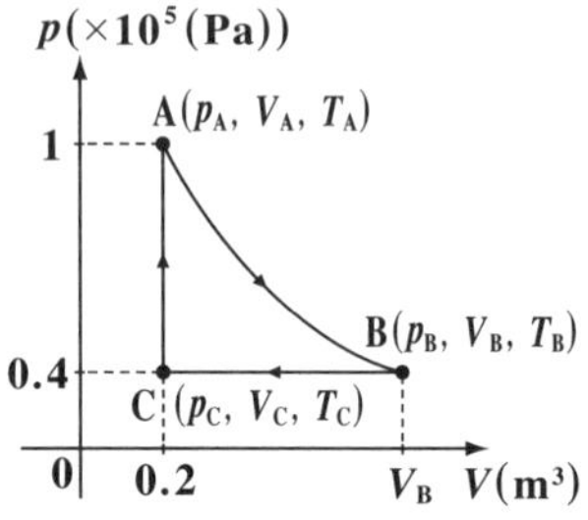

（p は圧力，V は体積，T は温度を表す。）

(1) この気体の物質量 n(mol) を求めよ。

(2) 状態 A の温度 T_A(K) を求めよ。

(3) 状態 B の体積 V_B(m³) を求めよ。

ヒント！ (1) 理想気体の状態方程式：$pV = nRT$ は 4 つの未知数 p，V，n，T の方程式と考えられる。よって，状態 C では，p_C，V_C，T_C が分かっているので，これから n(mol) が求められる。(2)(1) の結果より，状態 A では，n と p_A，V_A が分かるので，これから，T_A(K) が求まる。(3) は，A→B は等温変化より，$T_B = T_A$ となるので，これから V_B を求められる。

解答＆解説

3 つの状態 A，B，C における (圧力，体積，温度) を順に，(p_A，V_A，T_A)，(p_B，V_B，T_B)，(p_C，V_C，T_C) とおき，理想気体の状態方程式：

$pV = nRT$ ……(*)　($R = 8.31$ (J/mol K)) を用いて解く。

(1) $T_C = 480$(K) であり，与えられた pV 図より，状態 C において

$(p_C, V_C, T_C) = (0.4 \times 10^5 \text{(Pa)}, 0.2 \text{(m}^3\text{)}, 480 \text{(K)})$ である。

これらの値を (*) に代入して，

$0.4\times10^5\times0.2 = n\times8.31\times480$ ← $p_C V_C = nRT_C$

$n = \dfrac{8\times10^3}{8.31\times480} = 2.0056\cdots$

$\therefore\ n = 2.0\,(\mathrm{mol})$ である。……………………………………………………(答)

(2) 状態 A では，pV 図より，

$(p_A,\ V_A) = (10^5\,(\mathrm{Pa}),\ 0.2\,(\mathrm{m^3}))$ であり，また (1) の結果より，

$n = 2.0\,(\mathrm{mol})$ である。これらの値を (*) に代入して，A における

温度 T_A を求めると，

$10^5\times0.2 = 2.0\times8.31\times T_A$ ← $p_A V_A = nRT_A$

$T_A = \dfrac{2\times10^4}{2\times8.31} = \dfrac{10^4}{8.31} = 1203.369\cdots$

$\therefore\ T_A = 1.2\times10^3\,(\mathrm{K})$ である。 ……………………………………………(答)

(3) A→B は等温変化より，(2) の結果より，$T_B = T_A = 1.2\times10^3\,(\mathrm{K})$

(1) の結果より，$n = 2.0\,(\mathrm{mol})$，また pV 図より，$p_B = 0.4\times10^5\,(\mathrm{Pa})$

である。これらの値を (*) に代入して，

$0.4\times10^5\times V_B = 2.0\times8.31\times1.2\times10^3$ ← $p_B V_B = nRT_B$

$V_B = \dfrac{2\times8.31\times1200}{4\times10^4} = 0.4986$

$\therefore\ V_B = 5.0\times10^{-1}\,(\mathrm{m^3})$ である。……………………………………………(答)

(3)の別解

A→B は等温変化より，$T_A = T_B$ である。よって，ボイルの法則：

$p_A V_A = p_B V_B$ を用いて，

$\cancel{10^5}\times0.2 = 0.4\times\cancel{10^5}\times V_B$ より，$V_B = \dfrac{1}{2} = 0.5 = 5.0\times10^{-1}\,(\mathrm{m^3})$

と求めてもいい。

演習問題 22 ●サイクルと理想気体の状態方程式(Ⅱ)●

ある容器に理想気体があり，これを右の pV 図に示すように $A \to B \to C \to D \to A$ と変化させた。具体的に，

$A \to B$：$p = 1.5 \times 10^5(\mathrm{Pa})$ の定圧過程

$B \to C$：等温過程

$C \to D$：$p = 0.5 \times 10^5(\mathrm{Pa})$ の定圧過程

$D \to A$：$T = 600(\mathrm{K})$ の等温過程

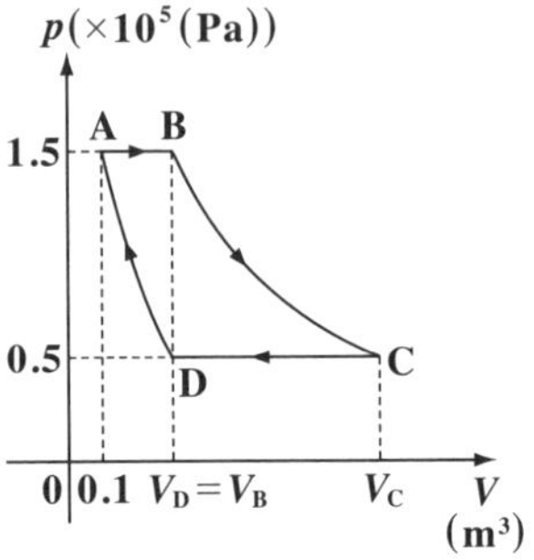

である。状態 A における温度 T_A は $600(\mathrm{K})$ である。このとき，次の各問いに答えよ。ただし，答えはすべて，有効数字 2 桁で答えよ。

(1) この気体の物質量 $n(\mathrm{mol})$ を求めよ。

(2) 状態 D と B の体積は等しい。この体積 $V_D(=V_B)(\mathrm{m}^3)$ を求めよ。

(3) 状態 B の温度 $T_B(\mathrm{K})$ と，状態 C の体積 $V_C(\mathrm{m}^3)$ を求めよ。

ヒント！ (1) 状態 A では $p_A = 1.5 \times 10^5(\mathrm{Pa})$，$V_A = 0.1(\mathrm{m}^3)$，$T_A = 600(\mathrm{K})$ が分かっているので，これらを状態方程式：$pV = nRT$ に代入して，$n(\mathrm{mol})$ を求めよう。(2) $D \to A$ は，等温変化より，ボイルの法則から $V_D(=V_B)$ が求められる。(3) T_B は，シャルルの法則を使って求め，V_C はボイルの法則を利用して求めればいいんだね。

解答＆解説

4 つの状態 A，B，C，D における (圧力，体積，温度) を順に，$(p_A,\ V_A,\ T_A)$，$(p_B,\ V_B,\ T_B)$，$(p_C,\ V_C,\ T_C)$，$(p_D,\ V_D,\ T_D)$ とおく。

(1) $T_A = 600(\mathrm{K})$ であり，p_A，V_A は pV 図より読み取ると，

$(p_A,\ V_A,\ T_A) = (1.5 \times 10^5(\mathrm{Pa}),\ 0.1(\mathrm{m}^3),\ 600(\mathrm{K}))$ となる。

これらを，理想気体の状態方程式：$pV = nRT$ $(R = 8.31(\mathrm{J/mol\,K}))$ に代入して，n を求めると，

$1.5\times10^5\times0.1 = n\times8.31\times600$ ← $p_AV_A = nRT_A$

よって，$n = \dfrac{1.5\times10^4}{8.31\times600} = 3.0084\cdots$

$\therefore n = 3.0\,(\text{mol})$ である。……………………………………………………(答)

(2) D→A は等温変化であり，pV 図より，状態 D における圧力

$p_D = 0.5\times10^5\,(\text{Pa})$ である。

よって，ボイルの法則を用いると，$p_AV_A = p_DV_D$ より，

$1.5\times\cancel{10^5}\times0.1 = 0.5\times\cancel{10^5}\times V_D$

よって，$V_D = \dfrac{1.5\times0.1}{0.5} = 0.3$

$\therefore V_D = V_B = 3.0\times10^{-1}\,(\text{m}^3)$ である。…………………………………………(答)

(3) A→B は定圧変化であり，

(2)の結果より，$V_B = 0.3\,(\text{m}^3)$ である。

よって，シャルルの法則を用いると，$\dfrac{V_A}{T_A} = \dfrac{V_B}{T_B}$ より，

$\dfrac{0.1}{600} = \dfrac{0.3}{T_B}$　よって，$T_B = \dfrac{0.3}{0.1}\times600 = 1800$

$\therefore T_B = 1.8\times10^3\,(\text{K})$ である。…………………………………………………(答)

次に，B→C は等温変化であり，

$(p_B,\ V_B) = (1.5\times10^5\,(\text{Pa}),\ 0.3\,(\text{m}^3))$，$p_C = 0.5\times10^5\,(\text{Pa})$ である。

よって，ボイルの法則を用いると，$p_BV_B = p_CV_C$ より，

$1.5\times\cancel{10^5}\times0.3 = 0.5\times\cancel{10^5}\times V_C$

よって，$V_C = \dfrac{1.5\times0.3}{0.5} = 3\times0.3 = 0.9$ より，

$V_C = 9.0\times10^{-1}\,(\text{m}^3)$ である。…………………………………………………(答)

演習問題 23　● サイクルと理想気体の状態方程式(Ⅲ) ●

ある容器に理想気体があり，これを右の pV 図に示すように $A \to B \to C \to D \to A$ と変化させた。具体的に，

$A \to B$：$T = 1200(K)$ の等温過程

$B \to C$：定積過程

$C \to D$：等温過程

$D \to A$：$V = 0.1(m^3)$ の定積過程

である。状態 A における温度 T_A は $1200(K)$ である。このとき，次の各問いに答えよ。ただし，答えはすべて，有効数字 2 桁で答えよ。

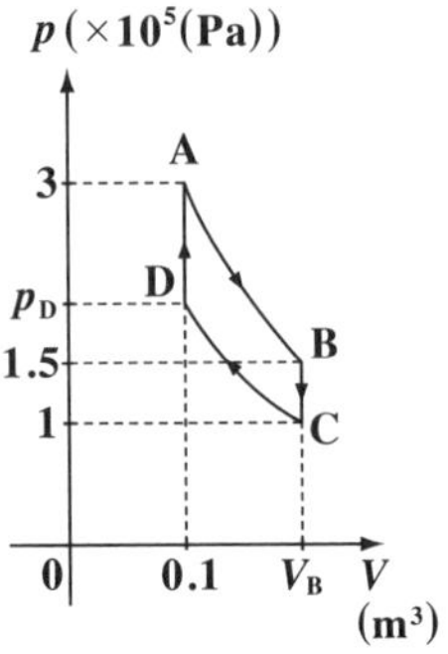

(1) この気体の物質量 $n(mol)$ を求めよ。

(2) 状態 B の体積 $V_B(m^3)$ と状態 C の温度 $T_C(K)$ を求めよ。

(3) 状態 D の圧力 $p_D(Pa)$ を求めよ。

ヒント! これは，スターリング・サイクルと呼ばれる循環過程なんだね。(1) では，状態 A における状態方程式から物質量 $n(mol)$ を求めよう。(2) は，$A \to B$ は等温変化より，ボイルの法則を使って，V_B を求め，また状態 C での状態方程式から T_C を求めよう。(3) $C \to D$ は等温変化より，ボイルの法則を用いて，p_D を求めればいいんだね。

解答＆解説

4 つの状態 A, B, C, D における (圧力，体積，温度) を順に，(p_A, V_A, T_A)，(p_B, V_B, T_B)，(p_C, V_C, T_C)，(p_D, V_D, T_D) とおく。

(1) pV 図と，$T_A = 1200(K)$ より，

$(p_A, V_A, T_A) = (3 \times 10^5(Pa),\ 0.1(m^3),\ 1200(K))$ となる。

これらの値を，理想気体の状態方程式：$pV = nRT$ $(R = 8.31(J/mol\,K))$ に代入して，

$3\times10^5\times0.1 = n\times8.31\times1200$ ← $p_A V_A = nRT_A$

よって，$n = \dfrac{3\times10^4}{8.31\times1200} = 3.0084\cdots$

$\therefore n = 3.0\,(\mathrm{mol})$ である。……………………………………(答)

(2) A→B は等温変化であり，

pV 図より，$p_B = 1.5\times10^5\,(\mathrm{Pa})$ である。

よって，ボイルの法則を用いると，$p_A V_A = p_B V_B$ より，

$3\times\cancel{10^5}\times0.1 = 1.5\times\cancel{10^5}\times V_B$

よって，$V_B = \dfrac{3\times0.1}{1.5} = 0.2$

$\therefore V_B = 2.0\times10^{-1}\,(\mathrm{m^3})$ である。……………………………(答)

次に，状態 C での $(p_C,\ \underbrace{V_C}_{V_B}) = (10^5\,(\mathrm{Pa}),\ 0.2\,(\mathrm{m^3}))$ と $n = 3.0\,(\mathrm{mol})$ を

C での状態方程式：$p_C V_C = nRT_C$ に代入して，T_C を求めると，

$10^5\times0.2 = 3.0\times8.31\times T_C$ より，

$T_C = \dfrac{2\times10^4}{3\times8.31} = 802.246\cdots$

$\therefore T_C = 8.0\times10^2\,(\mathrm{K})$ である。……………………………………(答)

(3) C→D は等温変化であり，

pV 図より，$p_C = 10^5\,(\mathrm{Pa})$，$V_C = V_B = 0.2\,(\mathrm{m^3})$，$V_D = 0.1\,(\mathrm{m^3})$ よって，

ボイルの法則を用いると，$p_C V_C = p_D V_D$ より，

$10^5\times0.2 = p_D\times0.1$

$\therefore p_D = \dfrac{0.2\times10^5}{0.1} = 2.0\times10^5\,(\mathrm{Pa})$ である。…………………(答)

演習問題 24　● 単原子分子の理想気体の分子運動 ●

右図に示すように，1 辺の長さ l(m) の立方体の容器に，n(mol) の単原子分子の理想気体を入れた。この質量 m(kg) の 1 つの気体分子の速度ベクトル $\boldsymbol{v}$ を $\boldsymbol{v}=[v_x,\ v_y,\ v_z]$ とする。気体分子は，他の分子と衝突することなく，壁面と完全弾性衝突するものとして，次の各問いに答えよ。

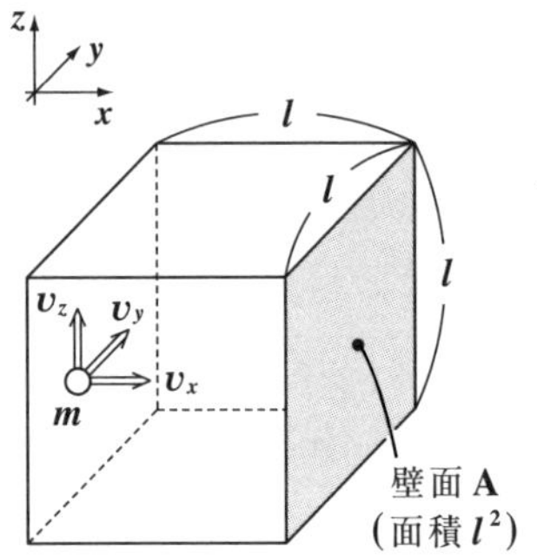

(1) この 1 個の気体分子の x 軸方向の運動により，壁面 A に及ぼされる力 f が $f=\dfrac{m}{l}v_x^2$ ……(＊1) となることを示せ。

(2) $n\cdot N_A$ 個のすべての気体分子が，壁面 A に及ぼす力を F とすると，$F=\dfrac{1}{3}nN_A\dfrac{m}{l}<v^2>$ ……(＊2) となることを示せ。
(N_A：アボガドロ数，$<v^2>$：気体分子の速さの 2 乗平均)

(3) $\dfrac{1}{2}m<v^2>=\dfrac{3}{2}kT$ ……(＊3) $\left(k=\dfrac{R}{N_A}\right)$ となることを示せ。

ヒント！ 単原子分子の理想気体の分子運動論の問題だね。(1)，(2)，(3) の流れに沿って，最後の (＊3) が導けるようになるまで，何度でも練習しよう。

解答＆解説

(1) 質量 m の単原子分子が，v_x の速さで壁面 A に 1 回のみ完全弾性衝突するときの力積 $f\cdot t$ は，運動量の変化分に等しいので，

$f\cdot t=mv_x-(-mv_x)=2mv_x$ ……① となる。

この分子は $t=1$ 秒間に $\dfrac{v_x}{2l}$ 回衝突する。よって，①の t に 1 を代入し，右辺に $\dfrac{v_x}{2l}$ をかけて，

$f\cdot 1=2mv_x\cdot\dfrac{v_x}{2l}$

$\therefore f=\dfrac{m}{l}v_x^2$ ……(＊1) が導ける。……(終)

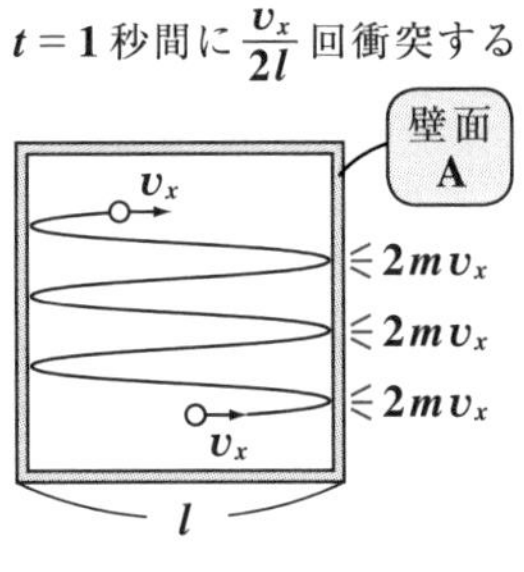

(2) この容器内には，$N = nN_A$個の気体分子が存在するので，これらの速

（アボガドロ数 $N_A = 6.02 \times 10^{23}$）

度の x 成分を v_{xk} $(k = 1, 2, \cdots, N)$ とおくと，v_x^2 の平均値$<v_x^2>$は，

$$<v_x^2> = \frac{1}{N}\sum_{k=1}^{N} v_{xk}^2 = \frac{1}{N}\left(v_{x1}^2 + v_{x2}^2 + \cdots + v_{xN}^2\right) \quad \cdots\cdots ②$$ となる。

よって，$(*1)$ の v_x^2 をこの平均値$<v_x^2>$で置き換えると，

1 個の分子が壁面 **A** に及ぼす力 f の平均値$\langle f \rangle$となるので，

$$<f> = \frac{m}{l}<v_x^2> \quad \cdots\cdots (*1)'$$ となる。

したがって，N 個すべての気体分子が，壁面 **A** に及ぼす力を F とおくと，

$(*1)'$ より，

$$F = N<f> = nN_A \cdot \frac{m}{l}<v_x^2> \quad \cdots\cdots ③$$ となる。

ここで，k 番目の分子の速度を $\boldsymbol{v}_k = [v_{xk}, v_{yk}, v_{zk}]$ $(k = 1, 2, \cdots, N)$ とおくと，この速さの **2** 乗 v_k^2 は，

$v_k^2 = \|\boldsymbol{v}_k\|^2 = v_{xk}^2 + v_{yk}^2 + v_{zk}^2$ $(k = 1, 2, \cdots, N)$ となるので，

N 個の分子全体の速さの **2** 乗平均$<v^2>$は，

$$<v^2> = \frac{1}{N}\sum_{k=1}^{N} v_k^2 = \frac{1}{N}\sum_{k=1}^{N}\left(v_{xk}^2 + v_{yk}^2 + v_{zk}^2\right)$$

$$= \underbrace{\frac{1}{N}\sum_{k=1}^{N} v_{xk}^2}_{<v_x^2>} + \underbrace{\frac{1}{N}\sum_{k=1}^{N} v_{yk}^2}_{<v_y^2>} + \underbrace{\frac{1}{N}\sum_{k=1}^{N} v_{zk}^2}_{<v_z^2>}$$

（x, y, z 軸方向それぞれの速度成分の **2** 乗平均のことだ。）

$$\therefore <v^2> = <v_x^2> + <v_y^2> + <v_z^2> \quad \cdots\cdots ④$$ となる。

ここで分子に，ある方向性はないので，$<v_x^2> = <v_y^2> = <v_z^2>$

となる。よって，④は，$<v^2> = <v_x^2> + <v_x^2> + <v_x^2> = 3<v_x^2>$

となるから，

$$<v_x^2> = \frac{1}{3}<v^2> \quad \cdots\cdots ⑤$$ となる。

⑤を③に代入して，

$$F = nN_A \cdot \frac{m}{l} \cdot \frac{1}{3}<v^2> = \frac{1}{3}nN_A\frac{m}{l}<v^2> \quad \cdots\cdots (*2)$$ が導ける。

……(終)

(3) $F=\frac{1}{3}nN_A\frac{m}{l}<v^2>$ ……(＊2) の両辺を壁面 A の面積 l^2 で割ると，

この気体が壁面 A に及ぼす圧力 p となるので，

$$p=\frac{F}{l^2}=\frac{1}{3}nN_A\cdot\frac{m}{l^3}<v^2>$$

（l^3 ＝ V(容器の体積)）

ここで，$l^3=V$(容器の体積) とおけるので，

$p=\frac{1}{3}nN_A\cdot\frac{m}{V}<v^2>$ より，

$pV=n\cdot\underbrace{N_A\frac{1}{3}m<v^2>}_{RT}$ ……⑥ となる。

⑥と，理想気体の状態方程式：$pV=nRT$ とを比較すると，

$N_A\cdot\frac{1}{3}m<v^2>=RT$，$\frac{2}{3}N_A\cdot\frac{1}{2}m<v^2>=RT$ より，

$\frac{1}{2}m<v^2>=\frac{3}{2}\cdot\frac{R}{N_A}T$ ……⑦ となる。

ここで，$\frac{R}{N_A}=k$(ボルツマン定数) とおくと，

$\frac{1}{2}m<v^2>=\frac{3}{2}kT$ ……(＊3) が導ける。……………………………………(終)

(ボルツマン定数 $k=1.38\times10^{-23}$(J/K))

参考

⑦式より，$<v^2>=\frac{3RT}{mN_A}$ となり，mN_A は分子量 M(g) となる。

（mN_A ＝ M (分子量)(g)）

この単位を (kg) にするため，$mN_A=M\times10^{-3}$(kg) とすると，

$<v^2>=\frac{3RT}{M\times10^{-3}}=\frac{3000RT}{M}$ となる。これから，単原子分子の速さの

2 乗平均根の公式：$\sqrt{<v^2>}=\sqrt{\frac{3000RT}{M}}$ ……(＊) が導かれる。

演習問題 25 ● 単原子気体分子の速さの 2 乗平均根（Ⅰ）●

単原子気体分子の **He**（ヘリウム）（分子量 $M = 4.0$）の（ⅰ）**200**（**K**），（ⅱ）**400**（**K**），（ⅲ）**800**（**K**）での速さの **2** 乗平均根 $\sqrt{\langle v^2 \rangle}$ を，小数第 **2** 位を四捨五入して求め，T と $\sqrt{\langle v^2 \rangle}$ のグラフの概形を示せ。

ヒント！ 公式：$\sqrt{\langle v^2 \rangle} = \sqrt{\dfrac{3\times10^3RT}{M}}$ を利用して，$\sqrt{\langle v^2 \rangle}$ を計算しよう。

解答＆解説

He は単原子分子で，その分子量 $M = 4.0$（**g**）である。よって，単原子気体分子の速さの **2** 乗平均根の公式：$\sqrt{\langle v^2 \rangle} = \sqrt{\dfrac{3\times10^3RT}{M}}$　（$R = 8.31$（**J/molK**））

を用いて，

（ⅰ）温度 $T = 200$（**K**）のとき，

$$\sqrt{\langle v^2 \rangle} = \sqrt{\frac{3000\times8.31\times200}{4.0}} = 1116.46\cdots \fallingdotseq 1116.5\ (\mathrm{m/s})$$ ………（答）

（ⅱ）温度 $T = 400$（**K**）のとき，

$$\sqrt{\langle v^2 \rangle} = \sqrt{\frac{3000\times8.31\times400}{4.0}} = 1578.92\cdots \fallingdotseq 1578.9\ (\mathrm{m/s})$$ ………（答）

（ⅲ）温度 $T = 800$（**K**）のとき，

$$\sqrt{\langle v^2 \rangle} = \sqrt{\frac{3000\times8.31\times800}{4.0}} = 2232.93\cdots \fallingdotseq 2232.9\ (\mathrm{m/s})$$ ………（答）

以上（ⅰ）（ⅱ）（ⅲ）より，ヘリウムの $\sqrt{\langle v^2 \rangle}$ と T との関係を表すグラフを示すと，右図のようになる。……（答）

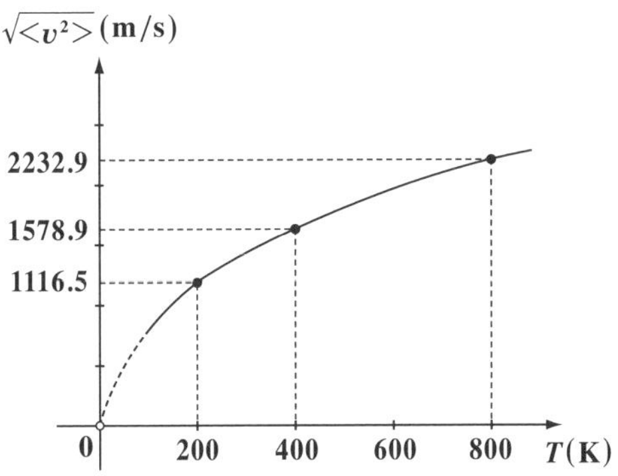

演習問題 26 ● 単原子気体分子の速さの 2 乗平均根 (Ⅱ) ●

右表に示した単原子気体分子の原子量(分子量)M を基にして，これら気体分子の，温度 $T = 500$ (K) おける速さの 2 乗平均根 $\sqrt{<v^2>}$ を求めよ。また，これらの結果を基に，M と $\sqrt{<v^2>}$ の関係をグラフで示せ。

(ただし，$\sqrt{<v^2>}$ は小数第 2 位を四捨五入して求めよ。)

単原子気体分子の原子量

ヘリウム He	4.0
ネオン Ne	20.2
アルゴン Ar	39.9
クリプトン Kr	83.8

ヒント！ 単原子気体分子の速さの 2 乗平均根を求める公式：$\sqrt{<v^2>} = \sqrt{\frac{3\times10^3\times R\times T}{M}}$ を用いて，$T = 500$ (K) における，各気体分子の速さの 2 乗平均根を求めよう。そして，この結果を横軸 M，縦軸 $\sqrt{<v^2>}$ の座標系にプロットして，補完すれば，M と $\sqrt{<v^2>}$ の関係を表すグラフの概形を描くことができる。

解答＆解説

単原子気体分子の速さの 2 乗平均根 $\sqrt{<v^2>}$ の公式：

$$\sqrt{<v^2>} = \sqrt{\frac{3\times10^3\times R\times T}{M}} \quad \cdots\cdots(*) \quad (R = 8.31\,(\mathrm{J/mol\,K}))$$

を用いて，温度 $T = 500$ (K) における，ヘリウム He ($M = 4.0$)，ネオン Ne ($M = 20.2$)，アルゴン Ar ($M = 39.9$)，クリプトン Kr ($M = 83.8$) の $\sqrt{<v^2>}$ を求めると，

(i) ヘリウム He ($M = 4.0$) の場合，

$$\sqrt{<v^2>} = \sqrt{\frac{3000\times8.31\times500}{4.0}} = \sqrt{\frac{12465000}{4.0}}$$

$$= 1765.29\cdots = 1765.3\ (\mathrm{m/s}) \quad \cdots\cdots(答)$$

(ii) ネオン Ne ($M = 20.2$) の場合，

$$\sqrt{<v^2>} = \sqrt{\frac{3000\times8.31\times500}{20.2}} = \sqrt{\frac{12465000}{20.2}}$$

$$= 785.54\cdots = 785.5\ (\mathrm{m/s}) \quad \cdots\cdots(答)$$

(iii) アルゴン **Ar** ($M = 39.9$) の場合,

$$\sqrt{\langle v^2 \rangle} = \sqrt{\frac{3000 \times 8.31 \times 500}{39.9}} = \sqrt{\frac{12465000}{39.9}}$$

$$= 558.93 \cdots = 558.9 \text{ (m/s)}$$ ……………………………………………(答)

(iv) クリプトン **Kr** ($M = 83.8$) の場合,

$$\sqrt{\langle v^2 \rangle} = \sqrt{\frac{3000 \times 8.31 \times 500}{83.8}} = \sqrt{\frac{12465000}{83.8}}$$

$$= 385.67 \cdots = 385.7 \text{ (m/s)}$$ ……………………………………………(答)

以上 (i) ～ (iv) の結果より,原子量 M を横軸に,分子の速さの2乗平均根 $\sqrt{\langle v^2 \rangle}$ を縦軸にとって,これらの点を表示した後,これらを補完する曲線を引いたグラフを右に示す。………………(答)

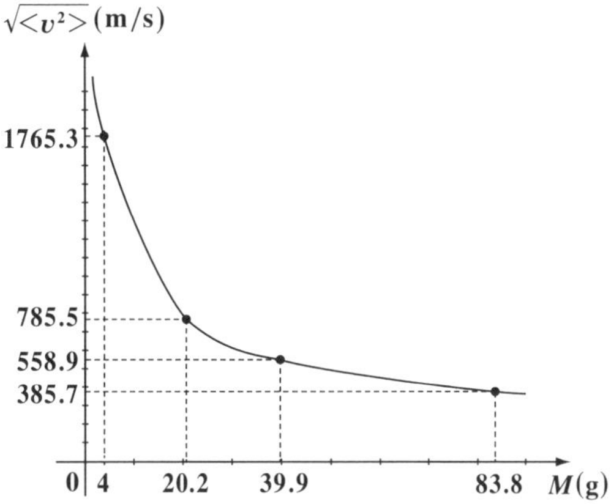

演習問題 27　● ファン・デル・ワールスの状態方程式の臨界値 ●

$T = T_C$(臨界温度)のときのファン・デル・ワールスの状態方程式は,

$p = p(v) = \dfrac{RT_C}{v-b} - \dfrac{a}{v^2}$ ……① であり,

このグラフは右図のようになる。

このとき，臨界圧力 p_C，臨界体積 v_C，臨界温度 T_C を，ファン・デル・ワールス定数 a, b で表せ。

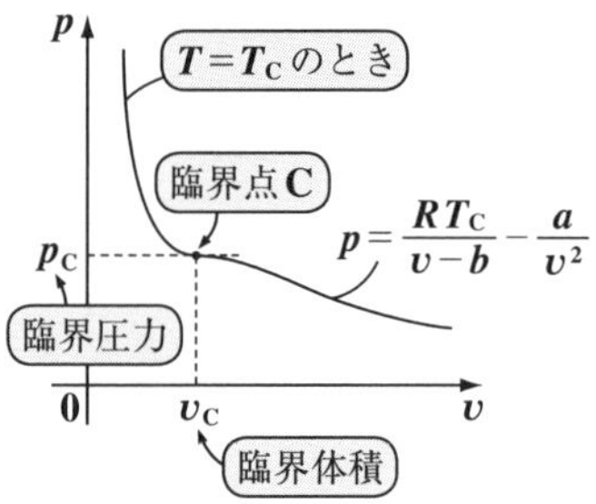

ヒント！ $T = T_C$(定数)なので，p は v の1変数関数であり，グラフより明らかに，$\dfrac{dp}{dv} = 0$ かつ $\dfrac{d^2p}{dv^2} = 0$ をみたす点が臨界点Cになるんだね。

解答＆解説

$T = T_C$ のときのファン・デル・ワールスの状態方程式は,

$p = p(v) = RT_C \cdot (v-b)^{-1} - av^{-2}$ ……①′ となる。そしてグラフより,

臨界点Cにおいて，(i) $\dfrac{dp}{dv} = 0$ ……② かつ (ii) $\dfrac{d^2p}{dv^2} = 0$ ……③ となる。

(接線の傾きが0)　(変曲点)

(i) ②より，①′の p を v で1階微分して,

$$\frac{dp}{dv} = RT_C \cdot \underbrace{(-1) \cdot (v-b)^{-2} \cdot 1}_{\text{合成関数の微分}} - (-2)a \cdot v^{-3} = -RT_C \cdot (v-b)^{-2} + 2av^{-3}$$

$$= -\frac{RT_C}{(v-b)^2} + \frac{2a}{v^3} = 0$$

よって，$\dfrac{RT_C}{(v-b)^2} = \dfrac{2a}{v^3}$ ……④ が導ける。

(ii) $\dfrac{dp}{dv} = -RT_C(v-b)^{-2} + 2av^{-3}$ をさらに p で微分して,

$\dfrac{d^2p}{dv^2} = \dfrac{d}{dv}\left(\dfrac{dp}{dv}\right) = \dfrac{d}{dv}\{-RT_C(v-b)^{-2} + 2av^{-3}\}$ より，③から,

$$\frac{d^2p}{dv^2} = -RT_C \cdot \underbrace{(-2)\cdot(v-b)^{-3}\cdot 1}_{\text{合成関数の微分}} + 2a\cdot(-3)v^{-4}$$

$$= \frac{2RT_C}{(v-b)^3} - \frac{6a}{v^4} = 0$$ となる。

よって，$\frac{2RT_C}{(v-b)^3} = \frac{6a}{v^4}$ ……⑤ が導ける。

以上(ⅰ)(ⅱ)より，④÷⑤を計算して，

$$\frac{\frac{RT_C}{(v-b)^2}}{\frac{2RT_C}{(v-b)^3}} = \frac{\frac{2a}{v^3}}{\frac{6a}{v^4}} \qquad \frac{v-b}{2} = \frac{v}{3} \qquad 3(v-b) = 2v$$

$\therefore v = v_C = 3b$ ……⑥ ← 臨界体積 v_C が求まった！

次，⑥を④に代入して，臨界温度 T_C を求めてみよう。

$$\frac{RT_C}{(3b-b)^2} = \frac{2a}{(3b)^3} \qquad \frac{R}{4b^2}T_C = \frac{2a}{27b^3}$$

$\therefore T_C = \frac{2a}{27b^3}\cdot\frac{4b^2}{R} = \frac{8}{27R}\cdot\frac{a}{b}$ ……⑦ となる。← これで，T_C も求まった！

最後に，⑥，⑦を $p = p(v) = \frac{RT_C}{v-b} - \frac{a}{v^2}$ ……① に代入して，p_C を求めると，

$$p_C = \frac{RT_C}{v_C - b} - \frac{a}{v_C^2} = \frac{R}{2b}\cdot\frac{8}{27R}\cdot\frac{a}{b} - \frac{a}{9b^2}$$

$$= \left(\frac{4}{27} - \frac{1}{9}\right)\frac{a}{b^2} = \frac{1}{27}\cdot\frac{a}{b^2}$$ となる。

以上より，求める臨界圧力 p_C，臨界体積 v_C，臨界温度 T_C は，

$p_C = \frac{1}{27}\cdot\frac{a}{b^2}$，$v_C = 3b$，$T_C = \frac{8}{27R}\cdot\frac{a}{b}$ である。 ……………………………(答)

演習問題 28　● ファン・デル・ワールス定数と臨界値 ●

水素 (H_2) と酸素 (O_2) のファン・デル・ワールス定数 a，b を，右の表に示す。
次の臨界値の公式：$p_C = \frac{1}{27}\cdot\frac{a}{b^2}$ ……①，
$v_C = 3b$ ……②，$T_C = \frac{8}{27R}\cdot\frac{a}{b}$ ……③ を用いて，(Ⅰ) 水素 (H_2) と，
(Ⅱ) 酸素 (O_2) の臨界圧力 p_C，臨界体積 v_C，臨界温度 T_C を求めよ。

ファン・デル・ワールス定数

気体	$a\,(\mathrm{Pa\,m^6/mol^2})$	$b\,(\times 10^{-5}\,\mathrm{m^3/mol})$
H_2	0.0248	2.67
O_2	0.138	3.19

ヒント！ ①, ②, ③に a, b, R の値を代入して求められる p_C, v_C, T_C はあくまでも近似値なんだね。これらの近似精度についても，調べると面白い結果が得られる。

解答＆解説

(Ⅰ) 水素 (H_2) のファン・デル・ワールス定数 $a = 0.0248$ と $b = 2.67\times 10^{-5}$ を公式①，②，③に代入して p_C，v_C，T_C の値を求めると，

(ⅰ) 臨界圧力 $p_C = \frac{1}{27}\cdot\frac{a}{b^2} = \frac{1}{27}\times\frac{0.0248}{(2.67\times 10^{-5})^2}$

$= \frac{248\times 10^6}{27\times 2.67^2} = 1288443.\cdots$

$\fallingdotseq 12.88\times 10^5\,(\mathrm{Pa})$ ……………………………………(答)

(ⅱ) 臨界体積 $v_C = 3b = 3\times 2.67\times 10^{-5}$

$= 8.01\times 10^{-5}\,(\mathrm{m^3/mol})$ ………………………………(答)

(ⅲ) 臨界温度 $T_C = \frac{8}{27R}\cdot\frac{a}{b} = \frac{8}{27\times 8.31}\times\frac{0.0248}{2.67\times 10^{-5}}$

$= \frac{8\times 2480}{27\times 8.31\times 2.67} = 33.118\cdots \fallingdotseq 33.1\,(\mathrm{K})$ …………(答)

参考

P36 の表で示したように，水素 (H_2) の実際の臨界値は，
(ⅰ) $p_C = 12.97\times 10^5\,(\mathrm{Pa})$，(ⅱ) $v_C = 6.50\times 10^{-5}\,(\mathrm{m^3/mol})$，
(ⅲ) $T_C = 33.2\,(\mathrm{K})$ である。これから，p_C と T_C は非常に良い近似を示しているが，v_C は 23% 位大きな値になっている。

(Ⅱ) 同様に，酸素 (O_2) のファン・デル・ワールス定数 $a=0.138$，$b=3.19\times10^{-5}$ を公式①，②，③に代入して p_C，v_C，T_C の値を求めると，

(ⅰ) 臨界圧力 $p_C=\frac{1}{27}\cdot\frac{a}{b^2}=\frac{1}{27}\times\frac{0.138}{(3.19\times10^{-5})^2}$

$$=\frac{138\times10^7}{27\times3.19^2}=5022662.033$$

$=50.23\times10^5\,(\mathrm{Pa})$ ……………………………………(答)

(ⅱ) 臨界体積 $v_C=3b=3\times3.19\times10^{-5}$

$\fallingdotseq 9.57\times10^{-5}\,(\mathrm{m^3/mol})$ ……………………………(答)

(ⅲ) 臨界温度 $T_C=\frac{8}{27R}\cdot\frac{a}{b}=\frac{8}{27\times8.31}\times\frac{0.138}{3.19\times10^{-5}}$

$$=\frac{8\times138\times10^2}{27\times8.31\times3.19}=154.245\cdots$$

$\fallingdotseq 154.2\,(\mathrm{K})$ ……………………………………………(答)

参考

P36 の表で示したように，酸素 (O_2) の実際の臨界値は，(ⅰ) $p_C=50.4\times10^5\,(\mathrm{Pa})$，(ⅱ) $v_C=7.34\times10^{-5}\,(\mathrm{m^3/mol})$，(ⅲ) $T_C=154.6\,(\mathrm{K})$ である。これから，p_C と T_C は非常に良い近似を示しているけれど，v_C については 30% 位大きな値になっている。

今回の結果から，ファン・デル・ワールス定数 a，b による，p_C と T_C の近似値の近似精度は非常に良いが，v_C については，実際の値より 20 ～ 30% 程度大きな値になることが分かった。

演習問題 29　● 還元状態方程式 (Ⅰ) ●

ファン・デル・ワールスの状態方程式：

$\left(p+\frac{a}{v^2}\right)(v-b)=RT$ ……$(*1)$ の臨界値は，定数 a，b により，

$p_C=\frac{1}{27}\cdot\frac{a}{b^2}$，$v_C=3b$，$T_C=\frac{8}{27R}\cdot\frac{a}{b}$ で表される。ここで，新たな

3 つの変数 p_r，v_r，T_r を $p_r=\frac{p}{p_C}$，$v_r=\frac{v}{v_C}$，$T_r=\frac{T}{T_C}$ で定義する。

$(*1)$ は，この p_r，v_r，T_r で書き換えて，次の還元状態方程式：

$\left(p_r+\frac{3}{{v_r}^2}\right)\left(v_r-\frac{1}{3}\right)=\frac{8}{3}T_r\quad\left(v_r>\frac{1}{3}\right)$ …$(*2)$ で表されることを示せ。

ヒント！ $p=p_C\cdot p_r=\frac{1}{27}\cdot\frac{a}{b^2}p_r$，$v=v_C\cdot v_r=3b\cdot v_r$，$T=T_C\cdot T_r=\frac{8}{27R}\cdot\frac{a}{b}T_r$ として，これらを $(*1)$ に代入して，p_r と v_r と T_r の式で表せばいいんだね。

解答＆解説

$p_r=\frac{p}{p_C}$ ……①，$v_r=\frac{v}{v_C}$ ……②，$T_r=\frac{T}{T_C}$ ……③　とおく。

(i) $p_C=\frac{1}{27}\cdot\frac{a}{b^2}$ より，①から，

$p=p_C\cdot p_r=\frac{1}{27}\cdot\frac{a}{b^2}p_r$ ……①′ となり，

(ii) $v_C=3b$ より，②から，

$v=v_C\cdot v_r=3b\cdot v_r$ ……②′ となり，

(iii) $T_C=\frac{8}{27R}\cdot\frac{a}{b}$ より，③から，

$T=T_C\cdot T_r=\frac{8}{27R}\cdot\frac{a}{b}T_r$ ……③′ となる。

以上 (i)(ii)(iii) の①′，②′，③′を，ファン・デル・ワールスの状態方程式：

$\left(p+\dfrac{a}{v^2}\right)(v-b)=RT$ ……(＊1) に代入して，

$\left(\dfrac{1}{27}\cdot\dfrac{a}{b^2}p_r+\dfrac{a}{9b^2v_r^2}\right)(3bv_r-b)=\cancel{R}\cdot\dfrac{8}{27\cancel{R}}\cdot\dfrac{a}{b}T_r$

$\dfrac{1}{27}\cdot\dfrac{a}{b^2}\left(p_r+\dfrac{3}{v_r^2}\right)$　　$3b\left(v_r-\dfrac{1}{3}\right)$

左辺の2つの( )からそれぞれ，$\dfrac{1}{27}\cdot\dfrac{a}{b^2}$と$3b$をくくり出した！

$\dfrac{1}{9}\cdot\dfrac{\cancel{a}}{\cancel{b}}\left(p_r+\dfrac{3}{v_r^2}\right)\left(v_r-\dfrac{1}{3}\right)=\dfrac{8}{27}\cdot\dfrac{\cancel{a}}{\cancel{b}}T_r$

よって，次の p_r，v_r，T_r による状態方程式：

$\left(p_r+\dfrac{3}{v_r^2}\right)\left(v_r-\dfrac{1}{3}\right)=\dfrac{8}{3}T_r$　$\left(v_r>\dfrac{1}{3}\right)$ ……(＊2) が導ける。………………(終)

参考

この還元状態方程式(＊2)を $p_r=p_r(v_r,\ T_r)$ の形に変形すると，

$$p_r=\frac{8T_r}{3v_r-1}-\frac{3}{v_r^2}\quad\cdots\cdots(*2)'$$

となる。ここで，$T=T_C$(臨界温度)のとき，③より，$T_r=1$ となる。よって，ファン・デル・ワールスの状態方程式のときと同様に，T_r の値により，(i) $T_r>1$，(ii) $T_r=1$，(iii) $T_r<1$ の3つの場合に分けて，(＊2)′ による p_rv_r 図を描くと右図のようになる。

還元状態方程式
(p_rv_r 図)

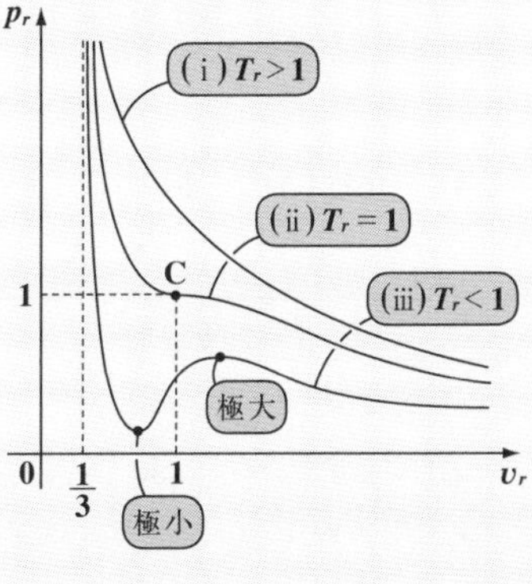

(i) $T_r>1$ のとき，理想気体の pv 図と同様のグラフになり，また，
(ii) $T_r=1$ のとき，臨界温度における p_rv_r 図になるため臨界点Cが現われ，
(iii) $T_r<1$ のとき，極小点(谷)と極大点(山)が現われる。

演習問題 30　●還元状態方程式(Ⅱ)●

還元状態方程式：$p_r = \frac{8T_r}{3v_r - 1} - \frac{3}{v_r^2}$ ……(*) $\left(v_r > \frac{1}{3}\right)$ について，

$T_r = 3$ のときの $p_r v_r$ 図を描け。

ヒント！ $T_r = 3 > 1$ より，この $p_r v_r$ 図は，右図に示すように，理想気体の pv 図と同様の形になることは，予め分かっているんだね。これを，微分や極限を調べることにより，実際に計算してグラフを描いてみよう。

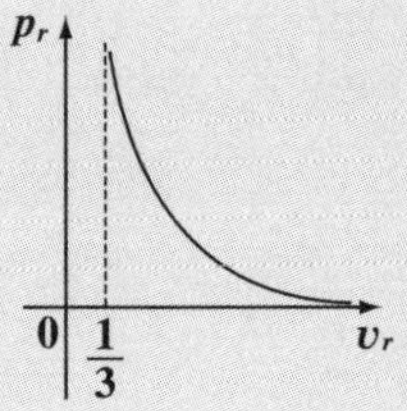

解答＆解説

(*) に $T_r = 3$ を代入すると，p_r は v_r の 1 変数関数となる。よって，

$$p_r = f(v_r) = \frac{24}{3v_r - 1} - \frac{3}{v_r^2} = 24(3v_r - 1)^{-1} - 3 \cdot v_r^{-2} \quad \cdots\cdots ① \quad \left(v_r > \frac{1}{3}\right) \text{とおく。}$$

①を v_r で微分すると，

$$p_r' = f'(v_r) = 24 \cdot \underbrace{(-1) \cdot (3v_r - 1)^{-2} \cdot 3} - 3 \cdot (-2) \cdot v_r^{-3}$$

($3v_r - 1 = t$ とおいて，合成関数の微分を行った。)

$$= -\frac{72}{(3v_r - 1)^2} + \frac{6}{v_r^3}$$

$$= -6\left\{\frac{12}{(3v_r - 1)^2} - \frac{1}{v_r^3}\right\} = -6 \cdot \frac{12v_r^3 - (3v_r - 1)^2}{v_r^3 (3v_r - 1)^2} \quad \cdots\cdots ②$$

($f'(v_r)$ の符号に関する本質的な部分。これを $g(v_r)$ とおくと，
・$g(v_r) > 0$ のとき，$f'(v_r) < 0$
・$g(v_r) < 0$ のとき，$f'(v_r) > 0$)

($v_r > \frac{1}{3}$ より，$v_r^3 > 0$，$(3v_r - 1)^2 > 0$ より，これは常に負となる部分。)

ここで $v_r > \frac{1}{3}$ より，$-\frac{6}{v_r^3 (3v_r - 1)^2} < 0$ となる。よって，$f'(v_r)$ の符号に関する本質的な部分を，$y = g(v_r) = 12v_r^3 - (3v_r - 1)^2$ ……③ $\left(v_r > \frac{1}{3}\right)$ とおく。

これから，$y = g(v_r) = 12v_r^3 - 9v_r^2 + 6v_r - 1$ $\left(v_r > \frac{1}{3}\right)$ の符号を調べるためにこれを v_r で微分して，

$g'(v_r) = 36v_r^2 - 18v_r + 6 = 6(6v_r^2 - 3v_r + 1)$

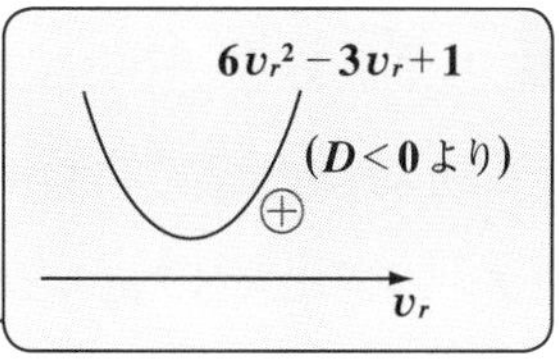

ここで，$6v_r^2 - 3v_r + 1 = 0$ の判別式を D とおくと，

$D = (-3)^2 - 4 \cdot 6 \cdot 1 = 9 - 24 = -15 < 0$ となる。

よって，$6v_r^2 - 3v_r + 1 > 0$

ゆえに，$g'(v_r) = 6(\underbrace{6v_r^2 - 3v_r + 1}_{\oplus}) > 0$ より，

$g'(v_r)$ は，$v_r > \dfrac{1}{3}$ の範囲で単調に増加する。

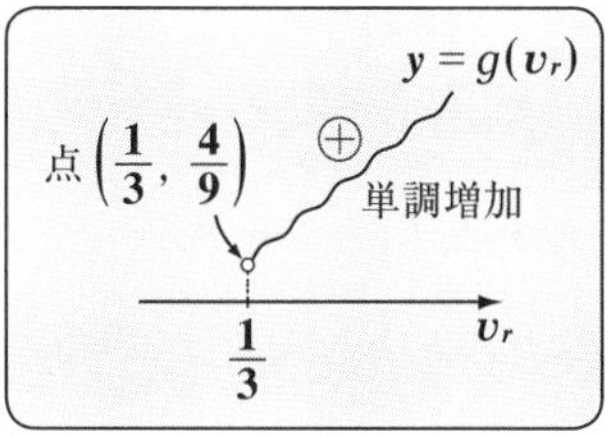

次に，$v_r = \dfrac{1}{3}$ のとき，③より，

$$g\left(\frac{1}{3}\right) = 12 \cdot \left(\frac{1}{3}\right)^3 - \left(\underbrace{3 \cdot \frac{1}{3} - 1}_{0}\right)^2 = \frac{4}{9} > 0$$ となる。

よって，$y = g(v_r)$ は $v_r > \dfrac{1}{3}$ の範囲で，常に正である。よって，②より，

$$f'(v_r) = -\underbrace{\frac{6}{v_r^3(3v_r - 1)^2}}_{\ominus} \cdot \underbrace{g(v_r)}_{\oplus} < 0$$ より，$p_r = f(v_r)$ は，$v_r > \dfrac{1}{3}$ の範囲で単調に減少する。

次に，2つの極限を求めると，

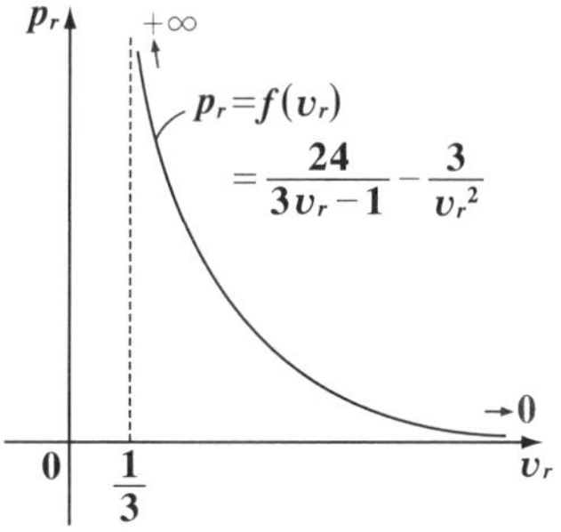

$$\lim_{v_r \to \frac{1}{3}+0} f(v_r) = \lim_{v_r \to \frac{1}{3}+0} \left(\underbrace{\frac{24}{3v_r - 1}}_{\frac{24}{+0} = +\infty} - \underbrace{\frac{3}{v_r^2}}_{3 \cdot 3^2 = 27}\right) = \infty$$

$$\lim_{v_r \to \infty} f(v_r) = \lim_{v_r \to \infty} \left(\underbrace{\frac{24}{3v_r - 1}}_{\frac{24}{\infty} = 0} - \underbrace{\frac{3}{v_r^2}}_{\frac{3}{\infty} = 0}\right) = 0$$

以上より，$p_r = f(v_r)$ …① $\left(v_r > \dfrac{1}{3}\right)$ のグラフは，上図のようになる。……(答)

ちなみに，演習問題 8 (P20) のグラフは $T_r = \dfrac{5}{4}$，v_r を x，p_r を y としたグラフだ。

演習問題 31	● 還元状態方程式 (Ⅲ) ●

還元状態方程式：$p_r = \dfrac{8T_r}{3v_r - 1} - \dfrac{3}{v_r^2}$ ……(＊) $\left(v_r > \dfrac{1}{3}\right)$ について，

$T_r = 1$ のときの $p_r v_r$ 図を描け。

ヒント！ $T_r = 1$，すなわち $T = T_C$（臨界温度）のときの $p_r v_r$ 図なので，グラフに臨界点 C が現われることになる。微分と極限の計算により，グラフを描いてみよう。

解答＆解説

(＊) に $T_r = 1$ を代入すると，p_r は v_r の 1 変数関数になる。よって，

$$p_r = f(v_r) = \frac{8}{3v_r - 1} - \frac{3}{v_r^2} = 8(3v_r - 1)^{-1} - 3v_r^{-2} \quad \cdots\cdots ①$$ とおく。

①を v_r で微分して，

$$\frac{dp_r}{dv_r} = f'(v_r) = \underline{-8(3v_r - 1)^{-2} \cdot 3} + 6v_r^{-3}$$

（$3v_r - 1 = u$ とおいて，合成関数の微分を行った。）

$$= -\frac{24}{(3v_r - 1)^2} + \frac{6}{v_r^3} = -6\left\{\frac{4}{(3v_r - 1)^2} - \frac{1}{v_r^3}\right\}$$

$$= -6 \cdot \frac{4v_r^3 - (3v_r - 1)^2}{v_r^3(3v_r - 1)^2}$$

$$= -6 \cdot \frac{4v_r^3 - 9v_r^2 + 6v_r - 1}{v_r^3(3v_r - 1)^2}$$

（$4v_r^3 - 9v_r^2 + 6v_r - 1 = (4v_r - 1)(v_r - 1)^2$）

組立て除法を使った。

	4	−9	6	−1
1)	↓	4	−5	1
	4	−5	1	(0)
1)	↓	4	−1	
	4	−1	(0)	

$$= -\frac{6(4v_r - 1)(v_r - 1)^2}{v_r^3(3v_r - 1)^2}$$

（$-\dfrac{6(4v_r - 1)}{v_r^3(3v_r - 1)^2}$ は ⊖ $\left(\because v_r > \dfrac{1}{3}\right)$）

（$f'(v_r)$ の符号に関する本質的部分，これを $g(v_r)$ とおく。）

ここで，$v_r > \dfrac{1}{3}$ より，$-\dfrac{6(4v_r - 1)}{v_r^3(3v_r - 1)^2} < 0$

よって，$f'(v_r)$ の符号に関する本質的な部分を $g(v_r)$ とおくと，

$g(v_r) = (v_r - 1)^2$ となる。

（$v_r = 1$ のときのみ $g(v_r) = 0$，それ以外では常に $g(v_r) > 0$）

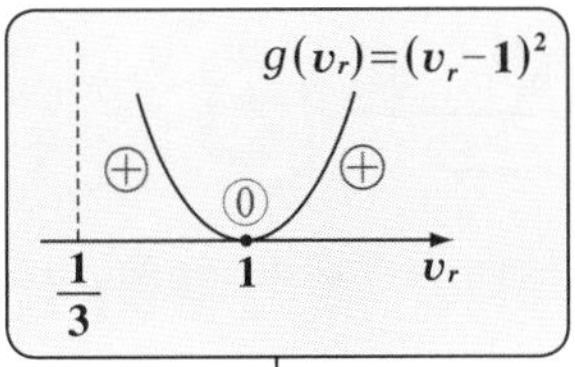

これから，$f'(v_r)$ は，$v_r = 1$ のときのみ 0 で，それ以外では常に⊖(負)となる。

よって，$v_r > \frac{1}{3}$ における $p_r = f(v_r)$ の増減表は，右下のようになる。

p_r の増減表 $\left(v_r > \frac{1}{3}\right)$

v_r	$\left(\frac{1}{3}\right)$		1	
$f'(v_r)$	／	$-$	0	$-$
$f(v_r)$	／	↘	1	↘

ここで，$v_r = 1$ のとき，①より，

$$p_r = f(1) = \frac{8}{3 \cdot 1 - 1} - \frac{3}{1^2} = 1 \quad \text{となる。}$$

さらに，$v_r \to \frac{1}{3} + 0$ と $v_r \to \infty$ の 2 つの極限を求めると，

$$\lim_{v_r \to \frac{1}{3}+0} f(v_r) = \lim_{v_r \to \frac{1}{3}+0} \left(\frac{8}{3v_r - 1} - \frac{3}{v_r^2} \right)$$

（$\frac{8}{+0} = \infty$，27）

$$= +\infty \quad \text{となり，}$$

$$\lim_{v_r \to +\infty} f(v_r) = \lim_{v_r \to +\infty} \left(\frac{8}{3v_r - 1} - \frac{3}{v_r^2} \right)$$

（$\frac{8}{\infty} = 0$，$\frac{3}{\infty} = 0$）

$$= 0 \quad \text{となる。}$$

以上より，$T_r = 1$ のときの $p_r v_r$ 図は右図のようになる。

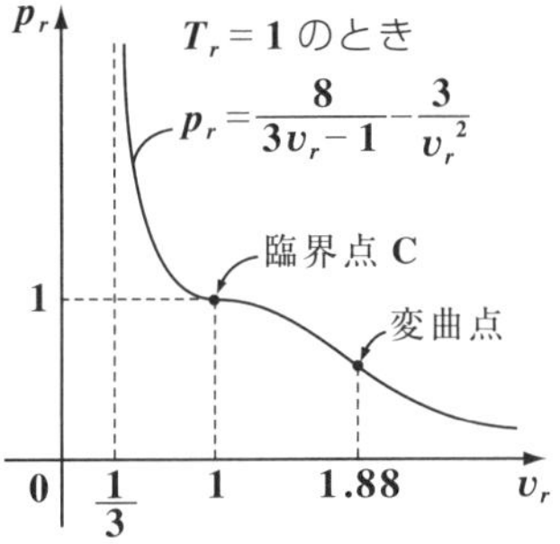

（ここで，$f(v_r)$ の 2 階微分 $f''(v_r)$ は求めていないけれど，実際に $f''(v_r) = 0$ から，$v_r = 1$ 以外に $v_r \fallingdotseq 1.88$ のところにも変曲点が存在する。興味のある方は，実際に自分で確認してみるといい。）

講義 Lecture 3 熱平衡と熱力学第1法則 methods & formulae

§1. 熱力学第1法則

熱力学的な系に熱の移動がなくなり，マクロ的に均一等方な状態を，"**熱平衡**（ねつへいこう）" 状態という。

3 つの熱力学的な系 A, B, C について，

「系 A と系 B が熱平衡状態にあり，同じ状態の系 A と系 C もまた熱平衡状態にあるならば，系 B と系 C も熱平衡状態であり，系 B と系 C の温度は等しい」

そして，これを "**熱力学第 0 法則**" と呼ぶ。

たとえば，右図に示すような，

A →(等温過程) B →(定圧過程) C →(定積過程) A

の循環過程は，すべて pv 図に実線で示されているので，これらは常に熱平衡状態を保ちながら，無限にゆっくりと変化させる理想的な過程で，これを "**準静的過程**（じゅんせいてきかてい）" という。準静的過程は，逆向きにも同様に変化させることが可能なので "**可逆過程**（かぎゃくかてい）" でもある。しかし，系を急激に加熱したり，冷却したりした場合，系に渦などの乱れが生じるので，このような過程は逆戻りすることはできない。このような過程を "**不可逆過程**（ふかぎゃくかてい）" という。

準静的過程

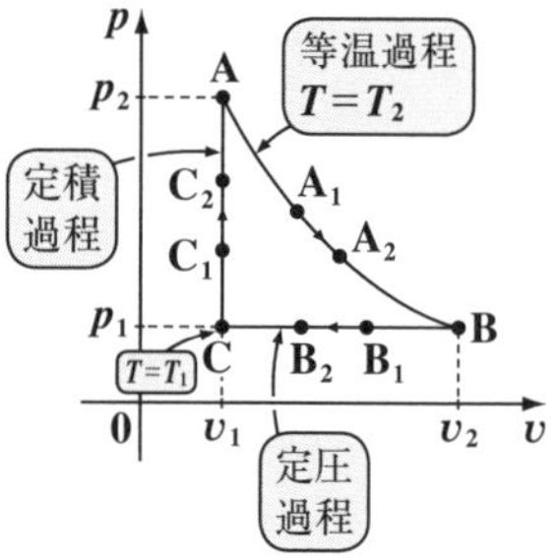

熱力学的な系の状態を表す状態量として，圧力 p，体積 V，温度 T に加えて，**内部エネルギー** U を考える。内部エネルギー U とは，その系に含まれる分子（または原子）のミクロな不規則な運動エネルギーの総和のことである。(Ⅰ) 単原子分子の理想気体と (Ⅱ) **2** 原子分子の理想気体（常温と高温），および (Ⅲ) 多原子分子の理想気体の内部エネルギー U はすべて温度 T のみの関数として，次のように表される。

理想気体の内部エネルギー U

(Ⅰ) 単原子分子理想気体：$U = \frac{3}{2}nRT$ ……(＊1)

(Ⅱ) 2原子分子理想気体：$U = \frac{5}{2}nRT$ ……(＊1)′ ← 常温(～300(K))のとき

$U = \frac{7}{2}nRT$ ……(＊1)″ ← 高温のとき

(Ⅲ) 多原子分子理想気体：$U = 3nRT$ ………(＊1)‴

（多原子：3原子以上）

右図に示すように，シリンダーとピストンで出来た容器内の気体を1つの熱力学的な系とする。このとき，これに Q(J) の熱量が加えられると気体の温度が ΔT だけ上昇して，その内部エネルギーが増加する。また，この気体の体積が ΔV だけ増加すると，この気体は外部に仕事をすることになる。この内部エネルギーの増分を ΔU(J)，また気体が外部にした仕事を W(J) とおくと，$Q = \Delta U + W$，すなわち，

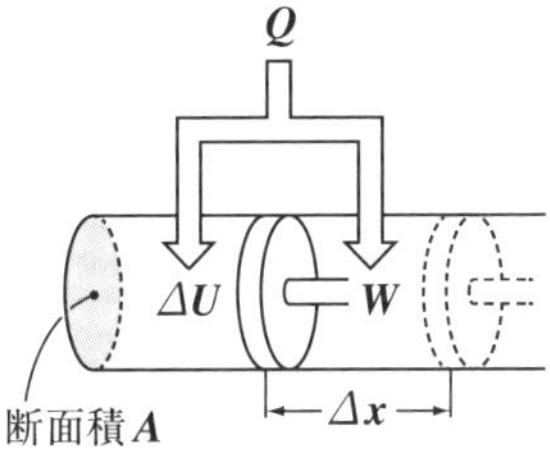

$\Delta U = Q - W$ ……(＊2) が成り立つ。

この(＊2)を“**熱力学第1法則**”という。つまり，熱力学的なエネルギー保存則が，この熱力学第1法則ということになる。

ここで，$W = p\Delta V$ とおくと，(＊2)は次のように表すこともできる。

$\Delta U = Q - p\Delta V$ ……(＊2)′

さらに(＊2)と(＊2)′は，微分表示として次のように表すこともできる。

$dU = d'Q - d'W$ ……(＊3)，$dU = d'Q - pdV$ ……(＊3)′

（Q や W は状態量ではないので，dQ，dW の代わりに $d'Q$，$d'W$ と表す。）

また，(＊1)から ΔU や dU は，$\Delta U = \frac{3}{2}nR\Delta T$ や $dU = \frac{3}{2}nRdT$ と表すこともできる。(＊1)′，(＊1)″，(＊1)‴ についても同様である。

ある1つの状態から出発した熱力学的な系が様々に状態を変化させた後，また元の状態に戻るような過程のことを，"**循環過程**"(じゅんかんかてい)または簡単に"**サイクル**"という。一般に，熱機関は繰り返し運動をして仕事をするため，必然的にこの循環過程を回転し続けることになる。

この循環過程を，熱力学第1法則：$\Delta U = Q - W$ で考えると，1サイクルが終わった時点で，$\Delta U = 0$ となる。よって $Q = W$ となる。
よって，$Q = 0$ のとき，$W = 0$ となるので，「$Q = 0$ のとき，$W > 0$ となるような第1種の永久機関は存在しない」ことが分かる。
ここで，循環過程のような熱機関で用いられる熱力学的な系のことを，"**作業物質**"(さぎょうぶっしつ)と呼ぶ。

循環過程には様々なものがあるが，たとえば，右図のような4つの過程：
(i) A → B：定圧過程 $(p = p_2)$
(ii) B → C：定積過程 $(V = V_2)$
(iii) C → D：定圧過程 $(p = p_1)$
(iv) D → A：定積過程 $(V = V_1)$
により，系(作業物質)が外部にする

循環過程の例

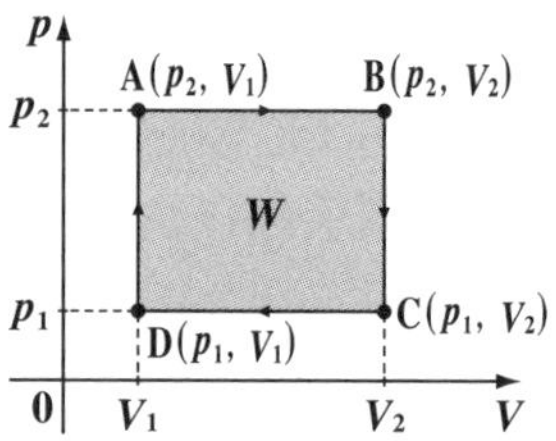

仕事 W は，このサイクル A → B → C → D → A で囲まれる図形の面積に等しい。そして，この W は，系が吸収する熱量 Q と等しい。

§2. 比熱と断熱変化

モル比熱(ひねつ) C の定義を下に示す。

モル比熱の定義

モル比熱 C (J/mol K)：ある物質1モルを温度1(K)だけ上昇させるのに必要な熱量

ここで，系(作業物質)の状態量 p, V, T, U は，次のように"**示量変数**"と"**示強変数**"に分類できる。

示量変数と示強変数

(Ⅰ) 物質の量に比例する状態変数を"**示量変数**"という。

(ex) 体積 V，内部エネルギー U

(Ⅱ) 物質の量と無関係な状態変数を"**示強変数**"という。

(ex) 圧力 p，温度 T

ここで，新たな状態量として，**エンタルピー** H を，$H = \underbrace{U}_{示量} + \underbrace{p}_{示強}\underbrace{V}_{示量}$ で定義すると，H は示量変数である。よって，示量変数 V, U, H を物質量 n(mol)で割って，1モル当たりの変数として $v = \frac{V}{n}$, $u = \frac{U}{n}$, $h = \frac{H}{n}$ と表すことにする。

モル比熱には，"**定積モル比熱**" C_V と "**定圧モル比熱**" C_p があり，これらは，次の公式で表される。

定積モル比熱 C_V と定圧モル比熱 C_p

(i) 定積モル比熱 C_V：体積一定の下で，物質1モルを温度1(K)だけ上昇させるのに必要な熱量

$$C_V = \left(\frac{\partial u}{\partial T}\right)_v \quad \cdots\cdots(*4)$$

(ii) 定圧モル比熱 C_p：圧力一定の下で，物質1モルを温度1(K)だけ上昇させるのに必要な熱量

$$C_p = \left(\frac{\partial h}{\partial T}\right)_p \quad \cdots\cdots(*5)$$

(ただし，h は1(mol)当たりのエンタルピーで，$h = u + pv$ である。)

理想気体の場合，**マイヤーの関係式**：$C_p = C_V + R$ ……(*6)が成り立つ。理想気体の C_V と C_p をまとめて示すと，次のようになる。

理想気体の C_V と C_p

理想気体の定積モル比熱 C_V と定圧モル比熱 C_p は,

(Ⅰ) 単原子分子の場合　$C_V = \frac{3}{2}R$,　$C_p = \frac{5}{2}R$

(Ⅱ) 2 原子分子の場合　(ⅰ) 常温のとき,　$C_V = \frac{5}{2}R$,　$C_p = \frac{7}{2}R$

(ⅱ) 高温のとき,　$C_V = \frac{7}{2}R$,　$C_p = \frac{9}{2}R$

(Ⅲ) 多原子分子の場合　$C_V = 3R$,　$C_p = 4R$

また, **比熱比**(ひねつひ) γ は, $\gamma = \frac{C_p}{C_V}$ で定義される。よって, 理想気体の比熱比 γ をまとめて示すと, 次のようになる。

比熱比 γ

理想気体の比熱比 γ は,

(Ⅰ) 単原子分子の場合, $\gamma = \frac{5}{3}$

(Ⅱ) 2 原子分子の場合, (ⅰ) 常温のとき $\gamma = \frac{7}{5}$, (ⅱ) 高温のとき $\gamma = \frac{9}{7}$

(Ⅲ) 多原子分子の場合, $\gamma = \frac{4}{3}$

次に, 理想気体の**断熱変化**について考えると,

熱力学第 1 法則 : $dU = \underbrace{d'Q}_{0} - pdV$ ……$(*3)'$ において,

$d'Q = 0$ より, $dU + pdV = 0$ ……① となる。

ここで, $dU = nC_V dT$, $p = \frac{nRT}{V}$ より, これらを①に代入して,

$nC_V dT + \frac{nRT}{V} dV = 0$　両辺を nT で割って,

$$C_V\frac{dT}{T}+\underset{C_p-C_V\text{(マイヤーの関係式)}}{\underline{R}}\frac{dV}{V}=0\qquad C_V\frac{dT}{T}+(C_p-C_V)\frac{dV}{V}=0$$

両辺を C_V で割って，$\frac{1}{T}dT=-\underbrace{(\gamma-1)}_{\text{定数}}\frac{1}{V}dV$ ←変数分離形

$$\int\frac{1}{T}dT=-(\gamma-1)\int\frac{1}{V}dV\qquad \log T=-(\gamma-1)\log V+\underbrace{C}_{\text{積分定数}}$$

$$\log T+(\gamma-1)\log V=C\qquad \log\underbrace{T\cdot V^{\gamma-1}}_{\text{定数}}=C\ \text{(定数)}$$

$\therefore\ TV^{\gamma-1}=$(一定) ……(＊7) が導かれる。

理想気体の状態方程式より，$T=\frac{pV}{nR}$ ……②

②を(＊7)に代入して，

$\frac{pV}{\underbrace{nR}_{\text{定数}}}\cdot V^{\gamma-1}=$(一定) より，$\therefore\ pV^{\gamma}=$(一定) ……(＊7)′ も導ける。

$TV^{\gamma-1}=$(一定) ……(＊7)と $pV^{\gamma}=$(一定) ……(＊7)′を，“**ポアソンの関係式**”という。

右図に示すように，pV 図上では，等温変化も断熱変化も共に下に凸の単調減少関数である。しかし，その勾配(傾き) $\frac{dp}{dV}$ の絶対値は，断熱変化の方が等温変化よりも常に大きい。

断熱変化と等温変化

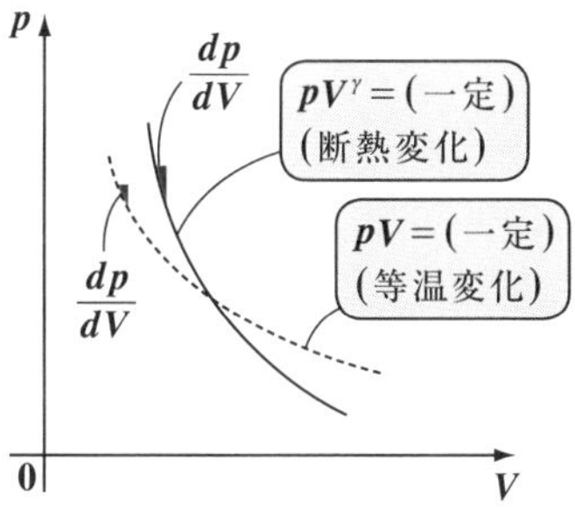

演習問題 32　● 内部エネルギー U(Ⅰ) ●

次の各気体を理想気体として，その内部エネルギー U を，小数第 2 位を四捨五入して求めよ。

(1) 500(K) で，0.1(mol) のネオン (Ne)

(2) 180(℃) で，4.2(mol) のアルゴン (Ar)

(3) 280(K) で，2(mol) の窒素 (N_2)

(4) 326.85(℃) で，3.5(mol) の酸素 (O_2)

(5) 400(K) で，3(mol) の二酸化炭素 (CO_2)

(6) 40(℃) で，11.3(mol) のメタン (CH_4)

ヒント！ 理想気体の内部エネルギー U の公式：(Ⅰ) 単原子分子 $U=\frac{3}{2}nRT$，(Ⅱ) 2 原子分子 (i) 常温：$U=\frac{5}{2}nRT$，(ii) 高温：$U=\frac{7}{2}nRT$，(Ⅲ) 多原子分子：$U=3nRT$ を利用して，計算すればいいんだね。

解答＆解説

(1) ネオン (Ne) は単原子分子なので，
$T=500$(K)，$n=0.1$(mol) のこの気体の内部エネルギー U は，

$$U=\frac{3}{2}nRT=\frac{3}{2}\times 0.1\times 8.31\times 500=623.25\fallingdotseq 623.3\text{(J)}$$
である。…(答)

単原子分子理想気体の内部エネルギー
$U=\frac{3}{2}nRT$

(2) アルゴン (Ar) は単原子分子なので，
$T=180+273.15=453.15$(K)，4.2(mol) のこの気体の内部エネルギー U は，

$$U=\frac{3}{2}nRT=\frac{3}{2}\times 4.2\times 8.31\times 453.15$$
$$=23723.76\cdots\fallingdotseq 23723.8\text{(J)}$$
である。……………………………………(答)

(3) 窒素 (N_2) は 2 原子分子で，280(K) は常温とみなせるので，この 2(mol) の気体の内部エネルギー U は，

$$U = \frac{5}{2}nRT = \frac{5}{2} \times 2 \times 8.31 \times 280$$

$= 11634.0$(J) である。………………(答)

> 2 原子分子理想気体の内部エネルギー
> (i) 常温 (～300(K)) のとき，
> $U = \frac{5}{2}nRT$
> (ii) 高温のとき，
> $U = \frac{7}{2}nRT$

(4) 酸素 (O_2) は 2 原子分子なので，

$T = 326.85 + 273.15 = 600$(K)，3.5(mol) のこの気体の内部エネルギー U は，

（高温である。）

$$U = \frac{7}{2}nRT = \frac{7}{2} \times 3.5 \times 8.31 \times 600$$

$= 61078.5$(J) である。……………………………………………………(答)

(5) 二酸化炭素 (CO_2) は多原子分子なので，

$T = 400$(K)，3(mol) のこの気体の内部エネルギー U は，

> 多原子分子理想気体の内部エネルギー
> $U = 3nRT$

$$U = 3nRT = 3 \times 3 \times 8.31 \times 400$$

$= 29916.0$(J) である。……………………………………………………(答)

(6) メタン (CH_4) は多原子分子なので，

$T = 40 + 273.15 = 313.15$(K)，11.3(mol) のこの気体の内部エネルギー U は，

$$U = 3nRT = 3 \times 11.3 \times 8.31 \times 313.15$$

$= 88217.17\cdots = 88217.2$(J) である。………………………………(答)

演習問題 33　● 内部エネルギー U(II) ●

次の各理想気体について，問いに答えよ。答えはすべて有効数字 3 桁で答えよ。

(1) 内部エネルギー $U_1 = 200$(J) をもつ，0.2(mol) のネオン (Ne) の温度を $\Delta T = 30$(K) だけ上昇させた。このときの内部エネルギー U_2 を求めよ。

(2) 高温で，内部エネルギー $U_1 = 6000$(J) をもつ，0.8(mol) の酸素 (O_2) の温度を $\Delta T = 50$(K) だけ上昇させた。このときの内部エネルギー U_2 を求めよ。

ヒント！ 内部エネルギーを U_1 から U_2 に変化させた変化分を ΔU とおくと，$\Delta U = U_2 - U_1$ より，$U_2 = U_1 + \Delta U$ となる。(1) では，単原子分子より，$\Delta U = \frac{3}{2}nR\Delta T$ となり，(2) は高温の 2 原子分子なので，$\Delta U = \frac{7}{2}nR\Delta T$ となることに気を付けよう。

解答＆解説

(1) 内部エネルギー $U_1 = 200$(J) をもち，$n = 0.2$(mol) の単原子分子のネオン (Ne) の温度を $\Delta T = 30$(K) だけ上昇させたときの内部エネルギー U_2 を求めると，

$$U_2 = U_1 + \Delta U = \underbrace{U_1}_{200} + \frac{3}{2}\cdot\underbrace{n}_{0.2}\cdot\underbrace{R}_{8.31}\cdot\underbrace{\Delta T}_{30}$$

単原子分子 $\Delta U = \frac{3}{2}nR\Delta T$

$$= 200 + \frac{3}{2}\times 0.2\times 8.31\times 30$$

$$= 274.79 \fallingdotseq 2.75\times 10^2 \text{(J)}$$ である。……………………………………(答)

(2) 高温で，内部エネルギー $U_2 = 6000$(J) をもち，$n = 0.8$(mol) の 2 原子分子の酸素 (O_2) の温度を $\Delta T = 50$(K) だけ上昇させたときの内部エネルギー U_2 を求めると，

$$U_2 = U_1 + \Delta U = \underbrace{U_1}_{6000} + \frac{7}{2}\cdot\underbrace{n}_{0.8}\cdot\underbrace{R}_{8.31}\cdot\underbrace{\Delta T}_{50}$$

高温の 2 原子分子 $\Delta U = \frac{7}{2}nR\Delta T$

$$= 6000 + \frac{7}{2}\times 0.8\times 8.31\times 50$$

$$= 7163.4 \fallingdotseq 7.16\times 10^3 \text{(J)}$$ である。……………………………………(答)

演習問題 34　● 第1種の永久機関 ●

熱力学第1法則：$\Delta U = Q - W$ ……(＊) を用いて，
第1種の永久機関の存在は不可能であることを示せ。
(ただし，第1種の永久機関とは，燃量(熱量)を何ら消費することなく，永久に動き続ける熱機関のことである。)

ヒント！ 第1種の永久機関も，循環過程により動くと考えると，1サイクルが終了すると，U の変化分 $\Delta U = 0$ となる。これから $Q = 0$ で，$W > 0$ となることはあり得ないことを示せばいいんだね。背理法により証明しよう。

解答＆解説

燃料(熱量)を消費しないで，永久に動き続ける第1種の永久機が存在するものと仮定する。
このとき，この熱機関は，右に示すような，ある pV 図の循環過程で稼働するものとする。このとき，点Aから出発して，1サイクル回って元のAの状態に戻ると，内部エネルギー U の変化分 ΔU は当然 $\Delta U = 0$ …① となる。

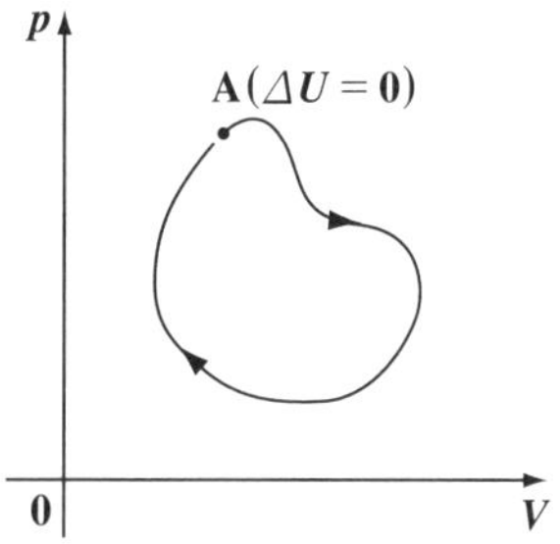

①を熱力学第1法則：$\underbrace{\Delta U}_{0} = Q - W$ ……(＊) に代入すると，

$Q - W = 0$　　$\therefore Q = W$ ……②

ここで，第1種の永久機関とは，熱量 Q を消費しないで，つまり $Q = 0$ で，仕事は行うので，$W > 0$ となる機関であるから，$Q = 0$ かつ $W > 0$ は，②式と矛盾することになる。← 背理法の完成！

∴第1種の永久機関は存在し得ないことが示された。……………………(終)

演習問題 35　● 循環過程と仕事(Ⅰ) ●

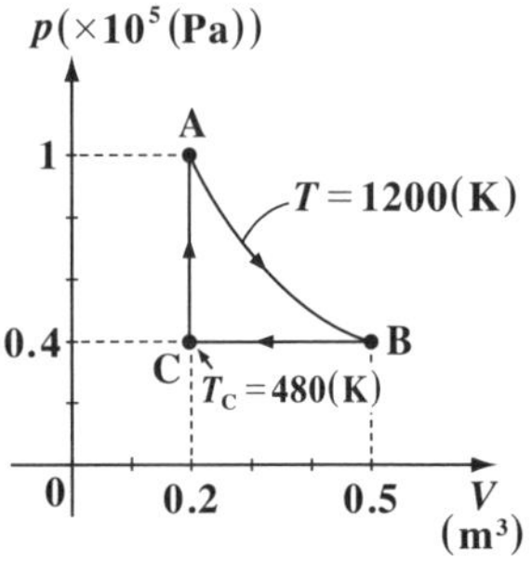

2(mol)の理想気体の作業物質が，右図のような**3**つの状態 **A, B, C** を **A→B→C→A** の順に **1** 周する循環過程がある。具体的には，

(ⅰ) **A→B**：$T=1200(\mathrm{K})$ の等温過程

(ⅱ) **B→C**：$p=0.4\times 10^5(\mathrm{Pa})$ の定圧過程

(ⅲ) **C→A**：$V=0.2(\mathrm{m}^3)$ の定積過程

である。また，**C** における温度 T は $T=480(\mathrm{K})$ である。

この (ⅰ), (ⅱ), (ⅲ) の **3** つの過程で，作業物質が外部になす仕事を順に W_{AB}, W_{BC}, W_{CA} とおく。この **3** つの値を求めて，この **1** サイクルで作業物質が外部になす仕事 W を $W=W_{AB}+W_{BC}+W_{CA}$ により求めよ。

ただし，答えは有効数字 **3** 桁で示せ。

ヒント！ この循環過程の条件は，演習問題 **21(P44)** のものと同じだ。今回は，たとえば，$W_{AB}=\int_{0.2}^{0.5} p\,dV$ などとして，W_{AB}, W_{BC}, W_{CA} の値を求め，これらの総和をとって，この循環過程を **1** 周することによって作業物質がなす仕事 W を求めよう。

解答＆解説

3 つの状態 **A, B, C** における圧力 p，体積 V，温度 T の値の組を示すと，

$\mathrm{A}(p_A,\ V_A,\ T_A)=(10^5(\mathrm{Pa}),\ 0.2(\mathrm{m}^3),\ 1200(\mathrm{K}))$,

$\mathrm{B}(p_B,\ V_B,\ T_B)=(0.4\times 10^5(\mathrm{Pa}),\ 0.5(\mathrm{m}^3),\ 1200(\mathrm{K}))$,

$\mathrm{C}(p_C,\ V_C,\ T_C)=(0.4\times 10^5(\mathrm{Pa}),\ 0.2(\mathrm{m}^3),\ 480(\mathrm{K}))$ となる。

(ⅰ) 等温過程：**A→B** において，

微小な仕事 $d'W=pdV$ ……① であり，理想気体の状態方程式：

$pV=nRT$ より，$p=\dfrac{nRT}{V}$ を①に代入して定積分すると，この等温過程で作業物質が外部になす仕事 W_{AB} は，

$$W_{AB} = \int d'W = \int_{0.2}^{0.5} \underset{\boxed{\frac{nRT}{V}}}{\underline{p}}\, dV = \underset{\boxed{2\times 8.31\times 1200}}{\underline{nRT}} \int_{0.2}^{0.5} \frac{1}{V}\, dV$$

$$= 2\times 8.31\times 1200 \underset{\boxed{\log 0.5 - \log 0.2 = \log\frac{0.5}{0.2} = \log\frac{5}{2}}}{\underline{\left[\log V\right]_{0.2}^{0.5}}} = 2\times 8.31\times 1200\times\log\frac{5}{2}$$

$= 18274.5\cdots \fallingdotseq 1.83\times 10^4$ (J) である。……………………………(答)

(ⅱ) 定圧過程：B→C において，

微小な仕事 $d'W = \underset{\boxed{0.4\times 10^5 (\mathrm{Pa}):\text{定数}}}{\underline{p}}\, dV = 0.4\times 10^5 dV$ より，この定圧過程で作業物質が外部になす仕事 W_{BC} は，

$$W_{BC} = \int d'W = 0.4\times 10^5 \underset{\boxed{[V]_{0.5}^{0.2} = 0.2 - 0.5 = -0.3}}{\underline{\int_{0.5}^{0.2} dV}} = 0.4\times 10^5\times(-0.3)$$

$= -12000 = -1.20\times 10^4$ (J) である。……………………………(答)

(ⅲ) 定積過程：C→A において，

微小な仕事 $d'W = p\underset{\boxed{0}}{\underline{dV}} = 0$ より，この定積過程で作業物質が外部になす ← V 一定より，微小な変化分 dV は 0 となる。

仕事 W_{CA} は，

$W_{CA} = 0.00$ (J) である。……………………………………………(答)

以上(ⅰ)(ⅱ)(ⅲ)より，この循環過程を 1 周することにより，作業物質が外部になす仕事 W は，

$W = W_{AB} + W_{BC} + W_{CA} = 1.83\times 10^4 - 1.20\times 10^4 \cancel{+0}$

$= 6.30\times 10^3$ (J) である。………………………………………………(答)

参考

この $W = 6.30\times 10^3$ (J) は，この循環過程の pV 図が囲む図形の面積に等しい。また，この 1 サイクルにより，内部エネルギーの変化分 ΔU は $\Delta U = 0$ より，熱力学第 1 法則：$\underset{\boxed{0}}{\underline{\Delta U}} = Q - W$ から $Q = W$ となる。よって，この 1 サイクルで作業物質に流入する熱量 Q も，$Q = W = 6.30\times 10^3$ (J) となる。

演習問題 36　● 循環過程と仕事(Ⅱ) ●

3(mol)の理想気体の作業物質が，右図のような**4**つの状態 **A, B, C, D** を **A→B→C→D→A** の順に **1** 周する循環過程がある。具体的には，

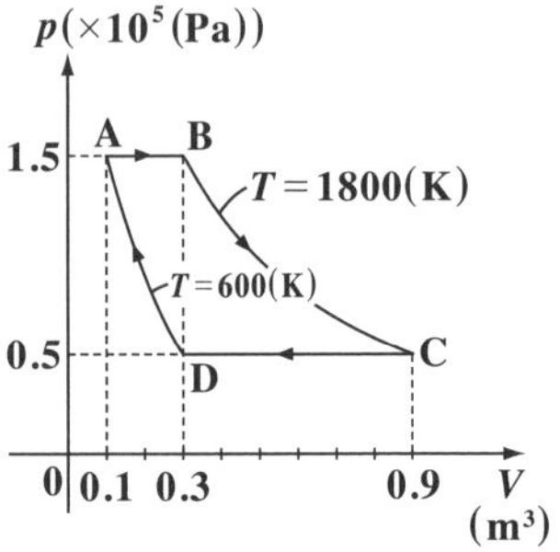

(ⅰ) **A→B**：$p = 1.5 \times 10^5$(Pa) の定圧過程

(ⅱ) **B→C**：$T = 1800$(K) の等温過程

(ⅲ) **C→D**：$p = 0.5 \times 10^5$(Pa) の定圧過程

(ⅳ) **D→A**：$T = 600$(K) の等温過程

である。この(ⅰ), (ⅱ), (ⅲ), (ⅳ)の過程で，作業物質が外部になす仕事を順に W_{AB}，W_{BC}，W_{CD}，W_{DA} とおく。これら **4** つの値を求めて，この **1** サイクルで作業物質が外部になす仕事 W を $W = W_{AB} + W_{BC} + W_{CD} + W_{DA}$ により求めよ。ただし，答えは有効数字 **3** 桁で示せ。

ヒント！ この循環過程の条件は，演習問題 **22(P46)** のものと同じなんだね。今回は，たとえば，$W_{AB} = \int_{0.1}^{0.3} p\,dV$ などとして，W_{AB}, W_{BC}, W_{CD}, W_{DA} の値を求め，これらの総和として，この循環過程を **1** 周することによって作業物質がなす仕事 W を求めよう。

解答＆解説

(ⅰ) 定圧過程：**A→B** において，

微小な仕事 $d'W = p\,dV = 1.5 \times 10^5 dV$ より，この定圧過程で作業物質が

（p = 1.5×10^5(Pa)：定数）

外部になす仕事 W_{AB} は，

$$W_{AB} = \int d'W = 1.5 \times 10^5 \int_{0.1}^{0.3} dV = 1.5 \times 10^5 \times 0.2$$

（$\int_{0.1}^{0.3} dV = [V]_{0.1}^{0.3} = 0.3 - 0.1 = 0.2$）

$= 0.3 \times 10^5 = 3.00 \times 10^4$(J) である。……………………………(答)

(ⅱ) 等温過程：**B→C** において，

微小な仕事 $d'W = p\,dV$ ……① であり，理想気体の状態方程式：

$pV = nRT$ より，$p = \dfrac{nRT}{V}$ を①に代入して定積分すると，この等温過程で作業物質が外部になす仕事 W_{BC} は，

$$W_{BC} = \int d'W = \int_{0.3}^{0.9} \underbrace{p}_{\frac{nRT}{V}}\, dV = \underbrace{nRT}_{3\times 8.31\times 1800} \int_{0.3}^{0.9} \frac{1}{V} dV$$

$$= 3\times 8.31\times 1800 \underbrace{\left[\log V\right]_{0.3}^{0.9}}_{\log 0.9 - \log 0.3 = \log\frac{0.9}{0.3} = \log 3} = 3\times 8.31\times 1800\times \log 3$$

$= 49299.12\cdots = 4.93\times 10^4\,(\mathrm{J})$ である。……………………………(答)

(iii) 定圧過程：$C \to D$ において，(i) と同様に，

微小な仕事 $d'W = pdV = 0.5\times 10^5 dV$ より，この定圧過程で作業物質が外部になす仕事 W_{CD} は，

$$W_{CD} = 0.5\times 10^5 \underbrace{\int_{0.9}^{0.3} dV}_{[V]_{0.9}^{0.3} = 0.3 - 0.9 = -0.6} = 0.5\times 10^5 \times (-0.6) = -3.00\times 10^4\,(\mathrm{J})$$ である。

……(答)

(iv) 等温過程：$D \to A$ において，(ii) と同様に，

微小な仕事 $d'W = pdV = \dfrac{nRT}{V}dV$ より，

$$W_{DA} = \int_{0.3}^{0.1} \frac{nRT}{V} dV = \underbrace{nRT}_{3\times 8.31\times 600} \underbrace{\int_{0.3}^{0.1} \frac{1}{V} dV}_{[\log V]_{0.3}^{0.1} = \log 0.1 - \log 0.3 = \log\frac{1}{3} = -\log 3}$$

$$= 3\times 8.31\times 600\times(-\log 3)$$

$= -16433.04\cdots = -1.64\times 10^4\,(\mathrm{J})$ である。………………………(答)

以上 (i)(ii)(iii)(iv) より，この循環過程を 1 周することにより，作業物質が外部になす仕事 W は，

$$W = W_{AB} + W_{BC} + W_{CD} + W_{DA} = \cancel{3\times 10^4} + 4.93\times 10^4 - \cancel{3\times 10^4} - 1.64\times 10^4$$

$= 3.29\times 10^4\,(\mathrm{J})$ である。……………………………………………(答)

演習問題 37 ● 循環過程と仕事(Ⅲ) ●

3(mol) の理想気体の作業物質が，右図のような **4** つの状態 **A, B, C, D** を **A→B→C→D→A** の順に **1** 周する循環過程がある。具体的には，

(ⅰ) **A→B**：$T = 1200(\mathrm{K})$ の等温過程

(ⅱ) **B→C**：$V = 0.2(\mathrm{m}^3)$ の定積過程

(ⅲ) **C→D**：$T = 800(\mathrm{K})$ の等温過程

(ⅳ) **D→A**：$V = 0.1(\mathrm{m}^3)$ の定積過程

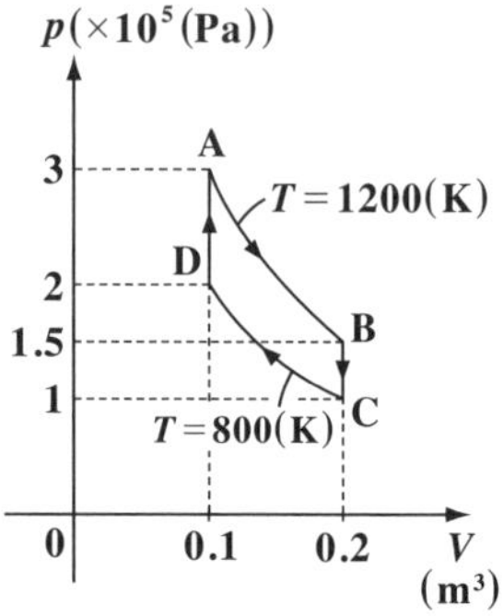

である。この(ⅰ), (ⅱ), (ⅲ), (ⅳ)の過程で，作業物質が外部になす仕事を順に W_{AB}，W_{BC}，W_{CD}，W_{DA} とおく。これら **4** つの値を求めて，この **1** サイクルで作業物質が外部になす仕事 W を $W = W_{AB} + W_{BC} + W_{CD} + W_{DA}$ により求めよ。ただし，答えは W 以外は有効数字 **3** 桁で示し，W は有効数字 **2** 桁で示せ。

ヒント！ この循環過程の設定条件は，演習問題 **23(P48)** のものと同じだね。今回は，たとえば $W_{AB} = \int_{0.1}^{0.2} \frac{nRT}{V} dV$ などとして，W_{AB}，W_{BC}，W_{CD}，W_{DA} の値を求めて，この総和から W を計算すればいいんだね。頑張ろう！

解答＆解説

(ⅰ) 等温過程：**A→B** において，

微小な仕事 $d'W = pdV$ ……① であり，理想気体の状態方程式：

$pV = nRT$ より，$p = \frac{nRT}{V}$ を①に代入して定積分すると，この等温過程で作業物質が外部になす仕事 W_{AB} は，

$$W_{AB} = \int d'W = \int_{0.1}^{0.2} \underbrace{p}_{\frac{nRT}{V}} dV = \underbrace{nRT}_{3\times 8.31\times 1200} \underbrace{\int_{0.1}^{0.2} \frac{1}{V} dV}_{[\log V]_{0.1}^{0.2}}$$ より，

$$W_{AB} = 3 \times 8.31 \times 1200 \underbrace{\left[\log V\right]_{0.1}^{0.2}}_{\log 0.2 - \log 0.1 = \log\frac{0.2}{0.1} = \log 2} = 3 \times 8.31 \times 1200 \times \log 2$$

$= 20736.19\cdots = 2.07 \times 10^4(\mathrm{J})$ である。……………………………(答)

(ii) 定積過程：B→C において，

微小な仕事 $d'W = p\underbrace{dV}_{0} = 0$ より，この定積過程で作業物質が外部になす

（V 一定より，微小な $dV = 0$ となる。）

仕事 W_{BC} は，

$W_{BC} = 0.00(\mathrm{J})$ である。……………………………………………………(答)

(iii) 等温変化：C→D において，(i) と同様に，

微小な仕事 $d'W = \dfrac{nRT}{V}dV$ より，この等温過程で作業物質が外部にな

す仕事 W_{CD} は，

$$W_{CD} = \int_{0.2}^{0.1} \frac{nRT}{V}dV = \underbrace{nRT}_{3\times 8.31\times 800} \underbrace{\int_{0.2}^{0.1}\frac{1}{V}dV}_{[\log V]_{0.2}^{0.1} = \log\frac{0.1}{0.2} = \log 2^{-1} = -\log 2}$$

$= 3 \times 8.31 \times 800 \times (-\log 2)$

$= -13824.12\cdots = -1.38 \times 10^4(\mathrm{J})$ である。………………………(答)

(iv) 定積過程：D→A において，(ii) と同様に，

微小な仕事 $d'W = pdV = 0$ より，この定積過程で作業物質が外部に

なす仕事 W_{DA} は，

$W_{DA} = 0.00(\mathrm{J})$ である。……………………………………………………(答)

以上 (i)(ii)(iii)(iv) より，この循環過程を 1 周することにより，作業物質が外部になす仕事 W は，

$W = W_{AB} + W_{BC} + W_{CD} + W_{DA} = 2.07 \times 10^4 \cancel{+0} - 1.38 \times 10^4 \cancel{+0}$

$= 0.69 \times 10^4 = 6.9 \times 10^3(\mathrm{J})$ である。……………………………(答)

演習問題 38　● 定積モル比熱，定圧モル比熱 ●

次の各問いに答えよ。ただし気体はすべて理想気体であるものとする。答えは有効数字 **3** 桁で答えよ。

(1) **0.6(mol)** のヘリウム (**He**) を体積一定の条件の下で，温度を **300(K)** から **330(K)** に上昇させたとき，この系の内部エネルギーの増加分 ΔU を求めよ。

(2) **2(mol)** の水素 (H_2) を圧力一定の条件の下で，温度を **250(K)** から **290(K)** に上昇させたとき，この系のエンタルピーの増加分 ΔH を求めよ。

(3) **1.2(mol)** の酸素 (O_2) を体積一定の条件の下で，温度を **600(K)** から **650(K)** に上昇させたとき，この系の内部エネルギーの増加分 ΔU を求めよ。

(4) **5(mol)** の二酸化炭素 (CO_2) を圧力一定の条件の下で，温度を **380(K)** から **450(K)** に上昇させたとき，この系のエンタルピーの増加分 ΔH を求めよ。

ヒント！ (1), (3) の定積過程で温度を ΔT だけ上昇させたとき，内部エネルギー U は $\Delta U = nC_V\Delta T$ だけ増加する。(2), (4) の定圧過程で温度を ΔT だけ上昇させたとき，エンタルピー H は $\Delta H = nC_p\Delta T$ だけ増加するんだね。

解答＆解説

(1) 定積過程での温度上昇による内部エネルギーの増分 ΔU は，

$\Delta U = nC_V\Delta T$ ……① で求められる。

$n = 0.6$ (mol)，ヘリウム (He) は単原子分子なので，

定積モル比熱 $C_V = \frac{3}{2}R$ (J/mol K)，

$\Delta T = 330 - 300 = 30$ (K) より，①は，

$$\Delta U = \underbrace{0.6}_{n} \times \underbrace{\frac{3}{2} \times 8.31}_{C_V} \times \underbrace{30}_{\Delta T} = 224.37 \fallingdotseq 2.24 \times 10^2 \text{(J)}$$ となる。………(答)

> ・理想気体の C_V
> (i) 単原子分子　$C_V = \frac{3}{2}R$
> (ii) 2 原子分子　$C_V = \frac{5}{2}R$（常温）
> 　　　　　　　$C_V = \frac{7}{2}R$（高温）
> (iii) 多原子分子　$C_V = 3R$
> ・C_P は，マイヤーの関係式：$C_P = C_V + R$ から求めればいい。

(2) 定圧過程での温度上昇によるエンタルピーの増分ΔHは,

$\Delta H = nC_p\Delta T$ ……② で求められる。

$n = 2$(mol), 水素(H_2)は2原子分子で, かつ常温なので,

定圧モル比熱 $C_p = C_V + R = \frac{5}{2}R + R = \frac{7}{2}R$ (J/mol K),

$\Delta T = 290 - 250 = 40$(K) より, ②は,

$$\Delta H = \underbrace{2}_{n} \times \underbrace{\frac{7}{2} \times 8.31}_{C_p} \times \underbrace{40}_{\Delta T} = 2326.8 \doteqdot 2.33 \times 10^3 \text{(J)}$$ となる。…………(答)

(3) 定積過程での温度上昇による内部エネルギーの増分ΔUは, ①を使って求められる。

$n = 1.2$(mol), 酸素(O_2)は2原子分子で, かつ高温なので,

定積モル比熱 $C_V = \frac{7}{2}R$ (J/mol K),

$\Delta T = 650 - 600 = 50$(K) より, ①は,

$$\Delta U = \underbrace{1.2}_{n} \times \underbrace{\frac{7}{2} \times 8.31}_{C_V} \times \underbrace{50}_{\Delta T} = 1745.1 \doteqdot 1.75 \times 10^3 \text{(J)}$$ となる。………(答)

(4) 定圧過程での温度上昇によるエンタルピーの増分ΔHは, ②を用いて求められる。

$n = 5$(mol), 二酸化炭素(CO_2)は多原子分子なので,

$C_p = C_V + R = 3R + R = 4R$ (J/mol K),

$\Delta T = 450 - 380 = 70$(K) より, ②は,

$$\Delta H = \underbrace{5}_{n} \times \underbrace{4 \times 8.31}_{C_p} \times \underbrace{70}_{\Delta T} = 11634 \doteqdot 1.16 \times 10^4 \text{(J)}$$ である。……………(答)

演習問題 39 ● 理想気体の断熱変化（I）●

次の各問いに答えよ。

(1) 理想気体において，定圧モル比熱 $C_p = \left(\frac{\partial h}{\partial T}\right)_p$ と定積モル比熱 $C_V = \left(\frac{\partial u}{\partial T}\right)_v$ の間に，マイヤーの関係式：$C_p = C_V + R$ ……(＊1)（R：気体定数）が成り立つことを示せ。

(2) 微分形式の熱力学第1法則：$d'Q = dU + pdV$ ……(＊)を利用して，理想気体の断熱変化において，次のポアソンの関係式：

$TV^{\gamma-1} =$（一定）……(＊2)と，$pV^{\gamma} =$（一定）……(＊3)（γ：比熱比）が成り立つことを示せ。

ヒント！ (1) 1モル当たりのエンタルピー $h = u + pv$ と，状態方程式 $pv = RT$ を利用すればいい。(2) 断熱変化なので $d'Q = 0$，理想気体なので $dU = nC_V dT$ と，状態方程式 $pV = nRT$ を使って，ポアソンの関係式を導こう。

解答＆解説

(1) 理想気体において，1モル当たりのエンタルピーを h，内部エネルギーを u，体積を v とおくと，$h = u + pv$ より，

定圧モル比熱 C_p の定義式 $C_p = \frac{\partial h}{\partial T}$ を変形して，

$$C_p = \frac{\partial}{\partial T}(u + pv)$$

$$= \frac{\partial u}{\partial T} + \frac{\partial (pv)}{\partial T}$$

（$\frac{\partial u}{\partial T}$ は C_V，pv は RT（理想気体の状態方程式：$pv = RT$ より））

$$= C_V + \frac{\partial (RT)}{\partial T} = C_V + R \quad \text{となって，}$$

マイヤーの関係式：$C_p = C_V + R$ ……(＊1)が導かれる。………………(終)

(2) 次に，理想気体の断熱変化について考える。

微分表示の熱力学の第1法則：$d'Q = dU + pdV$ ……($*$) について，

断熱変化より，$d'Q = 0$，理想気体より，$dU = nC_V dT$ となる。

これらを($*$)に代入して，$0 = nC_V dT + p\,dV$ ……① となる。（$p = \dfrac{nRT}{V}$）

ここで，理想気体の状態方程式：$pV = nRT$ より，$p = \dfrac{nRT}{V}$ を①に代入して，

$$0 = \cancel{n}C_V dT + \frac{\cancel{n}RT}{V} dV$$ 両辺を nT で割って，

$$C_V \cdot \frac{1}{T} dT + R\frac{1}{V} dV = 0$$ ここでマイヤーの関係式 ($*1$) より，

（$R = (C_p - C_V)$（マイヤーの関係式より））

$R = C_p - C_V$ を代入して，

$$C_V \frac{1}{T} dT + (C_p - C_V)\frac{1}{V} dV = 0$$ 両辺を C_V で割って，

$$\frac{1}{T} dT + \left(\frac{C_p}{C_V} - 1\right)\frac{1}{V} dV = 0$$

（$\dfrac{C_p}{C_V} = \gamma$（比熱比））

$$\frac{1}{T} dT = -(\gamma - 1)\frac{1}{V} dV$$ ← 変数分離形　この両辺を不定積分して，

$$\int \frac{1}{T} dT = -(\gamma - 1)\int \frac{1}{V} dV \qquad \log T = -(\gamma - 1)\log V + C_1 \quad (C_1：定数)$$

（T，V は $\oplus$）

$$\log T + (\gamma - 1)\log V^{\square} = C_1 \qquad \log T + \log V^{\gamma - 1} = C_1$$

$\log TV^{\gamma - 1} = C_1$（定数）より，ポアソンの関係式：（$TV^{\gamma-1}$：定数）

$TV^{\gamma - 1} = (一定)$ …($*2$) が導かれる。……………………………………………(終)

($*2$) に $T = \dfrac{pV}{nR}$ を代入すると，$\dfrac{pV}{nR} \cdot V^{\gamma - 1} = (一定)$ より，（nR：定数）

もう1つのポアソンの関係式 $pV^{\gamma} = (一定)$…($*3$) が導かれる。……(終)

演習問題 40 ● 理想気体の断熱変化(Ⅱ)●

次の各気体を理想気体として，各問いに答えよ。ただし，答えはすべて有効数字 **3** 桁で答えよ。

(1) 圧力 10^5(Pa)，体積 0.5(m^3) のヘリウム (He) を断熱変化により，その圧力を 0.5×10^5(Pa) に変化させたときの体積を求めよ。

(2) 温度 200(K)，体積 0.1(m^3) の水素 (H_2) を断熱変化により，その温度を 300(K) に変化させたときの体積を求めよ。

(3) 温度 500(K)，体積 1(m^3) の酸素 (O_2) を断熱変化により，その温度を 400(K) に変化させたときの体積を求めよ。

(4) 圧力 2×10^5(Pa)，体積 2(m^3) の二酸化炭素 (CO_2) を断熱変化により，その圧力を 3×10^5(Pa) に変化させたときの体積を求めよ。

ヒント！ すべて理想気体の断熱変化の問題なので，ポアソンの関係式：$T_1V_1^{\gamma-1}=T_2V_2^{\gamma-1}$，または $p_1V_1^{\gamma}=p_2V_2^{\gamma}$ を利用して計算しよう。比熱比 $\gamma=\dfrac{C_p}{C_V}$ については，(1) は単原子分子，(2) は常温の 2 原子分子，(3) は高温の 2 原子分子，そして (4) は多原子分子であることに注意して，値を決めて計算するんだね。

解答＆解説

(1) ヘリウム (He) は単原子分子なので，その比熱比 γ は $\gamma=\dfrac{5}{3}$ である。

$p_1=10^5$(Pa)，$V_1=0.5$(m^3) のヘリウムを断熱変化により，$p_2=0.5\times10^5$(Pa) にしたときの体積を V_2 とおくと，ポアソンの関係式により，

> 理想気体の C_V
> (ⅰ) 単原子分子 $\gamma=\dfrac{5}{3}$
> (ⅱ) 2 原子分子 $\gamma=\dfrac{7}{5}$ (常温)
> $\gamma=\dfrac{9}{7}$ (高温)
> (ⅲ) 多原子分子 $\gamma=\dfrac{4}{3}$

$$\underbrace{\cancel{10^5}}_{p_1}\times\underbrace{0.5^{\frac{5}{3}}}_{V_1^{\gamma}}=\underbrace{0.5\times\cancel{10^5}}_{p_2}\times V_2^{\frac{5}{3}}\quad\leftarrow\boxed{p_1V_1^{\gamma}=p_2V_2^{\gamma}}$$

$$V_2^{\frac{5}{3}}=\frac{0.5^{\frac{5}{3}}}{0.5}=0.5^{\frac{2}{3}}\quad より，\quad V_2=\left\{\left(\frac{1}{2}\right)^{\frac{2}{3}}\right\}^{\frac{3}{5}}=(2^{-1})^{\frac{2}{5}}=2^{-\frac{2}{5}}$$

$\therefore V_2=2^{-\frac{2}{5}}=0.7578\cdots\fallingdotseq7.58\times10^{-1}$(m^3) である。……………………(答)

(2) 水素 (H_2) は 2 原子分子で，常温での断熱変化なので，その比熱比 γ は，

$\gamma = \dfrac{7}{5}$ である。

$T_1 = 200(K)$, $V_1 = 0.1(m^3)$ の水素を断熱変化により，$T_2 = 300(K)$ にしたときの体積を V_2 とおくと，ポアソンの関係式：$T_1V_1^{\gamma-1} = T_2V_2^{\gamma-1}$ より，

$$\underbrace{200}_{T_1} \times \underbrace{0.1^{\frac{2}{5}}}_{V_1^{\gamma-1}} = \underbrace{300}_{T_2} \times \underbrace{V_2^{\frac{2}{5}}}_{V_2^{\gamma-1}},\quad V_2^{\frac{2}{5}} = \frac{2}{3}\cdot(0.1)^{\frac{2}{5}} \quad \leftarrow \boxed{\gamma - 1 = \frac{7}{5} - 1 = \frac{2}{5}}$$

$$\therefore V_2 = \left(\frac{2}{3}\cdot 0.1^{\frac{2}{5}}\right)^{\frac{5}{2}} = 0.1\cdot\left(\frac{2}{3}\right)^{\frac{5}{2}} = 0.03628\cdots \fallingdotseq 3.63\times10^{-2}(m^3)$$

である。……………………………………………………………………(答)

(3) 酸素 (O_2) は 2 原子分子で，高温での断熱変化なので，その比熱比 γ は，

$\gamma = \dfrac{9}{7}$ である。

$T_1 = 500(K)$, $V_1 = 1(m^3)$ の酸素を断熱変化により，$T_2 = 400(K)$ にしたときの体積を V_2 とおくと，ポアソンの関係式：$T_1V_1^{\gamma-1} = T_2V_2^{\gamma-1}$ より，

$$\underbrace{500}_{T_1} \times \underbrace{1^{\frac{2}{7}}}_{V_1^{\gamma-1}} = \underbrace{400}_{T_2} \times \underbrace{V_2^{\frac{2}{7}}}_{V_2^{\gamma-1}},\quad V_2^{\frac{2}{7}} = \frac{5}{4} \quad \leftarrow \boxed{\gamma - 1 = \frac{9}{7} - 1 = \frac{2}{7}}$$

$$\therefore V_2 = \left(\frac{5}{4}\right)^{\frac{7}{2}} = 2.183\cdots \fallingdotseq 2.18(m^3)$$ である。……………………………(答)

(4) 二酸化炭素 (CO_2) は多原子分子なので，その比熱比 γ は，$\gamma = \dfrac{4}{3}$ である。

$p_1 = 2\times10^5(Pa)$, $V_1 = 2(m^3)$ の二酸化炭素を断熱変化により，

$p_2 = 3\times10^5(Pa)$ にしたときの体積を V_2 とおくと，ポアソンの関係式：

$p_1V_1^{\gamma} = p_2V_2^{\gamma}$ より，

$$\underbrace{2\times\cancel{10^5}}_{p_1} \times \underbrace{2^{\frac{4}{3}}}_{V_1^{\gamma}} = \underbrace{3\times\cancel{10^5}}_{p_2} \times \underbrace{V_2^{\frac{4}{3}}}_{V_2^{\gamma}},\quad V_2^{\frac{4}{3}} = \frac{2}{3}\times 2^{\frac{4}{3}}$$

$$\therefore V_2 = \left(\frac{2}{3}\times 2^{\frac{4}{3}}\right)^{\frac{3}{4}} = 2\times\left(\frac{2}{3}\right)^{\frac{3}{4}} = 1.475\cdots \fallingdotseq 1.48(m^3)$$ である。………(答)

演習問題 41　● 理想気体の断熱変化 (Ⅲ) ●

圧力 $p_1 = 32 \times 10^5 (\text{Pa})$，体積 $V_1 = 1(\text{m}^3)$，温度 $T_1 = 385(\text{K})$ の単原子分子理想気体を断熱変化により，圧力 $p_2 = 10^5 (\text{Pa})$ まで変化させた。このとき，次の各問いに答えよ。

(1) この系 (気体) のモル数 n を，小数第 1 位を四捨五入して求めよ。

(2) この断熱変化後の系 (気体) の体積 $V_2(\text{m}^3)$ を求めよ。

(3) この断熱変化後の系 (気体) の温度 $T_2(\text{K})$ を，小数第 2 位を四捨五入して求めよ。

(4) この断熱変化により，この系 (気体) が外部になした仕事 W を有効数字 3 桁で求めよ。

ヒント！ (1) 理想気体の状態方程式：$p_1V_1 = nRT_1$ を利用して，n を求めよう。(2) ではポアソンの関係式：$p_1V_1^{\gamma} = p_2V_2^{\gamma}$ を利用すればいい。(3) は，状態方程式：$p_2V_2 = nRT_2$ から，T_2 を求めよう。(4) では $Q = \Delta U + W$ で，$Q = 0$ から，系が外部になした仕事 W は，$W = -\Delta U$ により，内部エネルギーの減少分として計算することができる。これについては別解も示そう。

解答＆解説

(1) 圧力 $p_1 = 32 \times 10^5 (\text{Pa})$，体積 $V_1 = 1(\text{m}^3)$，温度 $T_1 = 385(\text{K})$ の系 (理想気体) について，その状態方程式は，$p_1V_1 = nRT_1$ より，

$$\underbrace{32 \times 10^5}_{p_1} \times \underbrace{1}_{V_1} = n \times \underbrace{8.31}_{R} \times \underbrace{385}_{T_1}$$ から n を求めると，

$$n = \frac{32 \times 10^5}{8.31 \times 385} = 1000.20\cdots \fallingdotseq 1000(\text{mol})$$ である。 ……………………(答)

(2) この系は単原子分子の理想気体より，この比熱比 γ は，

$$\gamma = \frac{C_p}{C_V} = \frac{5}{3}$$ である。 ← $C_V = \frac{3}{2}R,\ C_p = \frac{5}{2}R$

よって，この系の断熱変化の前後の圧力と体積はポアソンの関係式：$p_1V_1^{\gamma} = p_2V_2^{\gamma}$ をみたすので，

$\underbrace{32 \times \cancel{10^5}}_{p_1} \times \underbrace{1^{\frac{5}{3}}}_{V_1^{\gamma}} = \underbrace{\cancel{10^5}}_{p_2} \times \underbrace{V_2^{\frac{5}{3}}}_{V_2^{\gamma}}$，　$V_2^{\frac{5}{3}} = 32 = 2^5$

$\therefore V_2 = (2^5)^{\frac{3}{5}} = 2^3 = 8(\mathrm{m^3})$ である。……………………………………(答)

(3) この系の断熱変化の圧力 $p_2 = 10^5(\mathrm{Pa})$，$V_2 = 8(\mathrm{m^3})$，$n = 1000(\mathrm{mol})$ より，この状態方程式：$p_2V_2 = nRT_2$ から T_2 を求めると，

$\underbrace{10^5}_{p_2} \times \underbrace{8}_{V_2} = \underbrace{1000}_{n} \times \underbrace{8.31}_{R} \times T_2$ より，

$T_2 = \dfrac{800}{8.31} = 96.26\cdots = 96.3(\mathrm{K})$ である。……………………………(答)

(4) 熱力学第1法則：$Q = \Delta U + W$ について，

断熱変化より，$Q = 0$　よって，$W = -\Delta U$ となる。

これから，この系が，断熱変化により外部になした仕事 W は，

$W = -\Delta U = -n\underbrace{C_V}_{\frac{3}{2}R}\underbrace{\Delta T}_{(T_2 - T_1)}$

$= -n \cdot \dfrac{3}{2}R \cdot (T_2 - T_1) = -1000 \times \dfrac{3}{2} \times 8.31 \times (96.3 - 385)$

$= 3598645.5 \fallingdotseq 3.60 \times 10^6(\mathrm{J})$ である。……………………………(答)

(4) の別解

右図に，この断熱変化を準静的過程として，pV 図を示す。
この曲線は，

$pV^{\gamma} = p_1V_1^{\gamma}$

$= 32 \times 10^5 \times 1^{\frac{5}{3}}$ より，

$pV^{\frac{5}{3}} = 32 \times 10^5$

$\therefore p = \dfrac{32 \times 10^5}{V^{\frac{5}{3}}} = 32 \times 10^5 V^{-\frac{5}{3}}$ ……①

よって，この断熱変化でこの系のなした仕事 W は，右図の網目部の

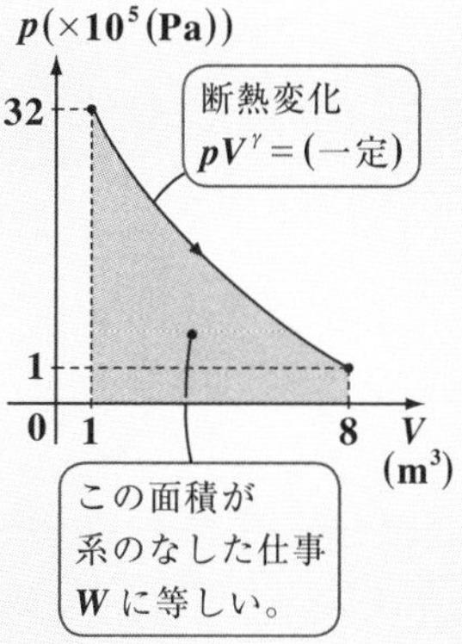

面積に等しい。よって，$p = 32 \times 10^5 \cdot V^{-\frac{5}{3}}$ ……① を
区間 $1 \leqq V \leqq 8$ で，V によって積分すると，求める W は，

$$W = \int_1^8 \underbrace{p}_{32\times10^5\times V^{-\frac{5}{3}}} dV = 32 \times 10^5 \int_1^8 V^{-\frac{5}{3}} dV$$

$$= 32 \times 10^5 \times \left[-\frac{3}{2} V^{-\frac{2}{3}} \right]_1^8$$

$$= -48 \times 10^5 \Big(\underbrace{8^{-\frac{2}{3}}}_{(2^3)^{-\frac{2}{3}} = 2^{-2} = \frac{1}{4}} - \underbrace{1^{-\frac{2}{3}}}_{1} \Big)$$

$$= -48 \times 10^5 \cdot \left(\frac{1}{4} - 1 \right) = 48 \times \frac{3}{4} \times 10^5$$

$= 36 \times 10^5 = 3.60 \times 10^5 \text{(J)}$ となる。

これから，(4) で求めた結果と同じ結果が求められることが分かったんだね。
このように，物理や数学では，異なる解法を用いても，その解法が正しければ，
必ず同じ結果が得られる。とても面白いでしょう？

演習問題 42 ● 循環過程と熱量 (I) ●

1000(mol) の単原子分子の理想気体の作業物質が右図のような **3** つの状態 **A, B, C** を **A→B→C→A** の順に **1** 周する循環過程がある。具体的には,

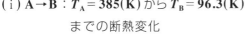

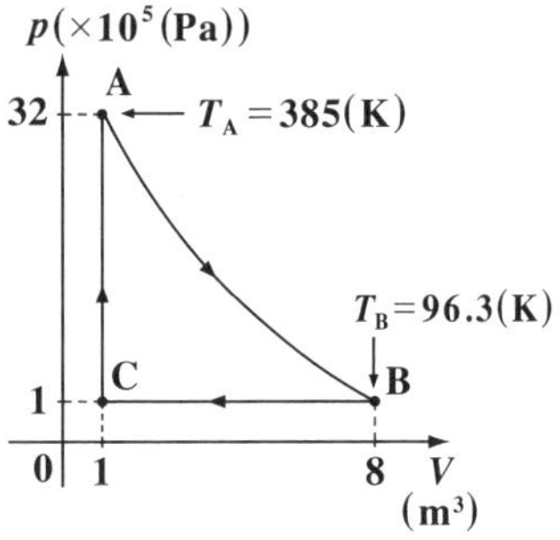

(i) **A→B** : $T_A = 385(K)$ から $T_B = 96.3(K)$ までの断熱変化

(ii) **B→C** : $p = 10^5(Pa)$ の定圧過程

(iii) **C→A** : $V = 1(m^3)$ の定積過程

である。このとき 次の各問いに答えよ。

(1) **C** における温度 $T_C(K)$ を, 小数第 **2** 位を四捨五入して求めよ。

(2) **3** つの過程 (i), (ii), (iii) で, この作業物質に流入する熱量を順に Q_{AB}, Q_{BC}, Q_{CA} とおく。これら **3** つの値を有効数字 **3** 桁で求めて, **1** サイクルでこの作業物質に外部から流入する熱量 Q を $Q = Q_{AB} + Q_{BC} + Q_{CA}$ により, 有効数字 **2** 桁で求めよ。

ヒント! (1) は, 理想気体の状態方程式: $p_C V_C = nRT_C$ から, T_C を求めればいい。(2) $Q_{AB} = 0$ はすぐに分かるはずだね。Q_{BC} と Q_{CA} は計算により求めよう。

解答&解説

(1) 状態 **C** において, 圧力 $p_C = 10^5(Pa)$, 体積 $V_C = 1(m^3)$, $n = 1000(mol)$ より, この状態方程式: $p_C V_C = nRT_C$ を用いると,

$\underbrace{10^5 \times 1}_{p_C V_C} = \underbrace{1000 \times 8.31}_{nR} \times T_C$ より,

$T_C = \dfrac{10^2}{8.31} = 12.03 \cdots \fallingdotseq 12.0(K)$ である。 ………………………………(答)

(2) (i) **A→B** は, 準静的断熱変化より, $d'Q = 0$

$\therefore \underline{Q_{AB} = 0.00(J)}$ である。 ………………………………………………(答)

(断熱変化より, 当然, 作業物質への熱の出入りはない。)

(ⅱ) B→C は，$p = 10^5 (\mathrm{Pa})$ の準静的定圧過程で，

$T_B = 96.3(\mathrm{K})$，$T_C = 12.0(\mathrm{K})$ より，

単原子分子の理想気体の定圧モル比熱 $C_p = \frac{5}{2} R$ を用いて，

この作業物質に流入する熱量 Q_{BC} は，

$$Q_{BC} = nC_p \Delta T = \underbrace{1000}_{n} \times \underbrace{\frac{5}{2} \times 8.31}_{C_p} \times \underbrace{(12 - 96.3)}_{\Delta T}$$

$= -1751332.5 \fallingdotseq -1.75 \times 10^6 (\mathrm{J})$ である。………………(答)

(ⅱ) の別解

熱力学第 1 法則：$d'Q = \underbrace{dU}_{nC_V dT = 1000 \times \frac{3}{2} RdT} + \underbrace{p}_{10^5(\mathrm{Pa})\text{一定}} dV$ より，これを積分して，

単原子分子理想気体より，$C_V = \frac{3}{2} R$

$$Q_{BC} = 1500 \times 8.31 \underbrace{\int_{T_B}^{T_C} dT}_{[T]_{T_B}^{T_C} = T_C - T_B = 12 - 96.3} + 10^5 \underbrace{\int_{V_B}^{V_C} dV}_{[V]_{V_B}^{V_C} = V_C - V_B = 1 - 8}$$

$= 1500 \times 8.31 \times (12 - 96.3) + 10^5 \times (1 - 8)$

$= -1750799.5 \fallingdotseq -1.75 \times 10^6 (\mathrm{J})$ と求めることもできる。

(ⅲ) C→A は，$V = 1(\mathrm{m}^3)$ の準静的定積過程で，

$T_C = 12.0(\mathrm{K})$，$T_A = 385(\mathrm{K})$ より，

単原子分子の理想気体の定積モル比熱 $C_V = \frac{3}{2} R$ を用いて，

この作業物質に流入する熱量 Q_{CA} は，

$$Q_{CA} = nC_V \Delta T = 1000 \times \frac{3}{2} \times 8.31 \times (385 - 12)$$

$= 4649445 \fallingdotseq 4.65 \times 10^6 (\mathrm{J})$ である。………………………………(答)

以上 (ⅰ)(ⅱ)(ⅲ) より，この循環過程の 1 サイクルで作業物質に流入する熱量 Q は，$Q = \underbrace{Q_{AB}}_{0} + \underbrace{Q_{BC}}_{\fallingdotseq -1.75 \times 10^6} + \underbrace{Q_{CA}}_{\fallingdotseq 4.65 \times 10^6} \fallingdotseq 2.9 \times 10^6 (\mathrm{J})$ である。…………(答)

参考

この循環過程の1サイクルで，$n = 1000(\mathrm{mol})$ の作業物質が外部になす仕事 W は，右図に示すように，流入する熱量 Q と等しく，さらに，この pV 図で囲まれる図形の面積に等しくなる。実際に，(i) A → B，(ii) B → C，(iii) C → A において，外部になす仕事を順に W_{AB}，W_{BC}，W_{CA} とおいて求め，W をこれらの総和として求めてみよう。

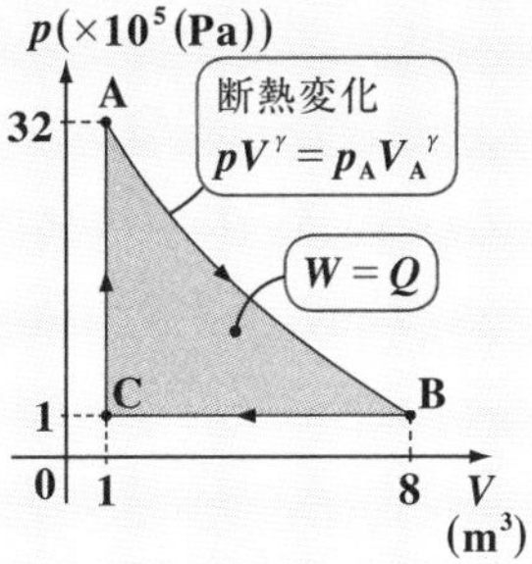

(i) W_{AB} について，

$pV^\gamma = p_A V_A = 32 \times 10^5 \times 1^\gamma$ $\left(\gamma = \frac{5}{3}\right)$ の断熱変化より，

$p = 32 \times 10^5 \cdot V^{-\frac{5}{3}}$ となる。よって，微小な仕事 $d'W = pdV = 32 \times 10^5 \cdot V^{-\frac{5}{3}}dV$ より，W_{AB} は，

$$W_{AB} = \int_1^8 32 \times 10^5 V^{-\frac{5}{3}} dV = 32 \times 10^5 \times \left(-\frac{3}{2}\right)\left[V^{-\frac{2}{3}}\right]_1^8$$

$$= -48 \times 10^5 \left(8^{-\frac{2}{3}} - 1^{-\frac{2}{3}}\right) = 48 \times 10^5 \times \left(1 - \frac{1}{4}\right) = 48 \times \frac{3}{4} \times 10^5$$

$$\left(8^{-\frac{2}{3}} = (2^3)^{-\frac{2}{3}} = 2^{-2} = \frac{1}{4}\right)$$

$= 3.6 \times 10^6(\mathrm{J})$ となる。

(ii) W_{BC} について，$p = 10^5(\mathrm{Pa})$ で一定の定圧過程より，

$$W_{BC} = \int_8^1 pdV = 10^5 \cdot [V]_8^1 = 10^5(1-8) = -0.7 \times 10^6(\mathrm{J})$$ である。

(iii) W_{CA} について，$V = 1(\mathrm{m}^3)$ で一定の定積過程より，$dV = 0$

よって，$d'W = pdV = 0$ $\therefore W_{CA} = 0(\mathrm{J})$ である。

以上(i)(ii)(iii)より，この循環過程の1サイクルでこの作業物質が外部になす仕事 W は，

$W = \underbrace{W_{AB}}_{3.6\times10^6} + \underbrace{W_{BC}}_{-0.7\times10^6} + \underbrace{W_{CA}}_{0} = 2.9 \times 10^6(\mathrm{J})$ となって，$Q = 2.9 \times 10^6(\mathrm{J})$ と一致することが確認できたんだね。面白かったでしょう？

演習問題 43　● 循環過程と熱量 (II) ●

100(mol)の多原子分子の理想気体の作業物質が右図のような**4**つの状態 **A, B, C, D** を **A→B→C→D→A** の順に **1** 周する循環過程がある。

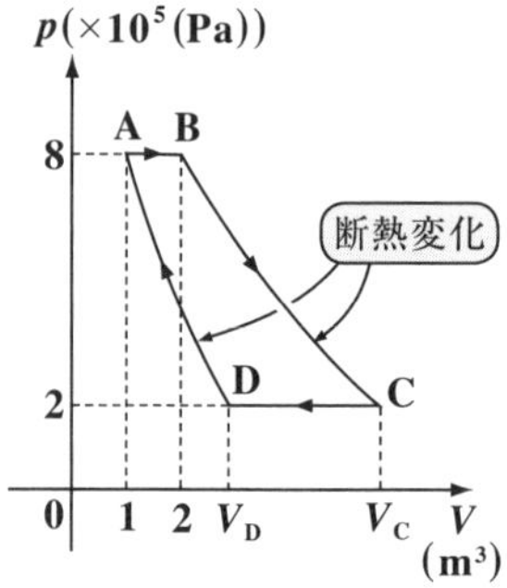

具体的には,

(i) **A→B** : $p = 8 \times 10^5$ **(Pa)** の定圧過程

(ii) **B→C** : 断熱変化

(iii) **C→D** : $p = 2 \times 10^5$ **(Pa)** の定圧過程

(iv) **D→A** : 断熱変化

である。このとき次の各問いに答えよ。

(1) **C** と **D** における作業物質の体積 V_C**(m³)** と V_D**(m³)** を, 無理数のままで求めよ。

(2) **A, B, C, D** における作業物質の温度 T_A**(K)**, T_B**(K)**, T_C**(K)**, T_D**(K)** を少数第 **2** 位を四捨五入して求めよ。

(3) **4** つの過程 (i), (ii), (iii), (iv) で, この作業物質に流入する熱量を順に Q_{AB}**(J)**, Q_{BC}**(J)**, Q_{CD}**(J)**, Q_{DA}**(J)** とおく。これら **4** つの値を有効数字 **3** 桁で求めて, **1** サイクルでこの作業物質に外部から流入する熱量 Q**(J)** を, $Q = Q_{AB} + Q_{BC} + Q_{CD} + Q_{DA}$ により, 有効数字 **2** 桁で求めよ。

ヒント! **(1)** は, 断熱変化なので, **2** つのポアソンの関係式 : $p_B V_B^{\gamma} = p_C V_C^{\gamma}$, $p_D V_D^{\gamma} = p_A V_A^{\gamma}$ を利用すればいい。**(2)** では **4** つの状態において, 理想気体の状態方程式 : $pV = nRT$ を用いて, 各温度を求めよう。**(3)** では, $Q_{BC} = Q_{DA} = 0$ であることはすぐに分かる。Q_{AB} と Q_{CD} は定圧モル比熱 C_p を使って求められる。

解答＆解説

(1) (ii) **B→C** は断熱変化より, ポアソンの関係式を用いると,

$p_B \cdot V_B^{\gamma} = p_C \cdot V_C^{\gamma}$ ……① となる。

ここで, 図より, $p_B = 8 \times 10^5$**(Pa)**, $V_B = 2$**(m³)**, $p_C = 2 \times 10^5$**(Pa)** であり,

多原子分子の理想気体より, 比熱比 $\gamma = \frac{4}{3}$ である。← $C_V = 3R$, $C_p = 4R$ より

これらを①に代入して,

$$\underbrace{8\times\cancel{10^5}}_{p_B}\times\underbrace{2^{\frac{4}{3}}}_{V_B{}^{\gamma}}=\underbrace{2\times\cancel{10^5}}_{p_C}\times\underbrace{V_C{}^{\frac{4}{3}}}_{V_C{}^{\gamma}}\qquad V_C{}^{\frac{4}{3}}=4\times2^{\frac{4}{3}}=2^2\times2^{\frac{4}{3}}=2^{\frac{10}{3}}$$

$\therefore V_C=\left(2^{\frac{10}{3}}\right)^{\frac{3}{4}}=2^{\frac{5}{2}}=4\sqrt{2}\,(\mathrm{m^3})$ である。……………………………(答)

(iv) D→A は,断熱変化より,ポアソンの関係式を用いると,

$p_DV_D{}^{\gamma}=p_AV_A{}^{\gamma}$ ……② となる。

ここで,図より,$p_D=2\times10^5(\mathrm{Pa})$, $p_A=8\times10^5(\mathrm{Pa})$, $V_A=1(\mathrm{m^3})$ であり,

$\gamma=\dfrac{4}{3}$ である。これらを②に代入して,

$$\underbrace{2\times\cancel{10^5}}_{p_D}\times\underbrace{V_D{}^{\frac{4}{3}}}_{V_D{}^{\gamma}}=\underbrace{8\times\cancel{10^5}}_{p_A}\times\underbrace{1^{\frac{4}{3}}}_{V_A{}^{\gamma}}\qquad V_D{}^{\frac{4}{3}}=4=2^2$$

$\therefore V_D=(2^2)^{\frac{3}{4}}=2^{\frac{3}{2}}=2\sqrt{2}\,(\mathrm{m^3})$ である。……………………………(答)

(2) $n=100(\mathrm{mol})$ の作業物質の各状態における温度を求める。

・A において,$p_A=8\times10^5(\mathrm{Pa})$, $V_A=1(\mathrm{m^3})$ より,温度 T_A は,

状態方程式:$p_A\cdot V_A=nRT_A$ より,$8\times10^5\times1=100\times8.31\times T_A$

$\therefore T_A=\dfrac{8000}{8.31}=962.69\cdots\fallingdotseq962.7(\mathrm{K})$ である。……………………(答)

・B において,$p_B=8\times10^5(\mathrm{Pa})$, $V_B=2(\mathrm{m^3})$ より,温度 T_B は,

状態方程式:$p_B\cdot V_B=nRT_B$ より,$8\times10^5\times2=100\times8.31\times T_B$

$\therefore T_B=\dfrac{16000}{8.31}=1925.39\cdots=1925.4(\mathrm{K})$ である。………………(答)

・C において,$p_C=2\times10^5(\mathrm{Pa})$, $V_C=4\sqrt{2}\,(\mathrm{m^3})$ より,T_C は,

状態方程式:$p_C\cdot V_C=nRT_C$ より,$2\times10^5\times4\sqrt{2}=100\times8.31\times T_C$

$\therefore T_C=\dfrac{8\sqrt{2}\times10^3}{8.31}=1361.45\cdots=1361.5(\mathrm{K})$ である。……………(答)

・D において,$p_D=2\times10^5(\mathrm{Pa})$, $V_D=2\sqrt{2}\,(\mathrm{m^3})$ より,T_D は,

状態方程式:$p_D\cdot V_D=nRT_D$ より,$2\times10^5\times2\sqrt{2}=100\times8.31\times T_D$

$\therefore T_D=\dfrac{4\sqrt{2}\times10^3}{8.31}-680.72\cdots=680.7(\mathrm{K})$ である。………………(答)

(3) 各 **4** つの過程における流入 (または流出) する熱量を調べる。

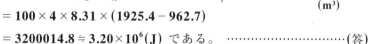

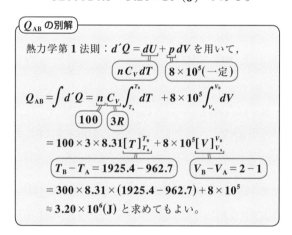

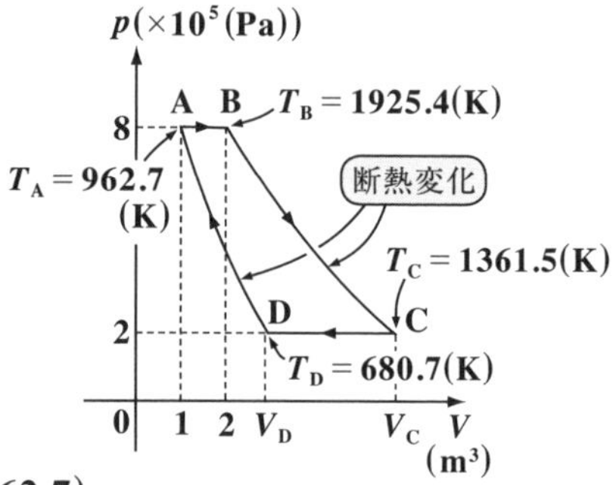

(i) **A→B** は，定圧過程より，定圧モル比熱 $C_p = 4R$ (J/mol K) を用いて，

$Q_{AB} = n \cdot C_p \cdot \Delta T$

$= 100 \cdot 4R \cdot (T_B - T_A)$

$= 100 \times 4 \times 8.31 \times (1925.4 - 962.7)$

$= 3200014.8 \fallingdotseq 3.20 \times 10^6(\mathrm{J})$ である。 …………………………(答)

Q_{AB} の別解

熱力学第 1 法則：$d'Q = \underbrace{dU}_{nC_V dT} + \underbrace{p}_{8\times 10^5(\text{一定})}dV$ を用いて，

$Q_{AB} = \int d'Q = \underbrace{n}_{100}\underbrace{C_V}_{3R}\int_{T_A}^{T_B} dT + 8\times 10^5 \int_{V_A}^{V_B} dV$

$= 100 \times 3 \times 8.31 \underbrace{[T]_{T_A}^{T_B}}_{T_B - T_A = 1925.4 - 962.7} + 8 \times 10^5 \underbrace{[V]_{V_A}^{V_B}}_{V_B - V_A = 2-1}$

$= 300 \times 8.31 \times (1925.4 - 962.7) + 8 \times 10^5$

$\fallingdotseq 3.20 \times 10^6(\mathrm{J})$ と求めてもよい。

(ii) **B→C** は，断熱変化より，$d'Q = 0$

$\therefore Q_{BC} = 0.00(\mathrm{J})$ である。 ……………………………………………(答)

(iii) **C→D** は，定圧過程より，定圧モル比熱 $C_p = 4R$ (J/mol K) を用いて，

$Q_{CD} = \underbrace{n}_{100} \cdot \underbrace{C_p}_{4R} \cdot \Delta T = 100 \cdot 4R \cdot (T_D - T_C)$

$= 400 \times 8.31 \times (680.7 - 1361.5)$

$= -2262979.2 \fallingdotseq -2.26 \times 10^6(\mathrm{J})$ である。 ……………………(答)

Q_{CD} の別解

熱力学第1法則：$d'Q = dU + pdV$ を用いて，Q_{AB} のときと同様に，

$$Q_{CD} = \int d'Q = \underbrace{n}_{100} \cdot \underbrace{C_V}_{3R} \underbrace{\int_{T_C}^{T_D} dT}_{[T]_{T_C}^{T_D} = T_D - T_C} + \underbrace{p}_{2\times 10^5} \underbrace{\int_{V_C}^{V_D} dV}_{[V]_{V_C}^{V_D} = V_D - V_C}$$

$= 100 \times 3 \times 8.31 \times (680.7 - 1361.5) + 2 \times 10^5 \times (2\sqrt{2} - 4\sqrt{2})$

$= -2262919.8\cdots \fallingdotseq -2.26 \times 10^6$(J) と求めてもよい。

(iv) $\mathbf{D \to A}$ は，断熱変化より，$d'Q = 0$

$\therefore Q_{DA} = 0.00$(J) である。 ……………………………………………………(答)

以上 (i)(ii)(iii)(iv) より，この循環過程の 1 サイクルで作業物質に流入する熱量 Q は，

$Q = Q_{AB} + \cancel{Q_{BC}} + Q_{CD} + \cancel{Q_{DA}}$

$= 3.20 \times 10^6 + \cancel{0} - 2.26 \times 10^6 + \cancel{0}$

$= 0.94 \times 10^6 = 9.4 \times 10^5$(J) である。 ……………………………………(答)

講義 Lecture 4 熱力学第2法則 methods & formulae

§1. カルノー・サイクル

“カルノー・サイクル”，または“カルノー・エンジン”は，右図に示すように，A→B→C→D→A の順に1周する循環過程で，次の4つの準静的過程で構成される。

カルノー・サイクルの pV 図

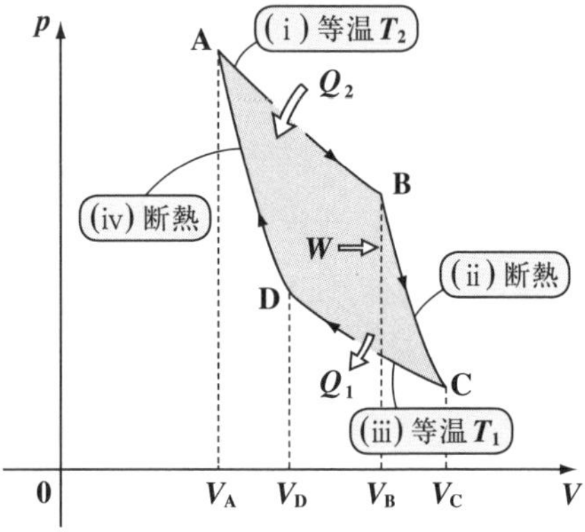

(i) 温度 $T = T_2$(高温) での等温過程：A→B

(ii) 断熱過程：$B(T_2) \to C(T_1)$

(iii) 温度 $T = T_1$(低温) での等温過程：C→D

(iv) 断熱過程：$D(T_1) \to A(T_2)$

(i) の過程で，温度 T_2 の高熱源から熱量 Q_2 を吸収し，(iii) の過程で，温度 T_1 の低熱源に熱量 Q_1 を放出し，その差 $Q_2 - Q_1$ だけ外部に仕事 W を行う。よって，$W = Q_2 - Q_1$ であり，これから，このカルノー・サイクルの**熱効率** η（イェータ）を $\eta = \dfrac{W}{Q_2} = \dfrac{Q_2 - Q_1}{Q_2} = 1 - \dfrac{Q_1}{Q_2}$ で定義する。

したがって，カルノー・サイクルとは，高温度 T_2 の高熱源から熱量 Q_2 を吸収し，その1部を仕事 W として取り出し，残りの熱量 Q_1 を低温度 T_1 の低熱源に放出する熱機関と言える。単純化してカルノー・サイクルを C で表すと，右図のようになる。このカルノー・サイクルの4つの過程はすべて準静的過程なので，可逆過程である。したがって，カルノー・サイクルを逆回転させて，A→D→C→B→A と1周する

単純化したカルノー・サイクル

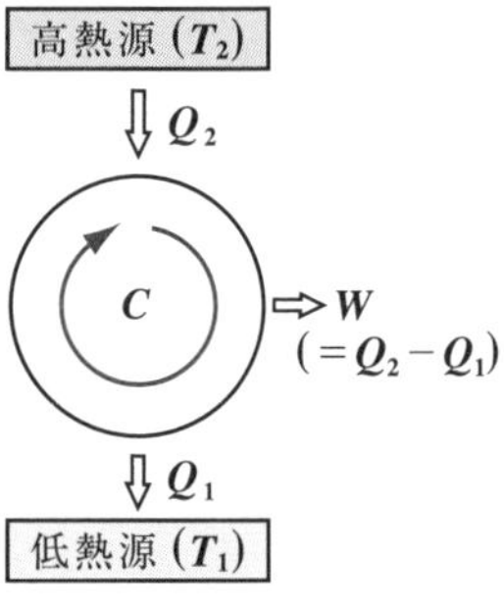

“**逆カルノー·サイクル**” を考えることができる。これを $\overline{C}$ で表して，単純化したものを右図に示す。この逆カルノー・サイクル $\overline{C}$ では，低温度 T_1 の低熱源から熱量 Q_1 を取り出し，外部から W の仕事をされて，熱量 $Q_2(=Q_1+W)$ を高温度 T_2 の高熱源に放出することになる。これがクーラーの原理である。

逆カルノー·サイクル

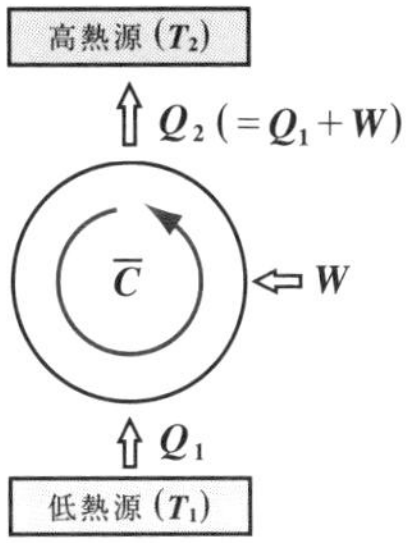

ここで，作業物質が理想気体である場合のカルノー・サイクルの公式を下にまとめて示す。

作業物質が理想気体のカルノー・サイクル

作業物質が理想気体である右図のようなカルノー·サイクルの体積比，仕事 W，熱効率 η について，次の公式が成り立つ。

(1) $\dfrac{V_B}{V_A}=\dfrac{V_C}{V_D}$ ……………………(*1)

(2) $W=nR(T_2-T_1)\log\dfrac{V_B}{V_A}$ …(*2)

(3) $\eta=1-\dfrac{T_1}{T_2}$ ………………(*3)

カルノー·サイクルの pV 図

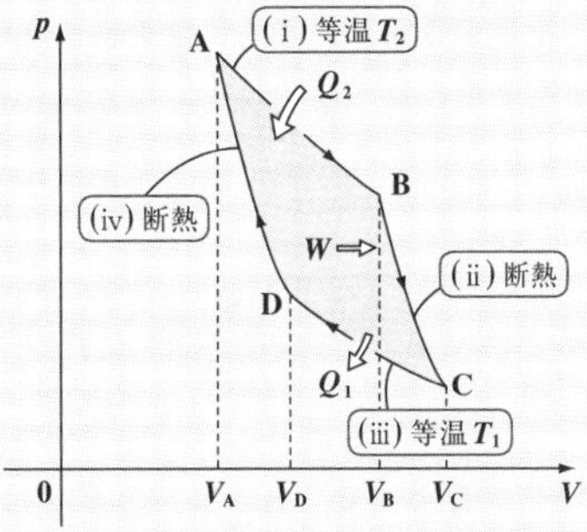

カルノー·サイクル以外にも様々な循環過程があるが，ここでは，右図に示すような “**ブレイトン·サイクル**” について解説しよう。このブレイトン·サイクルは A→B→C→D→A の 4 つの過程から構成される循環過程である。この 4 つの過程を具体的に示すと次のようになる。

ブレイトン·サイクル

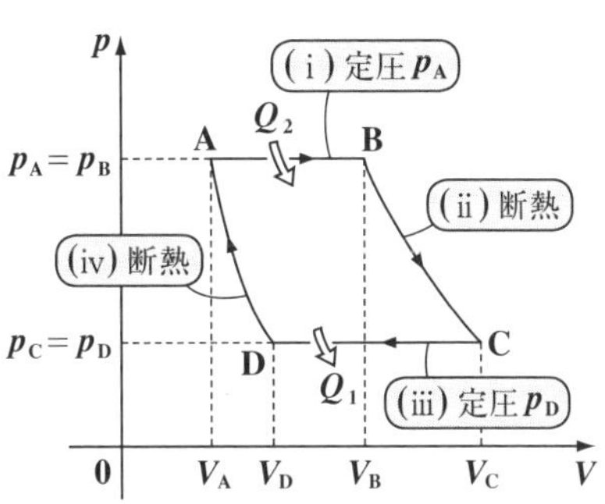

(i) 圧力 $p = p_A = p_B$ (高圧) の定圧過程：$A \rightarrow B$

(ii) 断熱過程：$B \rightarrow C$

(iii) 圧力 $p = p_C = p_D$ (低圧) の定圧過程：$C \rightarrow D$

(iv) 断熱過程：$D \rightarrow A$

になっている。これらすべての過程は，pV 図で表されているので，準静的過程であり，かつ可逆過程と言える。

このブレイトン・サイクルの作業物質が理想気体であるものとすると，このブレイトン・サイクルが吸収する熱量は $Q_2 = nC_p(T_B - T_A)$ であり，放出する熱量は $Q_1 = nC_p(T_C - T_D)$ (>0) であり，外部になす仕事は $W = Q_2 - Q_1$ から求められる。また，この熱効率 η は，$\eta = 1 - \dfrac{T_D}{T_A}$ で表される。

§2. 熱力学第2法則

熱力学第 2 法則は，熱力学第 1 法則のように数式ではなく，文章で表現されるため，“**対偶による証明法**”など，論理学の知識が必要となる。

論理学の対象となる“**命題**”は，真・偽がはっきりできる文章または式のことである。

命題“$p \Rightarrow q$”を元の命題とみると，その**逆**，**裏**，**対偶**は次のようになる。

・逆：$q \Rightarrow p$　　「q ならば，p である。」

・裏：$\angle p \Rightarrow \angle q$　　「p でないならば，q でない。」

・対偶：$\angle q \Rightarrow \angle p$　　「q でないならば，p でない。」

ここで，$\angle p$ や $\angle q$ は，それぞれ p や q の**否定**を表す。

元の命題“$p \Rightarrow q$”と対偶“$\angle q \Rightarrow \angle p$”の間には次の関係が成り立つ。

(i)「元の命題が真ならば，その対偶も真」であり，
逆に，「対偶が真ならば，元の命題も真」である。

(ii)「元の命題が偽ならば，その対偶も偽」であり，
逆に，「対偶が偽ならば，元の命題も偽」である。

これから，次に示すような“**対偶による証明法**”が考えられる。

対偶による証明法

命題:「$p \Rightarrow q$」が真であることを証明するためには,
その対偶:「$\angle q \Rightarrow \angle p$」が真であることを証明すればいい。

これと似た証明法として,“**背理法**”がある。これは命題「q である」が真であることを示すために「q でない」と仮定して,矛盾を導く証明法である。ここで,命題“$p \Rightarrow q$”が真であるとき,

- p は,q にとっての“**十分条件**”である,といい,
- q は,p にとっての“**必要条件**”である,という。

さらに,命題“$q \Rightarrow p$”が成り立つ(真である)とき,

- p と q は共に**必要十分条件**である,または
- p と q は**同値**である,という。

ここで,**熱力学第 2 法則**を表現する代表例として,“**クラウジウスの原理**”と“**トムソンの原理**”を下に示す。

クラウジウスの原理とトムソンの原理

(Ⅰ)クラウジウスの原理
「他に何の変化も残さずに,熱を低温の物体から高温の物体に移すことはできない。」 ……………(*4)

(Ⅱ)トムソンの原理
「他に何の変化も残さずに,ただ 1 つの熱源から熱を取り出し,それをすべて仕事に変え,自身は元の状態に戻ることはできない。」 ……………(*5)

クラウジウスの原理のイメージ

×これは不可能

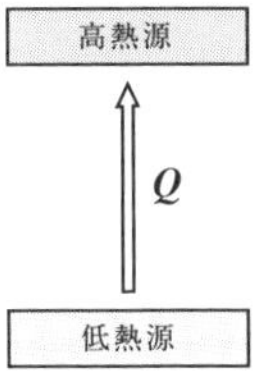

トムソンの原理のイメージ

×これは不可能

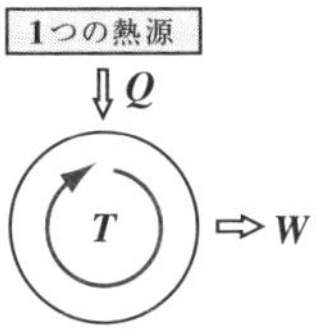

トムソンの原理のイメージで表した $\boldsymbol{T}$ は，トムソンの頭文字をとったもので，これは **1** つの熱原のみから熱量 $\boldsymbol{Q}$ を得て，これをすべて仕事 $\boldsymbol{W}$ に変える熱機関を表している。このような，熱機関のことを“**第 2 種の永久機関**”という。したがって，トムソンの原理は，この第 **2** 種の永久機関は存在しないと言っている。

このクラウジウスの原理とトムソンの原理は共に必要十分条件，すなわち互いに同値な関係であることを，対偶による証明法により，証明することができる。クラウジウスの原理を **C**，トムソンの原理を **T** で表すと，

(i) 命題“**C**⇒**T**”を証明するためには，

この対偶“∠**T**⇒∠**C**”が成り立つことを証明すればよい。この対偶の証明のイメージを下に示す。

対偶“∠**T**⇒∠**C**”の証明のイメージ

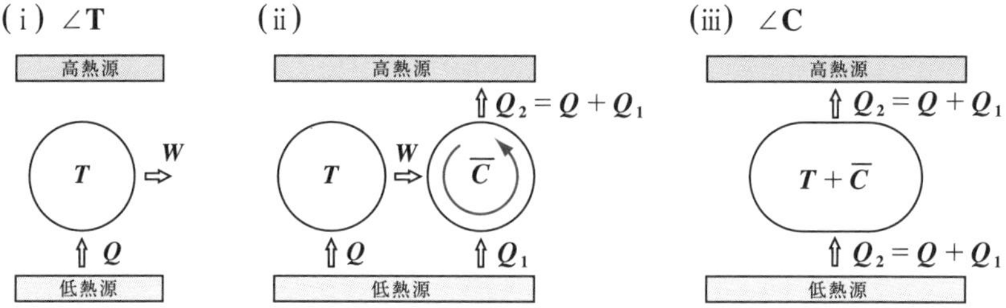

(ii) 命題“**T**⇒**C**”を証明するためには，

この対偶“∠**C**⇒∠**T**”が成り立つことを証明すればよい。この対偶の証明のイメージを下に示す。

対偶“∠**C**⇒∠**T**”の証明のイメージ

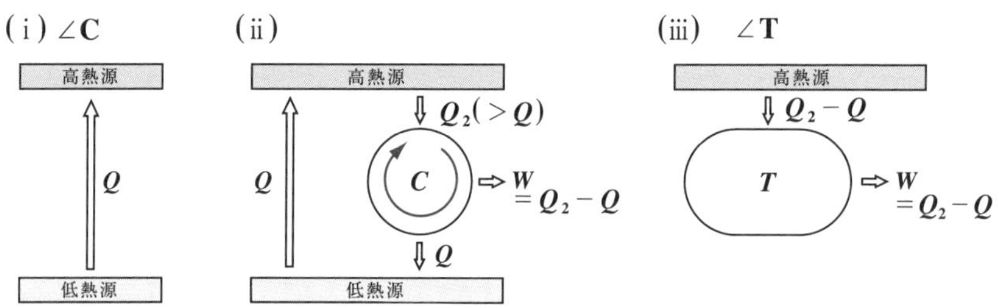

このように，“**逆カルノー・サイクル**”や“**カルノー・サイクル**”をうまく利用して証明すればよい。この証明は，演習問題 **53**(**P127**) で行う。

理想的な可逆機関と，現実的な不可逆機関の熱効率について述べた“**カルノーの定理**”を下に示す。

（実際には，どんな熱機関にもどこかに摩擦が生じるため，不可逆機関になる。）

カルノーの定理

温度が一定の**2**つの熱源の間に働く可逆機関の熱効率 η は，作業物質によらずすべて等しく，温度だけで決まり，しかも最大の熱効率となる。同じ熱源の間で働く不可逆機関の熱効率 η' は，必ず η より小さい。

(i) 可逆機関と不可逆機関

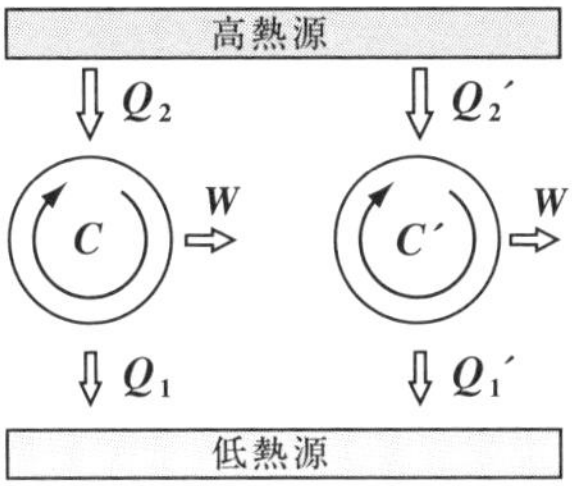

図 (i) に示すように，温度一定の**2**つの熱源 (高熱源と低熱源) の間で働く可逆機関を C，不可逆機関を C' とおく。

高熱源と低熱源の温度は一定で，かつ熱源はこの **2** つだけであるとすると，C はカルノー・サイクルと考えていい。カルノー・サイクルの熱効率 η に対して，不可逆機関の熱効率を η' とおく。

$\eta \geqq \eta'$ の証明

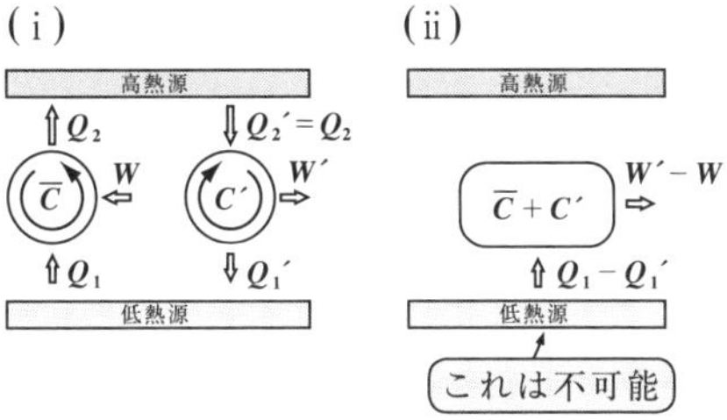

図 (ii) で，もし $Q_1-Q_1'>0$ とするとこれは，第 **2** 種の永久機関が存在することになって矛盾する。よって，$Q_1-Q_1' \leqq 0$ より，$Q_1 \leqq Q_1'$ となる。これから，

$$\eta = 1-\frac{Q_1}{Q_2} \geqq 1-\frac{Q_1'}{Q_2} = \eta'$$ が導ける。（Q_1：小，Q_1'：大）

ここで，C' が可逆機関とすると，同様に $\eta \leqq \eta'$ となる。これから，

(i) C' が不可逆機関であれば，$\eta' < \eta$ となり，
(ii) C' が可逆機関であれば，$\eta' = \eta$ となることが分かる。

演習問題 44 ● カルノー・サイクル (I) ●

右図に示すようなカルノー・サイクル $A \to B \to C \to D \to A$ を考える。

作業物質は理想気体とし，この 1 サイクルで，外部になす仕事を W とする。

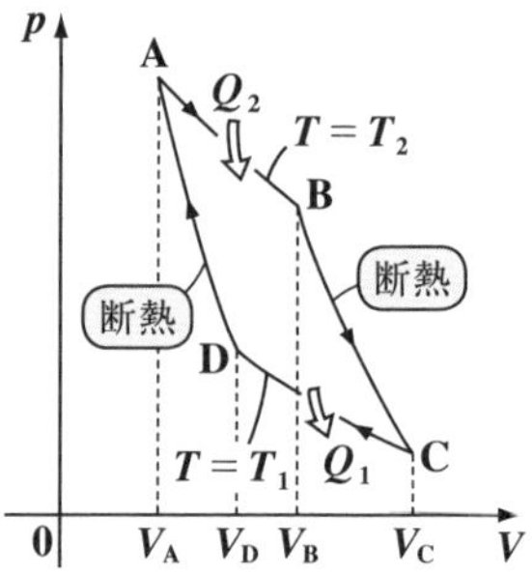

(i) $A \to B$ ：$T = T_2$ (高温) の等温過程
　　(流入熱量 Q_2)

(ii) $B \to C$ ：断熱過程

(iii) $C \to D$ ：$T = T_1$ (低温) の等温過程
　　(流出熱量 $Q_1 (>0)$)

(iv) $D \to A$ ：断熱過程

このとき，次の各問いに答えよ。

(1) $Q_2 = 10^4$(J)，$W = 6 \times 10^3$(J) のとき，Q_1(J) と熱効率 η を求めよ。

(2) $Q_1 = 480$(J)，$\eta = 0.4$ のとき，Q_2(J) と W(J) を求めよ。

(3) 5(mol) の作業物質で，$T_2 = 1000$(K)，$T_1 = 300$(K)，$V_B = 2V_A$，$V_C = 2V_D$ であるとき，Q_2(J)，Q_1(J)，W(J)，η を求めよ。
ただし，Q_1，Q_2，W は，有効数字 3 桁で求めよ。

ヒント！ (1)，(2) では，右図に示すような単純化したカルノー・サイクルのイメージを描きながら解いていけばいい。熱効率 η は，$\eta = 1 - \frac{Q_1}{Q_2}$ で求められる。(3)での Q_2 と Q_1 は，$Q_2 = nRT_2 \int_{V_A}^{V_B} \frac{1}{V} dV$ と，$Q_1 = -nRT_1 \int_{V_C}^{V_D} \frac{1}{V} dV$ で求めよう。

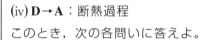

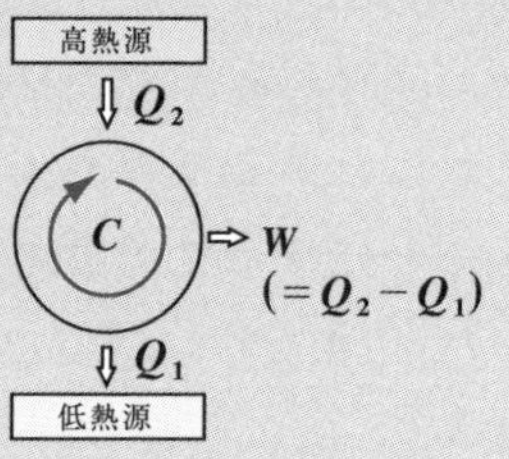

解答＆解説

(1) $Q_2 = 10^4$(J)，$W = 6 \times 10^3$(J) より，

$W = Q_2 - Q_1$

$Q_1 = Q_2 - W = 10000 - 6000 = 4000 = 4 \times 10^3$(J) であり，…………(答)

熱効率 $\eta = 1 - \frac{Q_1}{Q_2} = 1 - \frac{4 \times 10^3}{10^4} = 1 - \frac{4}{10} = \frac{6}{10} = 0.6$ である。……(答)

(2) $Q_1 = 480(\text{J})$，$\eta = 1 - \dfrac{Q_1}{Q_2} = 1 - \dfrac{480}{Q_2} = 0.4$ より，

$\dfrac{480}{Q_2} = 1 - 0.4 = 0.6 \quad \therefore Q_2 = \dfrac{480}{0.6} = 800(\text{J})$ である。……………………(答)

$W = Q_2 - Q_1 = 800 - 480 = 320(\text{J})$ である。……………………………………(答)

(3) $n = 5(\text{mol})$ の理想気体の作業物質で，高熱源の温度 $T_2 = 1000(\text{K})$，低熱源の温度 $T_1 = 300(\text{K})$，$V_B = 2V_A$，$V_C = 2V_D$ であるとき，

(i) A→B：$T_2 = 1000(\text{K})$ の等温過程で，作業物質に流入する Q_2 を求める。まず，微小熱量 $d'Q$ は，熱力学第 1 法則より，

$$d'Q = \underbrace{dU}_{nC_V dT} + \underbrace{p}_{\frac{nRT_2}{V}} dV = nC_V \underbrace{dT}_{0} + \frac{nRT_2}{V} dV = \underbrace{nRT_2}_{\text{定数}} \cdot \frac{1}{V} dV \text{ となる。}$$

（T は一定で変化しない。よって，$dT = 0$）

$$\therefore Q_2 = \int_{V_A}^{V_B} \frac{nRT_2}{V} dV = \underbrace{5}_{n} \times \underbrace{8.31}_{R} \times \underbrace{1000}_{T_2} \underbrace{\int_{V_A}^{V_B} \frac{1}{V} dV}_{[\log V]_{V_A}^{V_B} = \log V_B - \log V_A}$$

$$= 41550 \times \log \overbrace{\left(\frac{V_B}{V_A}\right)}^{2} = 41550 \times \log 2$$

$= 28800.2 \cdots \fallingdotseq 2.88 \times 10^4(\text{J})$ である。……………………(答)

(ii) C→D：$T_1 = 300(\text{K})$ の等温過程で，流出する Q_1 も同様に求めて，熱力学第 1 法則より，

$$dQ = \underbrace{dU}_{n \cdot C_V \cdot dT} + \underbrace{p}_{\frac{nRT_1}{V}} dV = nRT_1 \cdot \frac{1}{V} dV \text{ となる。}$$

（$n \cdot C_V \cdot dT$ の $dT = 0$：T 一定より）（状態方程式：$pV = nRT_1$）

$$\therefore Q_1 = \underbrace{-}_{Q_1 > 0 \text{ より}} \int_{V_C}^{V_D} \frac{nRT_1}{V} dV = \underbrace{nRT_1}_{5 \times 8.31 \times 300} \int_{V_D}^{V_C} \frac{1}{V} dV$$

よって，

$$Q_1 = 5 \times 8.31 \times 300 [\log V]_{V_D}^{V_C}$$

$$= 12465(\log V_C - \log V_D) = 12465 \cdot \log \frac{V_C}{V_D} \quad (2)$$

$$= 12465 \times \log 2 = 8640.07 \cdots$$

$$\fallingdotseq 8.64 \times 10^3 (\text{J})$$ である。 ……………………………………………………(答)

以上(i)(ii)より，$Q_2 = 2.88 \times 10^4(\text{J})$，$Q_1 = 8.64 \times 10^3(\text{J})$ から，

$$W = Q_2 - Q_1 = 28800 - 8640$$

$$= 20160 \fallingdotseq 2.02 \times 10^4(\text{J})$$ である。 ……………………………………………(答)

$$\eta = 1 - \frac{Q_1}{Q_2} = 1 - \frac{8640}{28800} = 1 - \frac{3}{10} = \frac{7}{10} = 0.7$$ である。 ……………………(答)

参考

理想気体を作業物質とするカルノー・サイクルの熱効率 η は，

$\eta = 1 - \frac{Q_1}{Q_2} = 1 - \frac{T_1}{T_2}$ と表すことができる。この証明は，次の演習問題で示そう。

したがって，$T_2 = 1000(\text{K})$，$T_1 = 300(\text{K})$ が与えられた時点で，

$\eta = 1 - \frac{T_1}{T_2} = 1 - \frac{300}{1000} = 1 - \frac{3}{10} = \frac{7}{10} = 0.7$ であることはすぐに分かるんだね。

演習問題 45　● カルノー・サイクル（Ⅱ）●

作業物質が n(mol) の理想気体である右図のようなカルノー・サイクル A→B→C→D→A がある。具体的に

（ⅰ）A→B：$T = T_2$（高温）の等温過程（流入熱量 Q_2）

（ⅱ）B→C：断熱変化

（ⅲ）C→D：$T = T_1$（低温）の等温過程（流出熱量 $Q_1(>0)$）

（ⅳ）D→A：断熱変化　である。

カルノー・サイクルの pV 図

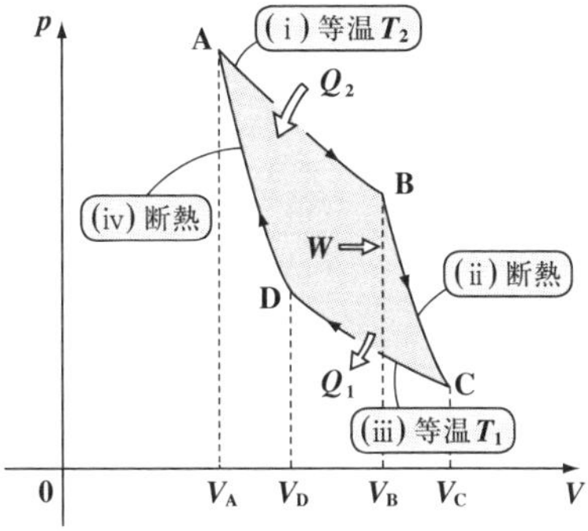

ここで，4 つの状態 A, B, C, D における体積を順に V_A, V_B, V_C, V_D とし，この 1 サイクルで外部になす仕事を W，また熱効率を η とおく。

このとき，次の 3 つの公式が成り立つことを示せ。

(1) $\dfrac{V_B}{V_A} = \dfrac{V_C}{V_D}$ ……（＊1）　(2) $W = nR(T_2 - T_1)\log\dfrac{V_B}{V_A}$ ……（＊2）

(3) $\eta = 1 - \dfrac{T_1}{T_2}$ ……（＊3）

ヒント！ (1) の（＊1）は，B→C と D→A が断熱変化より，ポアソンの関係式を用いて，証明することができる。(2) の（＊2）は，A→B と C→D の等温過程について，流入または流出する熱量 Q_2 と Q_1 を求め，$W = Q_2 - Q_1$ から求めよう。(3) は，(2) で求めた Q_2 と Q_1 の結果を利用すれば証明できる。

解答＆解説

(1) $\dfrac{V_B}{V_A} = \dfrac{V_C}{V_D}$ ……（＊1）を証明する。

（ⅱ）準静的断熱膨張 B→C について，

$TV^{\gamma-1} = $（一定）より，← ポアソンの関係式

$T_2 V_B{}^{\gamma-1} = T_1 V_C{}^{\gamma-1}$ ……① となる。

（γ：比熱比）

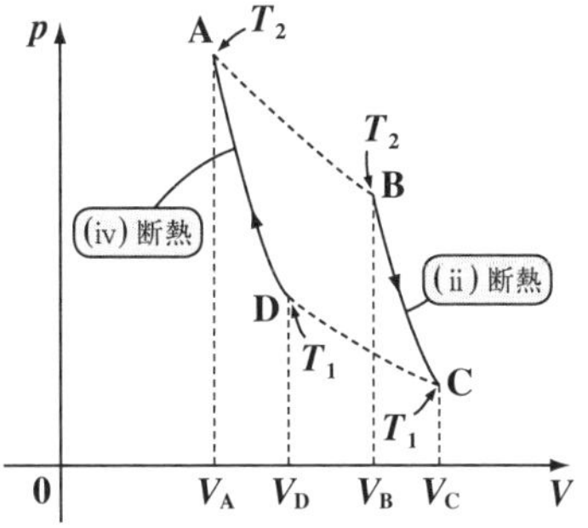

同様に，

(iv) 準静的断熱圧縮 D→A についても

同様に，ポアソンの関係式より，

$T_2 V_A{}^{\gamma-1} = T_1 V_D{}^{\gamma-1}$ ……② となる。

$T_2 V_B{}^{\gamma-1} = T_1 V_C{}^{\gamma-1}$ ……①

よって，①÷②より，

$$\frac{\cancel{T_2} V_B{}^{\gamma-1}}{\cancel{T_2} V_A{}^{\gamma-1}} = \frac{\cancel{T_1} V_C{}^{\gamma-1}}{\cancel{T_1} V_D{}^{\gamma-1}} \qquad \left(\frac{V_B}{V_A}\right)^{\gamma-1} = \left(\frac{V_C}{V_D}\right)^{\gamma-1}$$

$\therefore \dfrac{V_B}{V_A} = \dfrac{V_C}{V_D}$ ……(*1) が成り立つ。……………………………(終)

(2) $W = nR(T_2 - T_1)\log\dfrac{V_B}{V_A}$ ……(*2) を証明する。

微分形式の熱力学第1法則：

$d'Q = dU + d'W$

$= nC_V \underset{0}{dT} + pdV$ を，(i)，(iii)の

等温過程に利用して，Q_2 と Q_1 を求め，

カルノー・サイクルの公式：

$W = Q_2 - Q_1$ から (*2) を導く。

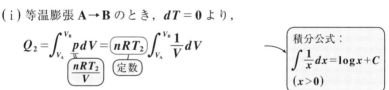

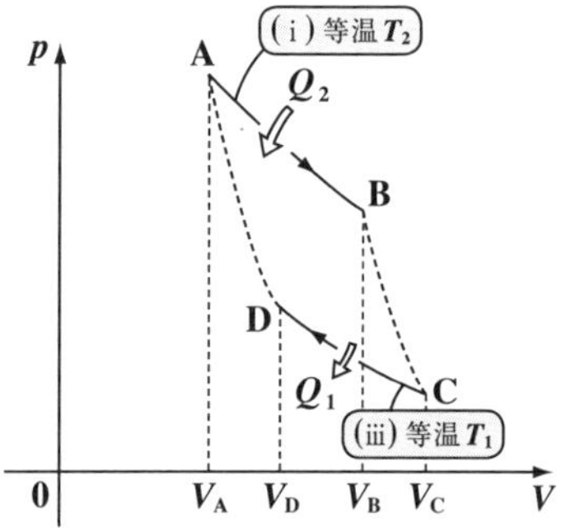

(i) A→B と (iii) C→D は等温過程なので，$dT = 0$ となる。

(i) 等温膨張 A→B のとき，$dT = 0$ より，

$$Q_2 = \int_{V_A}^{V_B} \underset{\frac{nRT_2}{V}}{p}\, dV = \underset{\text{定数}}{(nRT_2)} \int_{V_A}^{V_B} \frac{1}{V} dV$$

$$= nRT_2 [\log V]_{V_A}^{V_B} = nRT_2(\log V_B - \log V_A)$$

積分公式：
$\int \frac{1}{x} dx = \log x + C$
$(x > 0)$

$\therefore Q_2 = nRT_2 \log\dfrac{V_B}{V_A}$ ……③ となる。

(iii) 等温圧縮 C→D のとき，$dT=0$ より，

$$Q_1=-\int_{V_C}^{V_D}p\,dV=-nRT_1\int_{V_C}^{V_D}\frac{1}{V}dV$$

（Q_1を⊕として求めるために⊖を付けた。）（$p=\frac{nRT_1}{V}$）

$$=-nRT_1[\log V]_{V_C}^{V_D}$$

$$=-nRT_1(\log V_D-\log V_C)=nRT_1(\log V_C-\log V_D)$$

$\therefore Q_1=nRT_1\log\frac{V_C}{V_D}$　　ここで，$\frac{V_C}{V_D}=\frac{V_B}{V_A}$ ……(＊1) より，Q_1 は，

$Q_1=nRT_1\log\frac{V_B}{V_A}$ ……④ となる。

以上③，④より，

$$W=Q_2-Q_1=nRT_2\log\frac{V_B}{V_A}-nRT_1\log\frac{V_B}{V_A}$$

$\therefore W=nR(T_2-T_1)\log\frac{V_B}{V_A}$ ……(＊2) が成り立つ。……………………(終)

(3) $\eta=1-\frac{T_1}{T_2}$ ……(＊3) を証明する。

一般のカルノー・エンジンの熱効率 η は，$\eta=1-\frac{Q_1}{Q_2}$ で求められる。

これに，(2) で求めた Q_1 と Q_2，すなわち

$$\begin{cases}Q_2=nRT_2\log\frac{V_B}{V_A} & \cdots\cdots③\\ Q_1=nRT_1\log\frac{V_B}{V_A} & \cdots\cdots④\end{cases}$$
を代入すると，

$$\eta=1-\frac{Q_1}{Q_2}=1-\frac{\cancel{nR}T_1\cancel{\log\frac{V_B}{V_A}}}{\cancel{nR}T_2\cancel{\log\frac{V_B}{V_A}}}$$

$\therefore \eta=1-\frac{T_1}{T_2}$ ……(＊3) が成り立つ。……………………(終)

（実は，この (＊3) は，作業物質が理想気体でないカルノー・サイクルでも成り立つ。）

演習問題 46 ● カルノー・サイクル (III) ●

作業物質が n(mol)の理想気体である，右図のようなカルノー・サイクル $A \to B \to C \to D \to A$ について，具体的には，

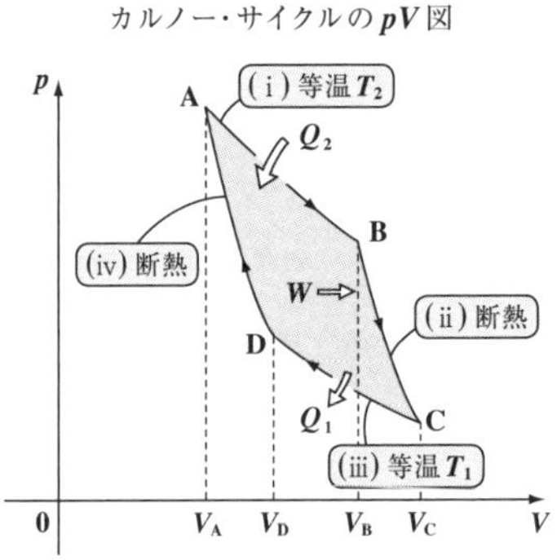

(i) $A \to B$ ：$T = T_2$（高温）の等温過程
（流入熱量 Q_2）

(ii) $B \to C$ ：断熱変化

(iii) $C \to D$ ：$T = T_1$（低温）の等温過程
（流出熱量 $Q_1(>0)$）

(iv) $D \to A$ ：断熱変化　　である。

ここで，4 つの状態 A, B, C, D における体積を順に V_A, V_B, V_C, V_D とし，この 1 サイクルで外部になす仕事を W，また熱効率を η とおくとき，次の 3 つの公式が成り立つ。

$$\frac{V_B}{V_A} = \frac{V_C}{V_D} \quad \cdots\cdots(*1) \qquad W = nR(T_2 - T_1)\log\frac{V_B}{V_A} \quad \cdots\cdots(*2)$$

$$\eta = 1 - \frac{T_1}{T_2} \quad \cdots\cdots(*3)$$

これらの公式を利用して，次の各問いに答えよ。

(1) $V_C = 2V_D$，$n = 20$(mol)，$T_2 = 800$(K)，$T_1 = 200$(K) のとき，
仕事 W を有効数字 3 桁で求め，熱効率 η を求めよ。

(2) $n = 10$(mol)，$\eta = 0.7$，$T_1 = 270$(K)，$V_A = 0.1(\mathrm{m}^3)$，$V_B = 0.3(\mathrm{m}^3)$
のとき，温度 T_2(K) と，仕事 W を有効数字 3 桁で求めよ。

(3) $n = 5$(mol)，$T_2 = 1600$(K)，$T_1 = 400$(K)，$W = 2.49 \times 10^4$(J)，
$V_A = 0.1(\mathrm{m}^3)$ のとき，$V_B(\mathrm{m}^3)$ を有効数字 3 桁で求めよ。

ヒント！ すべて，理想気体を作業物質とするカルノー・サイクルの公式 $(*1)$，$(*2)$，$(*3)$ を利用することにより，計算できる。公式をうまく使いこなすことが，ポイントだね。

解答＆解説

(1) $V_C = 2V_D$ より，$(*1)$から，$\dfrac{V_B}{V_A} = \dfrac{V_C}{V_D} = 2$ となる。$n = 20$(mol)，

$T_2 = 800(\mathrm{K})$, $T_1 = 200(\mathrm{K})$ より，$(*2)$ の公式を用いると仕事 W は，

$$W = nR(T_2 - T_1)\log\frac{V_B}{V_A} = 20 \times 8.31 \times (800 - 200) \times \log 2$$

（$\frac{V_B}{V_A}$ は②）

$$= 99720 \cdot \log 2 = 69120.6\cdots \fallingdotseq 6.91 \times 10^4(\mathrm{J})$$ である。……………………(答)

$(*3)$ の公式を用いると，熱効率 η は，

$$\eta = 1 - \frac{T_1}{T_2} = 1 - \frac{200}{800} = 1 - \frac{1}{4} = 0.75$$ である。……………………(答)

(2) $\eta = 0.7$ より，$(*3)$ の公式から，$\eta = 0.7 = 1 - \frac{T_1}{T_2} = 1 - \frac{270}{T_2}$ となる。

よって，$\frac{270}{T_2} = 0.3$　　$T_2 = \frac{270}{0.3} = 900(\mathrm{K})$ である。……………………(答)

また，$\frac{V_B}{V_A} = \frac{0.3}{0.1} = 3$ より，$(*2)$ の公式から仕事 W は，

$$W = nR(T_2 - T_1)\log\frac{V_B}{V_A} = 10 \times 8.31 \times (900 - 270) \cdot \log 3$$

（$\frac{V_B}{V_A}$ は③）

$$= 57515.6\cdots \fallingdotseq 5.75 \times 10^4(\mathrm{J})$$ である。……………………(答)

(3) $n = 5(\mathrm{mol})$, $T_2 = 1600(\mathrm{K})$, $T_1 = 400(\mathrm{K})$, $W = 2.49 \times 10^4(\mathrm{J})$ より，

$(*3)$ の公式を用いると，

$$W = 2.49 \times 10^4 = \underbrace{5}_{n} \times \underbrace{8.31}_{R} \times \underbrace{(1600 - 400)}_{(T_2 - T_1)} \cdot \log\frac{V_B}{V_A}$$ となる。

$$49860 \cdot \log\frac{V_B}{V_A} = 2.49 \times 10^4$$ より，

$$\log\frac{V_B}{V_A} = \frac{24900}{49860} = 0.49939\cdots \fallingdotseq \frac{1}{2}$$ ← $\log_a b = c \rightleftarrows b = a^c$

$$\therefore \frac{V_B}{V_A} = e^{\frac{1}{2}} = \sqrt{e}$$ であり，$V_A = 0.1(\mathrm{m}^3)$ より，求める V_B は，

$$V_B = 0.1 \times \sqrt{e} = 0.1648\cdots \fallingdotseq 0.165(\mathrm{m}^3)$$ である。……………………(答)

演習問題 47　● カルノー・サイクル (Ⅳ) ●

n (mol) の多原子分子の理想気体が作業物質である右図のようなカルノー・サイクル $A\to B\to C\to D\to A$ の循環過程がある。具体的には，

(ⅰ) $A\to B$：$T=1203$ (K) の等温過程

(ⅱ) $B\to C$：断熱変化

(ⅲ) $C\to D$：$T=T_C$ の等温過程

(ⅳ) $D\to A$：断熱変化　である。

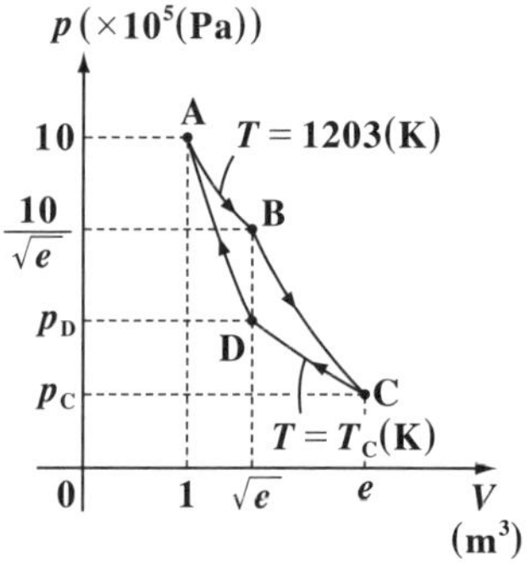

このとき，次の各問いに答えよ。

(1) n を少数第 1 位を四捨五入して求めよ。

(2) C における圧力 p_C (Pa) と D における圧力 p_D (Pa) を求めよ。ただし，ネイピア数 e ($\fallingdotseq 2.718$) はそのまま残してよい。

(3) C における温度 T_C を，少数第 1 位を四捨五入して求めよ。

(4) この 1 サイクルにより作業物質が外部になす仕事 W (J) を，有効数字 3 桁で求めよ。

ヒント！ (1) A における状態方程式から n を求めればいい。(2) では，$B\to C$ は断熱変化より，ポアソンの関係式 $p_B V_B{}^{\gamma}=p_C V_C{}^{\gamma}$ から p_C を求めよう。また，$C\to D$ は等温過程より，ボイルの法則を用いて，p_D が求まる。(3) C における状態方程式から温度 T_C が求められる。(4) 仕事 W は，公式：$W=nR(T_2-T_1)\cdot\log\dfrac{V_B}{V_A}$ を用いて求めよう。

解答＆解説

(1) A における圧力 $p_A=10\times 10^5=10^6$ (Pa), $V_A=1$ (m^3), $T_A=1203$ (K) より，A におけるこの理想気体の状態方程式は，

$$10^6\times 1=n\times 8.31\times 1203 \quad \leftarrow \boxed{p_A V_A=nRT_A}$$

$$\therefore n=\frac{10^6}{8.31\times 1203}=100.03\cdots\fallingdotseq 100\text{(mol)}$$ である。……………………(答)

(2) (ii) B→C は断熱変化であり，

$p_B = \frac{10}{\sqrt{e}} \times 10^5 = \frac{10^6}{\sqrt{e}}$ (Pa)，$V_B = \sqrt{e}$ (m³)，$V_C = e$(m³)，また

多原子分子の理想気体より，この比熱比 γ は $\gamma = \frac{4}{3}$ である。 ← $C_V = 3R$, $C_p = 4R$

以上より，ポアソンの関係式を用いると，

$$\underbrace{\frac{10^6}{\sqrt{e}} \cdot (\sqrt{e})^{\frac{4}{3}}}_{10^6 \cdot (\sqrt{e})^{\frac{1}{3}} = 10^6 \cdot e^{\frac{1}{6}}} = p_C \cdot e^{\frac{4}{3}}$$ ← $p_B V_B{}^{\gamma} = p_C V_C{}^{\gamma}$ (ポアソンの関係式)

$$\therefore p_C = 10^6 \times \underbrace{e^{\frac{1}{6}} \times e^{-\frac{4}{3}}}_{e^{\frac{1}{6}-\frac{4}{3}} = e^{-\frac{7}{6}}} = 10^6 \cdot e^{-\frac{7}{6}} = \frac{10^6}{\sqrt[6]{e^7}} \text{ (Pa)}$$ である。…………(答)

(iii) C→D は等温過程より，ボイルの法則を用いると，

$p_C V_C = p_D V_D$ より，$10^6 \cdot e^{-\frac{7}{6}} \cdot e = p_D \cdot \sqrt{e}$

$e^{\frac{1}{2}} \cdot p_D = 10^6 \cdot e^{-\frac{1}{6}}$

$$\therefore p_D = 10^6 \cdot \underbrace{e^{-\frac{1}{6}} \cdot e^{-\frac{1}{2}}}_{e^{-\frac{1}{6}-\frac{1}{2}} = e^{-\frac{2}{3}}} = 10^6 \cdot e^{-\frac{2}{3}} = \frac{10^6}{\sqrt[3]{e^2}} \text{ (Pa)}$$ である。…………(答)

(3) C において，$p_C = 10^6 \cdot e^{-\frac{7}{6}}$ (Pa)，$V_C = e$(m³)，$n = 100$(mol) より，

このときの状態方程式は，

$$\underbrace{10^6 \cdot e^{-\frac{7}{6}}}_{p_C} \cdot \underbrace{e}_{V_C} = \underbrace{100}_{n} \times \underbrace{8.31}_{R} \times T_C$$ より，

$$T_C = \frac{10^6 \cdot e^{-\frac{1}{6}}}{100 \times 8.31} = 1018.63\cdots \fallingdotseq 1019 \text{(K)}$$ である。……………………(答)

(4) 1 サイクルで作業物質が外部になす仕事 W は，公式：

$W = nR(T_2 - T_1) \cdot \log \frac{V_B}{V_A}$ より，

$$W = 100 \times 8.31 \times (1203 - 1019) \cdot \underbrace{\log \frac{\sqrt{e}}{1}}_{\log e^{\frac{1}{2}} = \frac{1}{2}}$$

$= 76452 \fallingdotseq 7.65 \times 10^4$(J) である。……………………………………(答)

演習問題 48　●ブレイトン・サイクル(I)●

作業物質が n(mol) の理想気体である右図のようなブレイトン・サイクル $A \to B \to C \to D \to A$ がある。具体的には,

(i) $A \to B$: $p = p_A$ の定圧過程
　　（流入熱量 Q_2）

(ii) $B \to C$: 断熱変化

(iii) $C \to D$: $p = p_C$ の定圧過程
　　（流出熱量 $Q_1(>0)$）

(iv) $D \to A$: 断熱変化　である。

ブレイトン・サイクルの pV 図

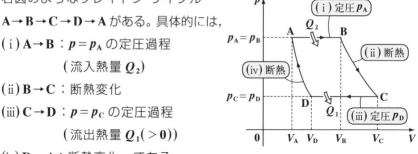

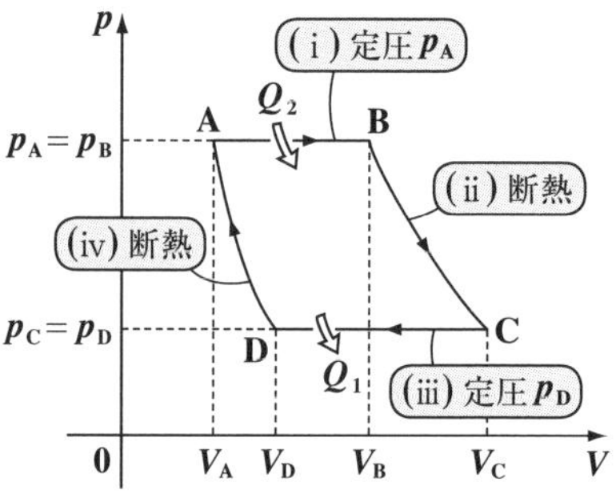

A, B, C, D における体積と温度を順に, V_A, V_B, V_C, V_D と T_A, T_B, T_C, T_D とおく。このとき, 次の各問いに答えよ。

(1) Q_2 と Q_1 を求め, この 1 サイクルで作業物質が外部になす仕事 W を求めよ。また, 熱効率 η が $\eta = 1 - \dfrac{T_C - T_D}{T_B - T_A}$ …(＊) となることを示せ。

(2) $\dfrac{V_B}{V_A} = \dfrac{V_C}{V_D}$ ……(＊1), および $\dfrac{T_B}{T_A} = \dfrac{T_C}{T_D}$ ……(＊2) が成り立つことを示して, 熱効率 η がさらに簡単に, $\eta = 1 - \dfrac{T_D}{T_A}$ ……(＊)′ と表されることを示せ。

ヒント！ (1)(i) $A \to B$ は定圧過程より, 定圧モル比熱 C_p を用いて, $Q_2 = nC_p \cdot (T_B - T_A)$ と表される。Q_1 も同様に求められる。また, 仕事 W は $W = Q_2 - Q_1$ で計算できる。これから (＊) の証明もできるんだね。(2)(ii) $B \to C$ と (iv) $D \to A$ は断熱変化より, ポアソンの関係式を用いて (＊1) が, そしてシャルルの法則と (＊) を利用して (＊2) が導ける。これから (＊)′ の公式を証明することができる。

解答＆解説

(1) ・Q_2 を求める。

(i) $A \to B$ は準静的定圧過程で, 温度は T_A から T_B に $\Delta T = T_B - T_A$ だけ上昇する。よって, このときの流入熱量 Q_2 は, 定圧モル比熱 C_p を用いて,

$Q_2 = nC_p \Delta T = nC_p(T_B - T_A)$ ……① である。……………(答)

Q_2 の求め方の別解

熱力学第 1 法則：$d'Q = nC_V dT + p\,dV$ より，（$p = p_A$（一定））

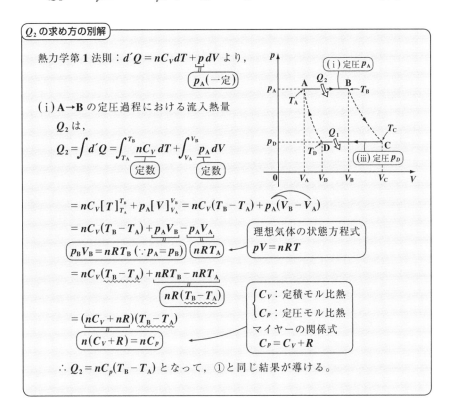

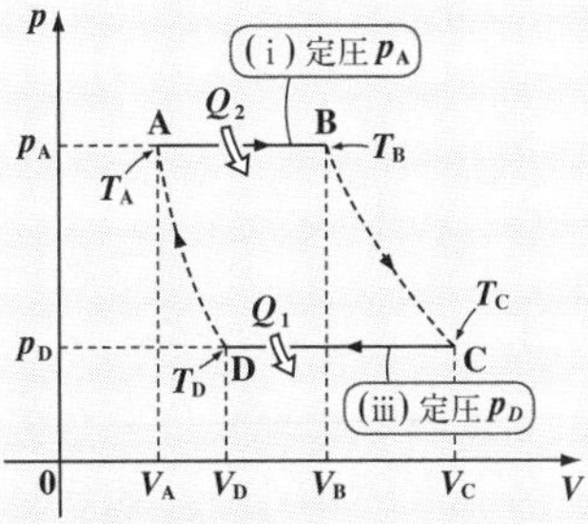

(i) A→B の定圧過程における流入熱量 Q_2 は，

$$Q_2 = \int d'Q = \int_{T_A}^{T_B} nC_V\,dT + \int_{V_A}^{V_B} p_A\,dV$$

（nC_V：定数，p_A：定数）

$$= nC_V[T]_{T_A}^{T_B} + p_A[V]_{V_A}^{V_B} = nC_V(T_B - T_A) + p_A(V_B - V_A)$$

$$= nC_V(T_B - T_A) + p_A V_B - p_A V_A$$

（$p_B V_B = nRT_B\ (\because p_A = p_B)$，$p_A V_A = nRT_A$）

理想気体の状態方程式 $pV = nRT$

$$= nC_V(T_B - T_A) + nRT_B - nRT_A$$

（$nRT_B - nRT_A = nR(T_B - T_A)$）

$\begin{cases} C_V：定積モル比熱 \\ C_p：定圧モル比熱 \end{cases}$

マイヤーの関係式 $C_p = C_V + R$

$$= (nC_V + nR)(T_B - T_A)$$

（$n(C_V + R) = nC_p$）

$\therefore Q_2 = nC_p(T_B - T_A)$ となって，①と同じ結果が導ける。

・同様に，Q_1 を求める。

(iii) C→D は標準的定圧過程で，温度は T_C から T_D に減少する。

よって，このときの流出熱量 Q_1 を正の値として求めると，

$Q_1 = -nC_p \Delta T = -nC_p(T_D - T_C) = nC_p(T_C - T_D)$ ……② となる。

（Q_1 を正の値として求めるために⊖を付けた。）……(答)

この Q_1 も，Q_2 の別解と同様に，熱力学第 1 法則：$d'Q = nC_V dT + pdV$ から導くことができる。良い計算練習になるので，自分で解いてみるといいね。

・次にこの 1 サイクルにより外部になされる仕事 W は，①，②より，

$W = Q_2 - Q_1 = nC_p(T_B - T_A) - nC_p(T_C - T_D)$

$\therefore W = nC_p(T_B + T_D - T_A - T_C)$ である。……………………………(答)

・熱効率 η を，①，②により求めると，

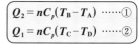

$Q_2 = nC_p(T_B - T_A)$ ……①
$Q_1 = nC_p(T_C - T_D)$ ……②

$$\eta = 1 - \frac{Q_1}{Q_2}$$

$$= 1 - \frac{\cancel{nC_p}(T_C - T_D)}{\cancel{nC_p}(T_B - T_A)} = 1 - \frac{T_C - T_D}{T_B - T_A}$$ ……(＊) が導ける。…………(終)

(2) ここで，2 つの準静的断熱変化(ⅱ) B→C と (ⅳ) D→A に着目すると，このブレイトン・サイクルの作業物質は理想気体なので，これらの断熱変化には，ポアソンの関係式：$pV^{\gamma} = $(一定)が利用できる。

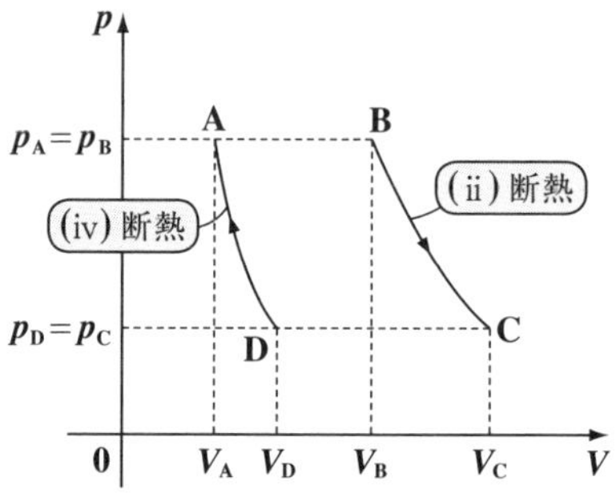

(ⅱ) 断熱変化：B→C より，

ポアソンの関係式を用いて，

$p_B V_B^{\gamma} = p_C V_C^{\gamma}$ ……③　(γ：比熱比) が成り立つ。同様に，

(ⅳ) 断熱変化：D→A より，

ポアソンの関係式を用いて，

$p_A V_A^{\gamma} = p_D V_D^{\gamma}$ ……④ が成り立つ。

ここで，pV図より $p_A = p_B$，$p_D = p_C$ に気をつけて，③÷④を計算すると，

$$\frac{\cancel{p_B} V_B^{\gamma}}{\cancel{p_A} V_A^{\gamma}} = \frac{\cancel{p_C} V_C^{\gamma}}{\cancel{p_D} V_D^{\gamma}}$$ より，$$\left(\frac{V_B}{V_A}\right)^{\gamma} = \left(\frac{V_C}{V_D}\right)^{\gamma}$$

$$\therefore \frac{V_B}{V_A} = \frac{V_C}{V_D}$$ ……(＊1) が導ける。……………(終)

シャルルの法則
p が一定のとき
$\frac{V}{T} = $(一定)

次に，A と B では圧力が等しい ($p_A = p_B$) ので，シャルルの法則より，

$\frac{V_A}{T_A} = \frac{V_B}{T_B}$ が成り立つ。$\therefore \frac{V_B}{V_A} = \frac{T_B}{T_A}$ ……⑤ となる。

同様に，D と C では圧力が等しい ($p_D = p_C$) ので，シャルルの法則より，

$\frac{V_D}{T_D} = \frac{V_C}{T_C}$ が成り立つ。$\therefore \frac{V_C}{V_D} = \frac{T_C}{T_D}$ ……⑥ となる。

⑤と⑥を$(*1)$に代入すると，

$\frac{T_B}{T_A} = \frac{T_C}{T_D}$ ……$(*2)$ が導ける。……………………………………………(終)

ここで，$(*2) = k$(定数) とおくと，$\frac{T_B}{T_A} = \frac{T_C}{T_D} = k$(定数) となる。よって，

$$\begin{cases} \cdot \frac{T_B}{T_A} = k \text{ より，} T_B = kT_A \cdots\cdots ⑦ \\ \cdot \frac{T_C}{T_D} = k \text{ より，} T_C = kT_D \cdots\cdots ⑧ \end{cases}$$ となる。

よって，⑦と⑧を$(*)$に代入して，ブレイトン・サイクルの熱効率ηを求めると，

$$\eta = 1 - \frac{T_C - T_D}{T_B - T_A} = 1 - \frac{kT_D - T_D}{kT_A - T_A} = 1 - \frac{\cancel{(k-1)} \cdot T_D}{\cancel{(k-1)} \cdot T_A}$$ より，

公式：$\eta = 1 - \frac{T_D}{T_A}$ ……$(*)'$ が導ける。…………………………………(終)

演習問題 49　● ブレイトン・サイクル (Ⅱ) ●

作業物質が n(mol) の多原子分子の理想気体である右図のようなブレイトン・サイクル A→B→C→D→A がある。具体的には，

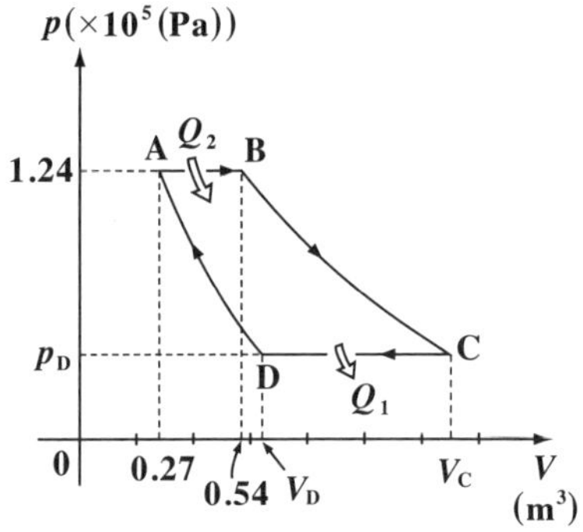

(ⅰ) A→B：$p = 1.24 \times 10^5$(Pa) の定圧過程 (流入熱量 Q_2)

(ⅱ) B→C：断熱変化

(ⅲ) C→D：$p = p_D$(Pa) の定圧過程 (流出熱量 $Q_1(>0)$)

(ⅳ) D→A：断熱変化　である。

A と D における温度は，$T_A = 400$(K)，$T_D = 300$(K) であり，A における圧力と体積は，$p_A = 1.24 \times 10^5$(Pa)，$V_A = 0.27$(m³) であり，また B における体積は $V_B = 0.54$(m³) である。このとき，次の各問いに答えよ。

(1) この作業物質のモル数 n(mol) を，少数第 1 位を四捨五入して求めよ。

(2) D と C における体積 V_D(m³) と V_C(m³) を求めよ。

(3) B と C における温度 T_B(K) と T_C(K) を求めよ。

(4) 定圧過程 A→B で流入する熱量 Q_2(J) と，定圧過程 C→D で流出する熱量 Q_1(J) を有効数字 3 桁で求め，この 1 サイクルで作業物質が外部になす仕事 W(J) を有効数字 3 桁で示せ。

(5) この循環過程の熱効率 η を小数第 3 位を四捨五入して求めよ。

ヒント！ (1) は，A における状態方程式から n を求めればいい。(2) では，2 つの断熱変化 D→A と B→C に，ポアソンの関係式を利用するんだね。(3) では，2 つの定圧過程 A→B，C→D にシャルルの法則を使えばいい。(4) では，定圧過程での熱量の問題なので，定圧モル比熱 C_p を用いて $nC_p\Delta T$ により計算すればいいんだね。(5) の熱効率 η は，$\eta = 1 - \frac{Q_1}{Q_2}$ としても，$\eta = 1 - \frac{T_D}{T_A}$ として求めても同じ結果になる。

解答＆解説

(1) A における圧力 $p_A = 1.24 \times 10^5$(Pa)，体積 $V_A = 0.27$(m³)，温度 $T_A = 400$(K) より，A における状態方程式は，

$1.24 \times 10^5 \times 0.27 = n \times 8.31 \times 400$ ← $p_A V_A = nRT_A$

よって，$n = \dfrac{1.24 \times 0.27 \times 10^3}{4 \times 8.31} = 10.07\cdots$

∴ $n \fallingdotseq 10$(mol) である。………………………………(答)

(2) ・断熱変化 D→A において，

$C_V = 3R,\ C_p = 4R$

作業物質が多原子分子の理想気体より，比熱比 $\gamma = \dfrac{4}{3}$ である。

また，$T_A = 400$(K)，$V_A = 0.27$(m³)，$T_D = 300$(K) より，ポアソンの関係式：$T_A V_A{}^{\gamma-1} = T_D V_D{}^{\gamma-1}$ から，$\gamma - 1 = \dfrac{4}{3} - 1 = \dfrac{1}{3}$

$400 \times 0.27^{\frac{1}{3}} = 300 \times V_D{}^{\frac{1}{3}}$　　　$V_D{}^{\frac{1}{3}} = \dfrac{4}{3} \cdot 0.27^{\frac{1}{3}}$

両辺を3乗して，$V_D = \left(\dfrac{4}{3}\right)^3 \times 0.27 = \dfrac{64}{27} \times 0.27 = 0.64$(m³) である。

……(答)

・2つの断熱変化 B→C，D→A にポアソンの関係式を用いると，

$$\begin{cases} p_B V_B{}^{\gamma} = p_C V_C{}^{\gamma} & \cdots\cdots① \\ p_A V_A{}^{\gamma} = p_D V_D{}^{\gamma} & \cdots\cdots② \end{cases}$$ （ただし，$p_A = p_B$，$p_C = p_D$）

①÷②より，$\dfrac{V_B{}^{\gamma}}{V_A{}^{\gamma}} = \dfrac{V_C{}^{\gamma}}{V_D{}^{\gamma}}$ （∵ $p_A = p_B$，$p_C = p_D$）

$\left(\dfrac{V_B}{V_A}\right)^{\gamma} = \left(\dfrac{V_C}{V_D}\right)^{\gamma}$ より，$\dfrac{V_B}{V_A} = \dfrac{V_C}{V_D}$ となる。

ここで，$V_A = 0.27$(m³)，$V_B = 0.54$(m³)，$V_D = 0.64$(m³) より，これらを上式に代入して，$\dfrac{0.54}{0.27} = \dfrac{V_C}{0.64}$

∴ $V_C = 2 \times 0.64 = 1.28$(m³) である。………………………(答)

(3) ・定圧変化：A→B において，

$V_A = 0.27$(m³)，$T_A = 400$(K)，$V_B = 0.54$(m³) より，シャルルの法則を用いると，$\dfrac{0.27}{400} = \dfrac{0.54}{T_B}$ ← $\dfrac{V_A}{T_A} = \dfrac{V_B}{T_B}$

∴ $T_B = 2 \times 400 = 800$(K) である。………………………(答)

・定圧変化：C→D において，
$V_C = 1.28(m^3)$，$V_D = 0.64(m^3)$，
$T_D = 300(K)$ より，シャルルの法則を用いると，

$$\frac{1.28}{T_C} = \frac{0.64}{300} \leftarrow \boxed{\frac{V_C}{T_C} = \frac{V_D}{T_D}}$$

$$\therefore T_C = \frac{1.28}{0.64} \times 300 = 2 \times 300$$

$= 600(K)$ である。……(答)

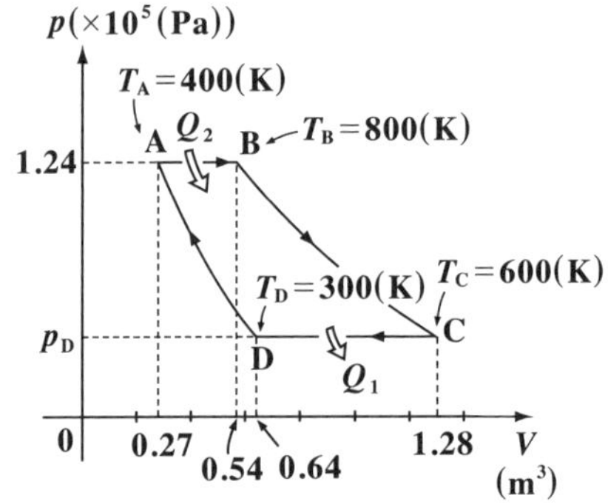

(4)・定圧変化：A→B において，流入する熱量 Q_2 は，
多原子分子の理想気体の定圧モル比熱 $C_p = 4R$ を用いて，

$$Q_2 = \underbrace{n}_{10} \cdot \underbrace{C_p}_{4R} \cdot \underbrace{\Delta T}_{(T_B - T_A)} = 10 \times 4 \times 8.31 \times (800 - 400)$$

$= 132960 \fallingdotseq 1.33 \times 10^5(J)$ である。……………………………(答)

Q_2 の別解

熱力学第1法則：$d'Q = \underbrace{dU}_{nC_V dT} + \underbrace{p}_{1.24 \times 10^5 (定数)} dV = nC_V dT + 1.24 \times 10^5 dV$ より，

$$Q_2 = 10 \times 3 \times 8.31 \underbrace{\int_{T_A}^{T_B} dT}_{[T]_{400}^{800}} + 1.24 \times 10^5 \underbrace{\int_{V_A}^{V_B} dV}_{[V]_{0.27}^{0.54}}$$ として，求めることもできる。

・定圧変化：C→D において，流出する熱 Q_1 を，正の数として求めると，

$$Q_1 = -nC_p \Delta T = -10 \times 4 \times 8.31 \times (\underbrace{300}_{T_D} - \underbrace{600}_{T_C})$$

（$Q_1 > 0$ とするために⊖を付けた）

$= 99720 \fallingdotseq 9.97 \times 10^4(J)$ である。……………………………(答)

以上より，この循環過程の1サイクルで作業物質が外部になす仕事 W は，

$$W = Q_2 - Q_1 = 1.33 \times 10^5 - 9.97 \times 10^4$$

$= 33300 = 3.33 \times 10^4(J)$ である。……………………………(答)

(5) (4) の結果より，このブレイトン・サイクルの熱効率 η は，

$$\eta = 1 - \frac{Q_1}{Q_2} = 1 - \underbrace{\frac{9.97 \times 10^4}{1.33 \times 10^5}}_{\fallingdotseq\ \frac{3}{4}} = 0.250\cdots \fallingdotseq 0.25$$ である。……………(答)

η の別解

ブレイトン・サイクルの η の公式：$\eta = 1 - \frac{T_D}{T_A}$ を使って，

$\eta = 1 - \frac{300}{400} = 1 - \frac{3}{4} = \frac{1}{4} = 0.25$ と求めても構わない。

参考

今回の問題で，低圧の $p_D (= p_C)$ については問われていないけれど，
これも求めておこう。

D において，$V_D = 0.64 (m^3)$，$T_D = 300 (K)$，$n = 10 (mol)$ より，

このときの状態方程式：$p_D V_D = nRT_D$ を用いると，

$p_D \times 0.64 = 10 \times 8.31 \times 300$ より，

$$p_D = \frac{8.31 \times 3000}{0.64} = 38953.1\cdots \fallingdotseq 3.90 \times 10^4 (Pa)$$

となることも分かるんだね。

演習問題 50　●対偶による証明●

次の各問いに答えよ。

(1) 自然数 n について，
命題「n^3 が偶数であるならば，n は偶数である。」……$(*1)$ が成り立つことを示せ。

(2) 命題「$\sqrt[3]{2}$ は無理数である。」……$(*2)$ が成り立つことを示せ。

(3) 整数 a, b が $b^2+\sqrt[3]{2}a-6b+9-2\sqrt[3]{2}=0$ をみたすとき，
a，b の値を求めよ。

ヒント！ **(1)** 命題「$p \Rightarrow q$」の対偶「$\angle q \Rightarrow \angle p$」が成り立つことを示せばいいんだね。**(2)** では，「q である。」の否定「$\bar{q}$ でない。」と仮定して，矛盾を導けばいい。これを，背理法という。**(3)** $\sqrt[3]{2}$ が無理数であることを利用して，整数 a，b の値が決定できる。ここでも，背理法を利用しよう。

解答＆解説

(1) 自然数 n について，$(*1)$ の命題の対偶は，
「n が奇数であるならば，n^3 は奇数である。」……$(*1)'$
となる。

> 命題：$p \Rightarrow q$ の対偶は，$\angle q \Rightarrow \angle p$ になる。

$n=$(奇数) であるとき，$n^3=$(奇数)$\times$(奇数)$\times$(奇数)$=$(奇数)
となる。よって，対偶命題 $(*1)'$ は成り立つ。よって，元の命題
「n^3 が偶数であるならば，n は偶数である。」…$(*1)$ は成り立つ。…(終)

(2) 命題「$\sqrt[3]{2}$ は無理数である。」……$(*2)$ を
背理法により証明する。
まず，「$\sqrt[3]{2}$ は有理数である。」……$(*2)'$ が
成り立つと仮定すると，$\sqrt[3]{2}$ は既約分数として，

> 背理法
> 命題「q である」が真であることを証明するには，「q でない」と仮定して，何か矛盾を導けばよい。

$\sqrt[3]{2}=\dfrac{n}{m}$ ……① (m と n は互いに素な正の整数) と表すことができる。

> m と n の公約数は 1 しか存在しないということ。したがって，分数 $\dfrac{n}{m}$ は，既約分数であるということだ。

①より，$\sqrt[3]{2}\cdot m=n$　この両辺を3乗して，

$n^3=\underline{2\cdot m^3}$ ……②　となる。

（$2\times$(整数)より，これは偶数）

$2m^3$ は偶数より，n^3 は偶数である。よって，$(*1)$ より <u>n は偶数である。</u>

$\therefore\ n=2k$ ……③　(k：整数) とおける。③を②に代入して，

$(2k)^3=2m^3$　　$2m^3=8k^3$　　$m^3=\underline{2\cdot 2k^3}$ となる。

（$2\times$(整数)より，これは偶数）

$2\cdot 2k^3$ は偶数より，m^3 は偶数である。よって，$(*1)$ より <u>m も偶数である。</u>

以上より，m と n は共に偶数，すなわち2の倍数なので，

<u>m と n が互いに素の条件に矛盾する。</u>

（m と n は共に2の倍数より，1以外の公約数として2をもつことになるからだ）

$(*2)$ の否定の $(*2)'$ を仮定した結果，矛盾が生じた。よって，背理法により，命題「$\sqrt[3]{2}$ は無理数である。」……$(*2)$ は成り立つ。……(終)

(3) 整数 a，b が，$b^2+\sqrt[3]{2}\cdot a-6b+9-2\cdot\sqrt[3]{2}=0$ ……④ をみたすとき，

これを $\sqrt[3]{2}$ でまとめると，

$(a-2)\cdot\sqrt[3]{2}+(b^2-6b+9)=0$　　$(a-2)\sqrt[3]{2}+(b-3)^2=0$ ……⑤

となる。ここで，$a-2\neq 0$ と仮定すると，⑤より，

$\sqrt[3]{2}=-\dfrac{(b-3)^2}{a-2}$　(有理数) となって，

（分数のこと）

命題「$\sqrt[3]{2}$ は無理数である。」……$(*2)$ に矛盾する。←（これも背理法）

$\therefore\ a-2=0$，すなわち $a=2$ である。

これを⑤に代入して，$\underbrace{(2-2)\sqrt[3]{2}}_{0}+(b-3)^2=0$　　$(b-3)^2=0$

$\therefore\ b=3$ である。

以上より，$a=2$，$b=3$ である。……………………………………………(答)

演習問題 51　● 背理法による証明 ●

次の各問いに答えよ。

(1) **2** つの正の数 a, b について，$a+b \geqq 2\sqrt{ab}$ ……(＊1) が成り立つことを示せ。

(2) 正の数 x, y, z について，次の不等式が成り立つことを示せ。

(ⅰ) $x+\dfrac{1}{x} \geqq 2$ ……(＊2)　　(ⅱ) $y+\dfrac{4}{y} \geqq 4$ ……(＊3)

(ⅲ) $9z+\dfrac{1}{z} \geqq 6$ ……(＊4)

(3) 正の数 x, y, z により，$A=x+y$，$B=9z+\dfrac{1}{x}$，$C=\dfrac{4}{y}+\dfrac{1}{z}$ とする。このとき，

命題「A, B, C の内少なくとも **1** つは **4** 以上である。」……(＊) が真であることを示せ。

ヒント！ (1)(＊1) は，相加・相乗平均の不等式だね。$(\sqrt{a}-\sqrt{b})^2 \geqq 0$ から導ける。(2) の (ⅰ), (ⅱ), (ⅲ) は，(1) の (＊1) の不等式から導ける。(3) では，命題 (＊) を否定して矛盾を導けばいい。つまり，背理法による証明だね。ここで「少なくとも 1 つ」の否定は「すべて」になることに注意しよう。

解答＆解説

(1) $a>0$，$b>0$ のとき，$(\sqrt{a}-\sqrt{b})^2 \geqq 0$ ……① である。 ← (実数)$^2 \geqq 0$ となるからだ

①を変形して，

$a-2\sqrt{a}\cdot\sqrt{b}+b \geqq 0$　∴ $a+b \geqq 2\sqrt{ab}$ ……(＊1) が成り立つ。……(終)

等号が成り立つのは，①より，$\sqrt{a}=\sqrt{b}$，すなわち $a=b$ のときである。これを，等号成立条件という。

(2)(ⅰ) $x>0$ のとき，

(＊1) に $a=x$，$b=\dfrac{1}{x}$ を代入すると，

$x+\dfrac{1}{x} \geqq 2\sqrt{x\cdot\dfrac{1}{x}}$　∴ $x+\dfrac{1}{x} \geqq 2$ ……(＊2) が成り立つ。………(終)

(ii) $y>0$ のとき，

$(*1)$ に $a=y$，$b=\dfrac{4}{y}$ を代入すると，

$$y+\frac{4}{y}\geqq 2\underbrace{\sqrt{y\cdot\frac{4}{y}}}_{\sqrt{4}=2}\qquad\therefore\ y+\frac{4}{y}\geqq 4\ \cdots\cdots(*3)$$ が成り立つ。……(終)

(iii) $z>0$ のとき，

$(*1)$ に $a=9z$，$b=\dfrac{1}{z}$ を代入すると，

$$9z+\frac{1}{z}\geqq 2\underbrace{\sqrt{9z\cdot\frac{1}{z}}}_{\sqrt{9}=3}\qquad\therefore\ 9z+\frac{1}{z}\geqq 6\ \cdots\cdots(*4)$$ が成り立つ。…(終)

(3) $x>0$，$y>0$，$z>0$ のとき，A，B，C が

$A=x+y$ ……②，$B=9z+\dfrac{1}{x}$ ……③，$C=\dfrac{4}{y}+\dfrac{1}{z}$ ……④

で表されている。このとき，$(*)$ の命題の否定：

「A，B，C はすべて 4 より小さい。」……$(*)'$ が成り立つものと仮定すると，$A<4$，$B<4$，$C<4$ より，

②＋③＋④は，$A+B+C<4+4+4$　$\therefore A+B+C<12$ …⑤ となる。

ここで，②，③，④より，

$$A+B+C=x+y+9z+\frac{1}{x}+\frac{4}{y}+\frac{1}{z}$$

$$=\left(x+\frac{1}{x}\right)+\left(y+\frac{4}{y}\right)+\left(9z+\frac{1}{z}\right)$$

2以上 ($(*2)$より)　4以上 ($(*3)$より)　6以上 ($(*4)$より)

$$\geqq 2+4+6\quad((*2),\ (*3),\ (*4)\text{ より})$$

よって，$A+B+C\geqq 12$ となるので，これは⑤と矛盾する。

以上より，

命題「A，B，C の内，少なくとも 1 つは 4 以上である。」……$(*)$ は，真である。……………………………………………………(終)

演習問題 52　●熱力学第 2 法則 (Ⅰ)●

クラウジウスの原理を，
「他に何の変化も残さずに，熱を低温の物体から高温の物体に移すことはできない。」……(∗C) とおき，この否定を (∗∠C) とおく。
また，トムソンの原理を，
「他に何の変化も残さずに，ただ **1** つの熱源から熱を取り出し，それをすべて仕事に変え，自身は元の状態に戻ることはできない。」
……(∗T) とおき，この否定を (∗∠T) とおく。
このとき，(∗∠C) と (∗∠T) を表す模式図を示せ。

ヒント！ 熱力学第 **2** 法則を表す代表的なクラウジウスの原理 (∗C) とトムソンの原理 (∗T) の否定を模式図に示すことにより，この後で，(∗C) と (∗T) が同値 (必要十分条件) であることの証明ができるようになるんだね。

解答＆解説

(i) クラウジウスの原理の否定 (∗∠C) は，
「他に何の変化も残さずに，熱を低温の物体から高温の物体に移すことができる」であり，
これを模式図で示すと，右図のようになる。……………………………………(答)

(i) クラウジウスの原理の否定 (∗∠C) の模式図

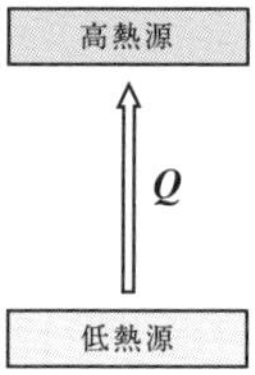

(ii) トムソンの原理の否定 (∗∠T) は，
「他に何の変化も残さずに，ただ **1** つの熱源から熱を取り出し，それをすべて仕事に変え，自身は元の状態に戻ることができる」であり，
これを模式図で示すと，右図のようになる。……………………………………(答)

(ii) トムソンの原理の否定 (∗∠T) の模式図

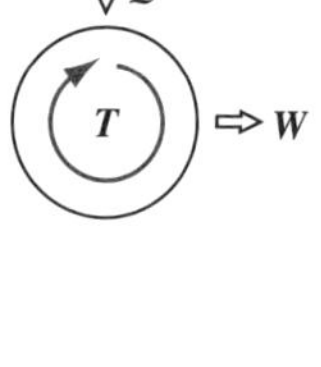

トムソンの原理の否定により稼働する熱機関を Ⓣ で示した。
これは第 **2** 種の永久機関のことである。

演習問題 53　● 熱力学第2法則(Ⅱ) ●

クラウジウスの原理を,
「他に何の変化も残さずに，熱を低温の物体から高温の物体に移すことはできない。」……(C) とおき，この否定を (∠C) とおく。
また，トムソンの原理を,
「他に何の変化も残さずに，ただ1つの熱源から熱を取り出し，それをすべて仕事に変え，自身は元の状態に戻ることはできない。」……(T) とおき，この否定を (∠T) とおく。
このとき，次の各問いに答えよ。
(1) (∠T)⇒(∠C)……(＊1)´ が成り立つことを示して,
(C)⇒(T)……(＊1) が成り立つことを示せ。
(2) (∠C)⇒(∠T)……(＊2)´ が成り立つことを示して,
(T)⇒(C)……(＊2) が成り立つことを示せ。

ヒント！ (C)⟺(T) が成り立つこと，すなわちクラウジウスの原理 (C) とトムソンの原理 (T) が同値であることを示す問題だね。(1) では，命題 (C)⇒(T)…(＊1) が真であることを示すためにその対偶 (∠T)⇒(∠C)…(＊1)´ を示せばいい。
(2) では，命題 (T)⇒(C)…(＊2) が真であることを示すために，その対偶 (∠C)⇒(∠T)…(＊2)´ が真であることを示せばいいんだね。カルノー・サイクルや逆カルノー・サイクルをうまく組み合わせることにより，模式図を利用して，証明しよう。

解答＆解説

(1) 命題：(C)⇒(T)……(＊1) が真であることを示すために,
「クラウジウスの原理が成り立つならば，トムソンの原理が成り立つ」という意味
この対偶：(∠T)⇒(∠C)……(＊1)´ が真であることを示す。

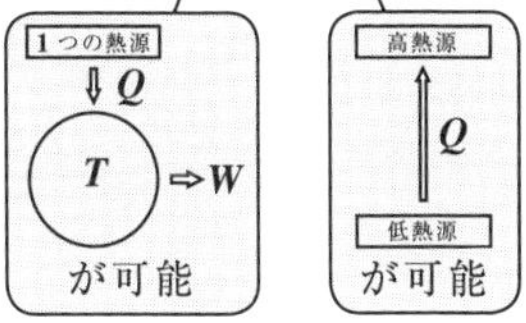

∠T(トムソンの原理の否定)より，まず，図1(ⅰ)に示すように，ただ1つの熱源(低熱源)から熱量 Q を取り出して，それをすべて仕事 $W(=Q)$ に変え，周期的に動く熱機関 T が存在することになる。

(これは"**第2種の永久機関**"のことである。)

次に，図1(ⅱ)に示すように，この熱機関 T から出力される仕事 W をそのまま使って低熱源から Q_1 の熱量を取り出し，高熱源に $Q_2(=W+Q_1=Q+Q_1)$ を放出する逆カルノー・サイクル $\overline{C}$ を稼働させることにする。(カルノー・サイクルは可逆機関なので，この逆カルノー・サイクルは常に利用できる。)

ここで，熱機関 T と逆カルノー・サイクル $\overline{C}$ を組み合わせて，1つの熱機関 $T+\overline{C}$ を考えると，図1(ⅲ)に示すように，これは，低熱源から $Q_2(=Q+Q_1)$ の熱量を取り出し，高熱源に $Q_2(=Q+Q_1)$ を放出しているだけで，他に何の変化も残していないことになる。つまり，これは，クラウジウスの原理の否定∠C に他ならない。

以上より，対偶"(∠T)⇒(∠C)"……(∗1)′ が成り立つ。
よって，元の命題"(C)⇒(T)"……(∗1) も成り立つ。……………(終)

図1 対偶"(∠T) ⇒ (∠C)"の証明

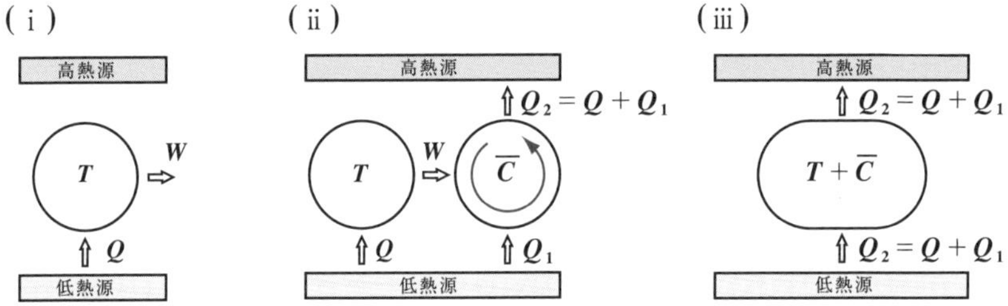

(2) 命題：(T)⇒(C)……(∗2) が真であることを示すために，
この対偶：(∠C)⇒(∠T)……(∗2)′ が真であることを示す。

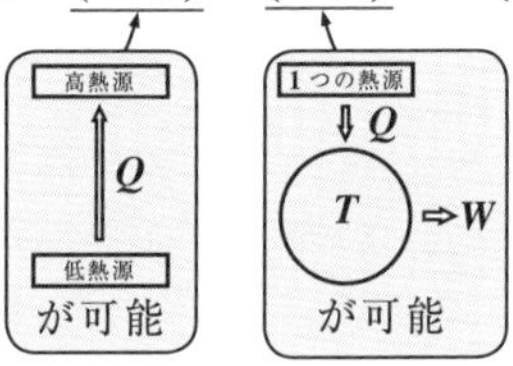

∠**C**（クラウジウスの原理の否定）より，まず図**2**(ⅰ)に示すように，他に何の変化も残さずに，ただ低熱源から高熱源へ熱量Qを移動させることができる。次に，図**2**(ⅱ)に示すように，高熱源から熱量$Q_2(>Q)$を取り出し，この**1**部を仕事Wに変え，残りの熱量$Q\ (=Q_2-W)$を低熱源に放出するカルノー・サイクルCを稼働させ

（上記のQと一致させる。）

ることにする。

ここで，図**2**(ⅱ)に示す**2**つの過程を**1**つの熱機関とみなして考えると，低熱源に対しては$-Q+Q=0$となって，熱の出入りはなくなる。したがって，高熱源をただ**1**つの熱源として，それからQ_2-Qの熱量を取り出し，それをすべて仕事Wに変えて周期的に動く熱機関Tと同じ働きをすることになる。つまり，これはトムソンの原理の否定∠**T**に他ならない。

以上より，対偶“(∠**C**)⇒(∠**T**)”……(＊**2**)′が成り立つ。

よって，元の命題“(**T**)⇒(**C**)”……(＊**2**)が成り立つ。………………(終)

図**2**　対偶“(∠**C**)⇒(∠**T**)”の証明

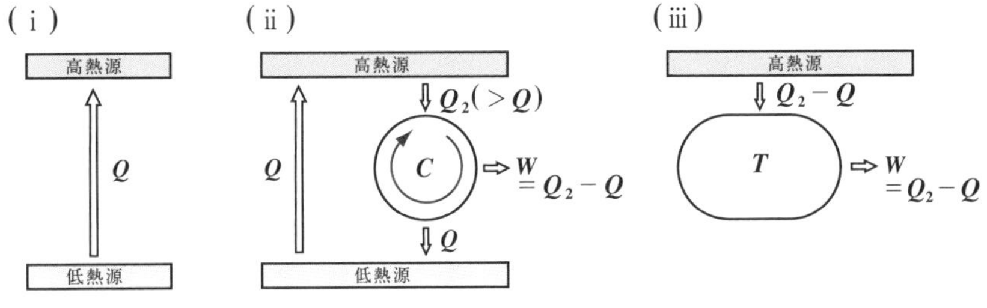

以上(＊**1**)(＊**2**)より，命題“(**C**)⇔(**T**)”……(＊)が成り立ち，クラウジウスの原理とトムソンの原理が同値であることが証明できた。

講 義 Lecture **5** エントロピー methods & formulae

§1. カルノー・サイクルとエントロピー

図(i)に示すカルノー・サイクルの熱効率 η は，作業物質が理想気体である，なしに関わらず，一般に，

$$\eta = \boxed{1-\frac{Q_1}{Q_2}=1-\frac{T_1}{T_2}} \quad \cdots\cdots ①$$

と表される。この①を変形すると，

$\dfrac{Q_2}{T_2}-\dfrac{Q_1}{T_1}=0$ ……② となる。

ここで，放出される熱量 Q_1 を正で表現していたものを負で表現することにすると，

$\dfrac{Q_1}{T_1}+\dfrac{Q_2}{T_2}=0$ ……②′ となる。

図(i) カルノー・サイクル

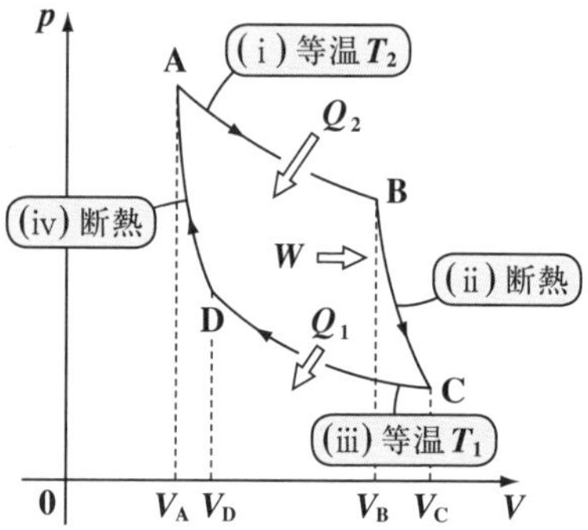

図(ii)に示すように，2つのカルノー・サイクル

(ア) $A_1 \to B_1 \to C_1 \to D_1 \to A_1$ と
(イ) $A_2 \to B_2 \to C_2 \to D_2 \to A_2$ とを

B_1, D_2 間が重なるように組み合わせたサイクル，$A_1 \to B_1 \to A_2 \cdots \to D_1 \to A_1$ を考える。

図(ii) 2つのカルノー・サイクルの組み合わせ

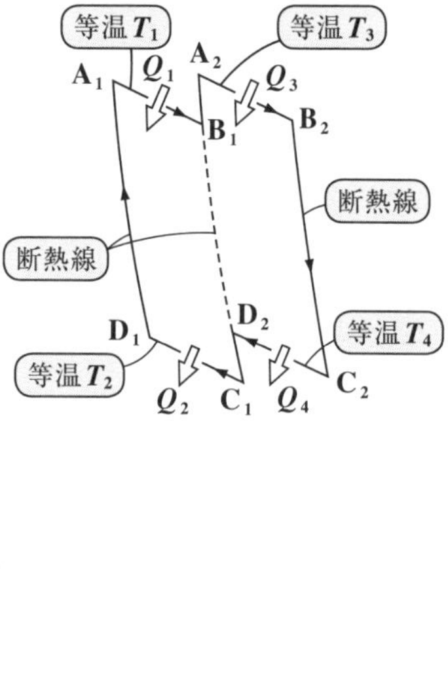

温度 T_1, T_2, T_3, T_4 の4つの等温過程に対して，それぞれ熱の出入りとして Q_1, Q_2, Q_3, Q_4 があるものとすると，単独のカルノー・サイクルのときと同様に，

$$\underbrace{\frac{Q_1}{T_1}+\frac{Q_2}{T_2}}_{(ア)\ =\ 0}+\underbrace{\frac{Q_3}{T_3}+\frac{Q_4}{T_4}}_{(イ)\ =\ 0}=0 \quad \cdots\cdots ③$$ が成り立つ。

さらに図(iii)のように，複数$\left(\frac{n}{2}\text{個}\right)$のカルノー・サイクルが組み合わされた準静的なサイクルについて考える。各等温過程に，1周にわたって，1からnまで番号を付け，k番目の等温過程(温度T_k)に対して，熱の出入りとしてQ_kがあるものとすると，③をさらに一般化して，

$$\frac{Q_1}{T_1}+\frac{Q_2}{T_2}+\cdots+\frac{Q_n}{T_n}=0, \text{ すなわち，}$$

$$\sum_{k=1}^{n}\frac{Q_k}{T_k}=0 \quad \cdots\cdots ④$$ が成り立つ。

さらに④の両辺に$n\to\infty$の極限をとると，

$$\lim_{n\to\infty}\sum_{k=1}^{n}\frac{Q_k}{T_k}=0$$ となり，これは，

$$\oint_C\frac{d'Q}{T}=0 \quad \cdots\cdots ⑤$$ と表すことができる。

この⑤は，図(iv)に示すような任意な準静的サイクルに対応した式である。

図(iii) 複数のカルノー・サイクルの組み合わせ

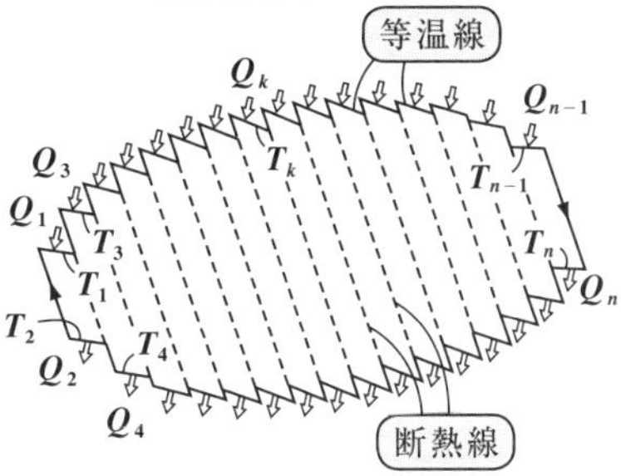

図(iv) 任意の準静的サイクル

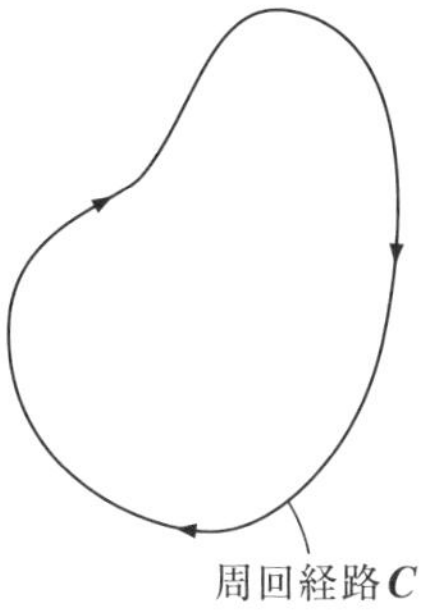

右図のように，pV図上に準静的なサイクルを描き，その経路上に2点A，Bをとって，

$$\begin{cases}\text{A}\to\text{B の経路を } C_1, \\ \text{B}\to\text{A の経路を } C_2\end{cases}$$ とおくと，

$$\oint_C\frac{d'Q}{T}=\int_{\text{A}(C_1)}^{\text{B}}\frac{d'Q}{T}+\int_{\text{B}(C_2)}^{\text{A}}\frac{d'Q}{T}=0$$

より，

C_2を逆に進む経路を$-C_2$とした

$$\int_{\text{A}(C_1)}^{\text{B}}\frac{d'Q}{T}=-\int_{\text{B}(C_2)}^{\text{A}}\frac{d'Q}{T}=\int_{\text{A}(-C_2)}^{\text{B}}\frac{d'Q}{T} \quad \cdots\cdots ⑤$$

が導ける。これから，$\int_{\text{A}}^{\text{B}}\frac{d'Q}{T}$は経路に関わらず計算することができ，この定積分

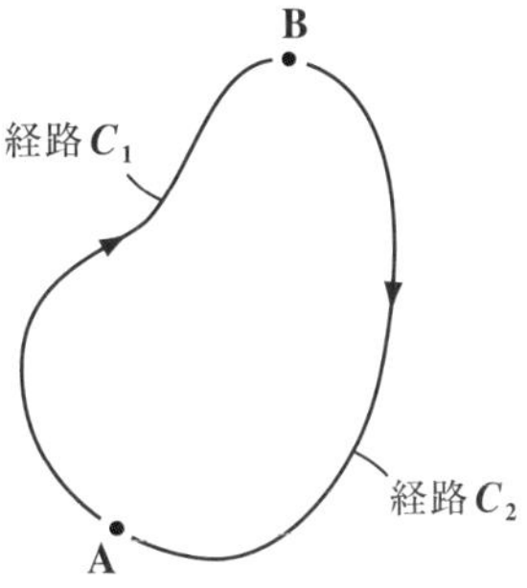

を2点A, Bにおける**エントロピー** S の差と考えて,

$S_B - S_A = \int_A^B \frac{d'Q}{T}$ と定義する。このエントロピーは, 下にまとめて示すように, 微分形式と差分形式で表すこともできる。

エントロピー S の定義

(Ⅰ) A, B間のエントロピーの差 $S_B - S_A = \int_A^B \frac{d'Q}{T}$ ……(*1)

(Ⅱ) 微分形式による定義 $dS = \frac{d'Q}{T}$ ……(*1)′

(Ⅲ) 差分形式による定義 $\Delta S = \frac{\Delta Q}{T}$ ……(*1)″

この定義式から, 新たな状態量であるエントロピー S は, その絶対値ではなく, あくまでも2つの状態の差に意味があることが分かる。

ここで, 6つの状態量圧力 p, 体積 V, 温度 T, 内部エネルギー U, エンタルピー H, そしてエントロピー S について, これらを示量変数と示強変数に分類すると, S は示量変数なので,

示量変数: 物質の量に比例する変数

示強変数: 物質の量と無関係な変数

- ・示量変数: S, V, U, H
- ・示強変数: p, T となる。

ここで,
- 熱力学第1法則: $d'Q = dU + pdV$ と
- エントロピーの定義: $dS = \frac{d'Q}{T}$ を用いて,

n(mol)の理想気体についてのエントロピー S を計算すると,

$S = S(T, V) = nC_V \log T + nR \log V + \alpha_1$ (α_1: 定数)となり,

これはさらに次のように分かりやすい式に変形できる。

$S = nC_V \log TV^{\gamma-1} + \alpha_1$ ……(*2) (α_1: 定数)

$S = nC_V \log pV^{\gamma} + \alpha_2$ ………(*2)′ (α_2: 定数)

(*2), (*2)′共に, 自然対数の真数部分が, ポアソンの関係式: $TV^{\gamma-1}$ = (一定)と pV^{γ} = (一定)の左辺になっていることがポイントである。

§2. エントロピー増大の法則

一般に，「断熱された孤立系において，初めに何らかの束縛条件の下，熱平衡状態にあったものが，束縛が解除されたために変化が生じる」場合に，“**常にエントロピーが増大する**”向きに変化する。

不可逆機関

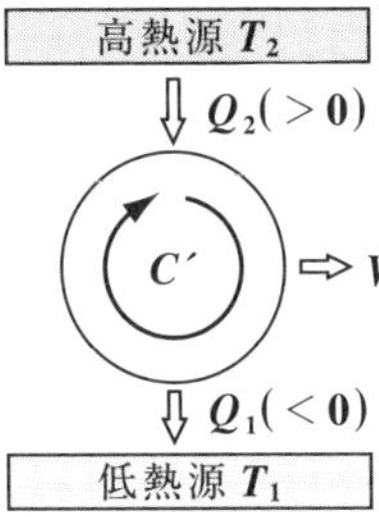

右図に示すように，温度 T_2 の高熱源から熱量 Q_2 を取り出し，その **1** 部を仕事 W に変え，残りの熱量 Q_1 を温度 T_1 の低熱源に放出する不可逆機関 C' があるものとする。

このとき，この不可逆機関 C' の熱効率 η' は当然，

$\eta' = 1 + \dfrac{Q_1}{Q_2}$ ……① となる。(ただし $Q_1 < 0$)

ここで，温度が一定の **2** つの熱源の間で働く可逆機関(カルノー・サイクル)の熱効率を η とおくと，**2** つの熱源の温度 T_1 と T_2 により，

$\eta = 1 - \dfrac{T_1}{T_2}$ ……② となる。

そして，$\eta' < \eta$ ……③ の不等式が成り立つので，①，②を③に代入すると，

$\cancel{1} + \dfrac{Q_1}{Q_2} < \cancel{1} - \dfrac{T_1}{T_2}$ $\quad \dfrac{Q_1}{Q_2} < -\dfrac{T_1}{T_2}$

この両辺に $\dfrac{Q_2}{T_1}(>0)$ をかけて，$\dfrac{Q_1}{T_1} < -\dfrac{Q_2}{T_2}$

∴不可逆機関では，$\dfrac{Q_1}{T_1} + \dfrac{Q_2}{T_2} < 0$ ……④ が導かれるんだね。

ここで，可逆機関の公式 $\dfrac{Q_1}{T_1} + \dfrac{Q_2}{T_2} = 0$ と④の **2** つを併せたもの：

$\dfrac{Q_1}{T_1} + \dfrac{Q_2}{T_2} \leqq 0$ ……(＊3) を“**クラウジウスの不等式**”という。これは等号のときは，可逆機関を表し，不等号のときは，不可逆機関を表す。

(＊3) より，図 (i) に示すように，$\frac{n}{2}$ 個の機関を組み合わせた循環過程の内，少なくとも **1** つが不可逆機関であるならば，$\sum_{k=1}^{n}\frac{Q_k}{T_k}<0$ ……⑤

が成り立つ。したがって，さらに⑤を $n\to\infty$ として，細分化すると，図 (ii) に示すように，その **1** 部が不可逆過程であるような循環過程について，形式的に次のように表せる。

$$\oint_C \frac{d'Q}{T}<0 \quad \cdots\cdots ⑥$$

不可逆過程では，pV 曲線を描けないので，曲線に沿った積分は本当はできない。

図 (i) $\frac{n}{2}$ 個の機関の内，少なくとも **1** つが不可逆機関からなる循環過程

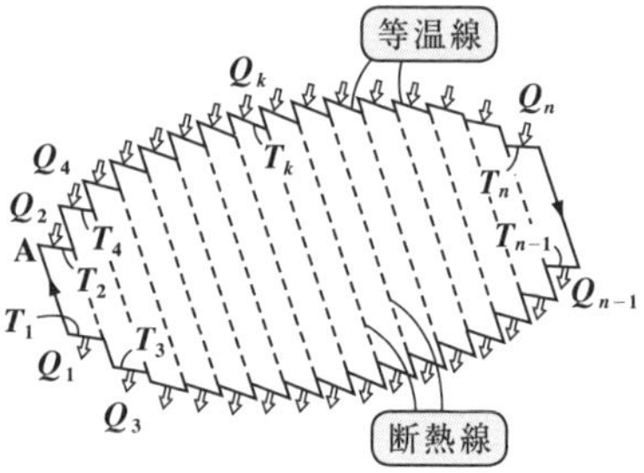

図 (ii) 不可逆過程を含む循環過程

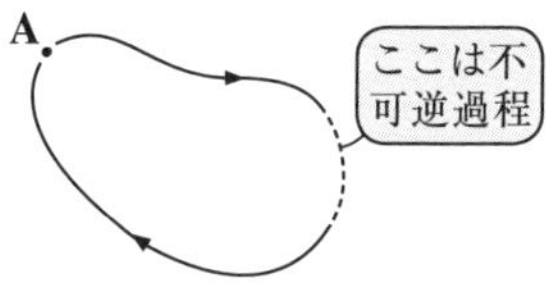

以上より，(I) 不可逆過程を含むサイクルと，(II) 可逆過程だけからなるサイクルの公式を，対比して下に示す。

(I) 不可逆過程を含むサイクル	(II) 可逆過程だけからなるサイクル
(i) $\frac{Q_1}{T_1}+\frac{Q_2}{T_2}<0$ ……④	(i) $\frac{Q_1}{T_1}+\frac{Q_2}{T_2}=0$
(ii) $\sum_{k=1}^{n}\frac{Q_k}{T_k}<0$ ………⑤	(ii) $\sum_{k=1}^{n}\frac{Q_k}{T_k}=0$
(iii) $\oint_C \frac{d'Q}{T}<0$ ………⑥	(iii) $\oint_C \frac{d'Q}{T}=0$

図 (iii) に示すように，

(i) **A→B** が不可逆過程 と
(ii) **B→A** が可逆過程　からなる

循環過程について考えると，

⑥より，

図 (iii) エントロピー増大の法則

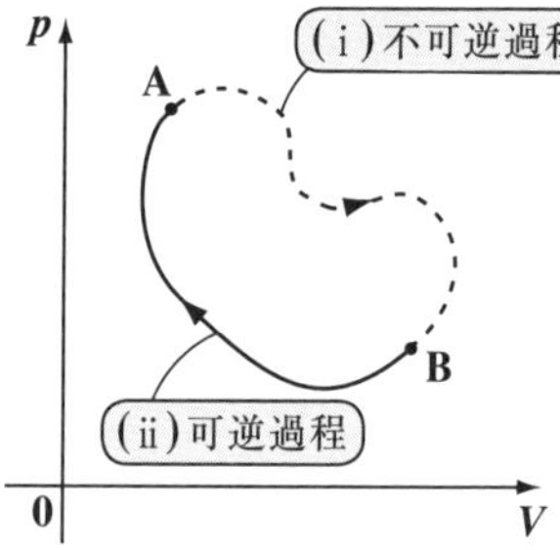

$$\oint_C \frac{d'Q}{T} = \boxed{\int_{A(不)}^{B} \frac{d'Q}{T} + \int_{B(可)}^{A} \frac{d'Q}{T} < 0} \cdots\cdots ⑦ となる。$$

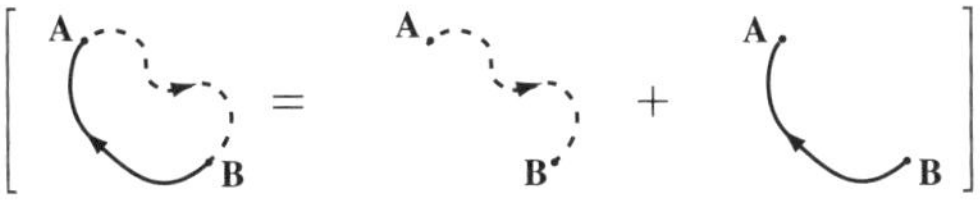

ここで，$\displaystyle\int_{B(可)}^{A} \frac{d'Q}{T} = S_A - S_B$ より，これを⑦に代入して，まとめると，

$\displaystyle S_B - S_A > \int_{A(不)}^{B} \frac{d'Q}{T}$ が導ける。

ここで，不可逆過程が断熱変化である場合，$d'Q = 0$ より，

$S_B - S_A > 0$，これを微分形式で表すと $dS > 0$ となり，差分形式で表すと

$\Delta S > 0$ となる。

以上が，"**エントロピー増大の法則**" であり，これを下にまとめて示す。

エントロピー増大の法則

ある熱力学的系が，外部と断熱された孤立した系であるとき，その系に不可逆変化が起こった場合，エントロピーは必ず増大する。

すなわち，**A** から **B** の状態へ，不可逆変化が起こると，必ず

$S_B > S_A$ ……(*4) となる。これを微分形式と差分形式で示すと，

$dS > 0$ ……(*4)′

$\Delta S > 0$ ……(*4)″ となる。

このエントロピー増大の法則は次のように覚えておいてもよい。

(Ⅰ) 断熱された孤立系に対して，

・不可逆変化 **A→B** が生じるとき，$\Delta S > 0$ となって，エントロピーは増加する。

・**A→B** の変化が生じて，$\Delta S > 0$ のとき，この変化は不可逆変化である。

(Ⅱ) 断熱された孤立系に対して，

・可逆変化 **A→B** が生じるとき，$\Delta S = 0$ となって，エントロピーは変化しない。

・**A→B** の変化が生じて，$\Delta S = 0$ のとき，この変化は可逆変化である。

演習問題 54 ●エントロピーの変化分の基本計算●

次の各問いに答えよ。

(1) 温度 $T = 200(\mathrm{K})$ 一定の条件で，系に熱量 $\Delta Q = 0.5(\mathrm{J})$ が流入したとき，エントロピーの変化分 ΔS を求めよ。

(2) 温度 $T = 1000(\mathrm{K})$ 一定の条件で，系に熱量 $\Delta Q = 0.5(\mathrm{J})$ が流入したとき，エントロピーの変化分 ΔS を求めよ。

(3) 温度 $T = 800(\mathrm{K})$ 一定の条件で，系から熱量 $\Delta Q = 2.4(\mathrm{J})$ が流出したとき，エントロピーの変化分 ΔS を求めよ。

(4) 等温過程で，系に熱量 $\Delta Q = 5(\mathrm{J})$ が流入したとき，エントロピーが $\Delta S = 2 \times 10^{-3}(\mathrm{J/K})$ だけ増加した。このときの温度 $T(\mathrm{K})$ を求めよ。

(5) 温度 $T = 600(\mathrm{K})$ 一定の条件で，エントロピーが $\Delta S = -4 \times 10^{-3}(\mathrm{J/K})$ だけ変化した。このとき，系から流出した熱量を求めよ。

(6) 温度 $T = 450(\mathrm{K})$ 一定で，熱量が $Q = 4500(\mathrm{J})$ である系のエントロピー S が $\Delta S = 2 \times 10^{-2}(\mathrm{J/K})$ だけ増加した。このとき，この系の熱量 $Q'(\mathrm{J})$ を求めよ。

ヒント！ 等温過程の問題なので，エントロピーの差分形式の定義式：$\Delta S = \dfrac{\Delta Q}{T}$ を使って解いていこう。(1), (2) では系に同じ熱量 ΔQ が流入しても，温度 T の大小によってエントロピーの変化分 ΔS が大きく異なることに注意しよう。

解答＆解説

エントロピーの変化分 ΔS の公式
$\Delta S = \dfrac{\Delta Q}{T}$ ……(*)

(1) 系の温度 $T = 200(\mathrm{K})$ 一定の条件で熱量 $\Delta Q = 0.5(\mathrm{J})$ が流入してきたとき，この系のエントロピー S は，

$$\Delta S = \frac{\Delta Q}{T} = \frac{0.5}{200} = 2.5 \times 10^{-3}(\mathrm{J/K})$$ だけ増加する。……………………(答)

(2) 系の温度 $T = 1000(\mathrm{K})$ 一定の条件で熱量 $\Delta Q = 0.5(\mathrm{J})$ が流入してきたとき，この系のエントロピー S は，

$$\Delta S = \frac{\Delta Q}{T} = \frac{0.5}{1000} = 5 \times 10^{-4}(\mathrm{J/K})$$ だけ増加する。……………………(答)

(3) 系の温度 $T = 800$ (K) 一定の条件で，系から流出した熱量を負の熱量として，$\Delta Q = -2.4$ (J) とおくと，エントロピー S の変化分 ΔS は，

$\Delta S = \frac{\Delta Q}{T} = -\frac{2.4}{800} = -3 \times 10^{-3}$ (J/K) となる。……………………(答)

すなわち，エントロピー S は，3×10^{-3} (J/K) だけ減少する。

(4) 温度 T 一定の等温過程で，系に $\Delta Q = 5$ (J) の熱量が流入して，エントロピー S が $\Delta S = 2 \times 10^{-3}$ (J/K) だけ増加しているので，$\Delta S = \frac{\Delta Q}{T}$ より，

$2 \times 10^{-3} = \frac{5}{T}$ $\quad \therefore T = \frac{5}{2 \times 10^{-3}} = 2.5 \times 10^{3}$ (K) である。…………(答)

(5) 系の温度 $T = 600$ (K) 一定の条件でエントロピー S が，$\Delta S = -4 \times 10^{-3}$ (J/K) だけ変化したとき，この系の熱量の変化分を ΔQ とおくと，

$\Delta S = \frac{\Delta Q}{T}$ より，$-4 \times 10^{-3} = \frac{\Delta Q}{600}$

$\therefore \Delta Q = -4 \times 10^{-3} \times 600 = -2.4$ (J) となるので，

系から流出した熱量は 2.4 (J) である。………………………………(答)

(6) 系の温度 $T = 450$ (K) 一定で，熱量が $Q = 4500$ (J) の系のエントロピー S が，$\Delta S = 2 \times 10^{-2}$ (J/K) だけ増加したとき，この系に流入した熱量を ΔQ とおくと，

$\Delta S = \frac{\Delta Q}{T}$ より，$2 \times 10^{-2} = \frac{\Delta Q}{450}$ $\quad \therefore \Delta Q = 2 \times 10^{-2} \times 450 = 9$ (J)

である。よって，このときの系の熱量 Q' は，

$Q' = Q + \Delta Q = 4500 + 9 = 4509$ (J) である。……………………………(答)

演習問題 55　● 定積過程とエントロピーの変化 (I) ●

次の各問いに答えよ。ただし，すべての変化は準静的過程である。

(1) 体積一定の条件で，$n=10$(mol)の多原子分子の理想気体の温度を $T_1=100$(K)から $T_2=e\times 100$(K)（e：自然対数の底）に上昇させた。このとき，エントロピー S の変化分 ΔS(J/K)を求めよ。

(2) 体積一定の条件で，$n=6$(mol)の単原子分子の理想気体の温度を $T_1=300$(K)から $T_2=600$(K)に上昇させた。このとき，エントロピー S の変化分 ΔS(J/K)を，有効数字 **3** 桁で求めよ。

(3) 体積一定の条件で，$n=4$(mol)の **2** 原子分子の理想気体の温度を $T_2=900$(K)から $T_1=500$(K)に下げた。このとき，エントロピー S の変化分 ΔS(J/K)を，有効数字 **3** 桁で求めよ。

ヒント！ いずれも，定積過程の問題なので，$dV=0$ だね。ここで，理想気体の熱力学第 **1** 法則より，$d'Q=nC_VdT+pdV$ で，$dV=0$ より，$d'Q=nC_VdT$ となる。ここで，エントロピー S の微分表示は，$dS=\frac{d'Q}{T}$ より，$dS=\frac{nC_V}{T}dT$ となる。これを各問いの条件に従って定積分して解けばいいんだね。

解答＆解説

(1) $n=10$(mol)の多原子分子の理想気体の定積過程の問題なので，

定積モル比熱 $C_V=3R$(J/mol K)，$dV=0$ となる。

ここで，熱力学第 **1** 法則を用いると，

$$d'Q=\underbrace{dU}_{n\cdot C_V\cdot dT}+\underbrace{p\cdot dV}_{0}=n\cdot C_VdT \quad \cdots\cdots ①$$ となる。

①と，エントロピー S の微分表示の公式：

$dS=\frac{d'Q}{T}$ より，

$dS=\frac{n\cdot C_V}{T}dT$ となる。

よって，この気体を体積一定の条件で，T：$T_1=100$(K)$\to T_2=e\times 100$(K)

に変化させたとき，エントロピー S の変化分 ΔS は，

$$\Delta S=\int_{T_1}^{T_2}\frac{n\cdot C_V}{T}dT=\underbrace{n\cdot C_V}_{10\times 3R}\underbrace{\int_{T_1}^{T_2}\frac{1}{T}dT}_{[\log T]_{T_1}^{T_2}}$$

$$=30R\cdot(\log\underbrace{T_2}_{e\times 10^2}-\log\underbrace{T_1}_{10^2})=30\times 8.31\cdot\underbrace{\log\frac{e\times 10^2}{10^2}}_{\log e=1}$$

$=249.3\,(\mathrm{J/K})$ である。……………………………………………(答)

(2) 同様に，$n=6(\mathrm{mol})$ の単原子分子の理想気体を，体積一定の条件で，温度 T：$T_1=300(\mathrm{K})\rightarrow T_2=600(\mathrm{K})$ に上昇させたとき，エントロピー S の変化分 ΔS は，

$$\Delta S=\int_{T_1}^{T_2}\frac{n\cdot C_V}{T}dT=\underbrace{n}_{6}\cdot\underbrace{C_V}_{\frac{3}{2}R}\int_{T_1}^{T_2}\frac{1}{T}dT$$

← 単原子分子理想気体より

$$=9R\cdot[\log T]_{T_1}^{T_2}=9\times 8.31\times\underbrace{(\log T_2-\log T_1)}_{\log\frac{T_2}{T_1}=\log\frac{600}{300}=\log 2}$$

$=9\times 8.31\times\log 2=51.84\cdots\fallingdotseq 5.18\times 10\,(\mathrm{J/K})$ である。…………(答)

(3) 同様に，$n=4(\mathrm{mol})$ の 2 原子分子理想気体を，体積一定の条件で，温度 T：$T_2=900(\mathrm{K})\rightarrow T_1=500(\mathrm{K})$ に下げたとき，エントロピー S の変化分 ΔS は，

$$\Delta S=\int_{T_2}^{T_1}\frac{n\cdot C_V}{T}dT=\underbrace{n}_{4}\cdot\underbrace{C_V}_{\frac{7}{2}R}\int_{T_2}^{T_1}\frac{1}{T}dT$$

← 高温の 2 原子分子理想気体より

$$=14R\cdot[\log T]_{T_2}^{T_1}=14\times 8.31\times\log\frac{T_1}{T_2}$$

$$=14\times 8.31\times\underbrace{\log\frac{500}{900}}_{\log\frac{5}{9}=-0.5877\cdots}=-68.38\cdots\fallingdotseq-6.84\times 10\,(\mathrm{J/K})$$ である。

……(答)

演習問題 56 ●等温過程とエントロピーの変化(Ⅰ)●

次の各問いに答えよ。ただし，すべての変化は準静的過程である。

(1) 温度一定の条件で，$n=20(\text{mol})$ の理想気体の体積が $V_1=1(\text{m}^3)$ から $V_2=\sqrt{e}\,(\text{m}^3)$ （e：自然対数の底）に増加した。このとき，エントロピー S の変化分 $\Delta S(\text{J/K})$ を有効数字 **3** 桁で求めよ。

(2) 温度一定の条件で，$n=2(\text{mol})$ の理想気体の体積が $V_1=0.01(\text{m}^3)$ から $V_2=0.04(\text{m}^3)$ に増加した。このとき，エントロピー S の変化分 $\Delta S(\text{J/K})$ を，有効数字 **3** 桁で求めよ。

(3) 温度一定の条件で，$n=3(\text{mol})$ の理想気体の体積が $V_1=0.9(\text{m}^3)$ から $V_2=0.1(\text{m}^3)$ に減少した。このとき，エントロピー S の変化分 $\Delta S(\text{J/K})$ を，有効数字 **3** 桁で求めよ。

ヒント！ いずれも，等温過程の問題なので，$dT=0$ だね。ここで，理想気体の熱力学第 **1** 法則より，$d'Q=nC_V dT+pdV$ で，$dT=0$ より，$d'Q=pdV=\dfrac{nRT}{V}dV$ となる。また，エントロピーの微分表示は，$dS=\dfrac{d'Q}{T}$ より，$dS=\dfrac{nR}{V}dV$ となるんだね。よって，これを各問いの条件に従って，定積分すればいいんだね。

解答＆解説

(1) $n=20(\text{mol})$ の理想気体の等温過程の問題なので，$dT=0$ となる。

ここで，熱力学第 **1** 法則より，

$$d'Q=n\cdot C_V\cdot \underbrace{dT}_{0}+\underbrace{p}_{\frac{nRT}{V}}dV=\frac{nRT}{V}dV \quad \cdots\cdots① \text{ となる。}$$

（$p=\dfrac{nRT}{V}$ ← 理想気体の状態方程式：$pV=nRT$ より）

①と，エントロピー S の微分表示の公式より，

$$dS=\frac{d'Q}{T}=\frac{1}{T}\cdot\frac{nRT}{V}dV=\frac{nR}{V}dV \text{ となる。}$$

よって，この理想気体を温度一定の条件で，$V：V_1=1(\text{m}^3)\rightarrow V_2=\sqrt{e}\,(\text{m}^3)$

に変化させたとき，エントロピー S の変化分 ΔS は，

$$\Delta S = \int_{V_1}^{V_2} \frac{RT}{V} dV = \underbrace{nR}_{20\times 8.31} \underbrace{\int_{V_1}^{V_2} \frac{1}{V} dV}_{[\log V]_{V_1}^{V_2}}$$

$$= 20\times 8.31(\underbrace{\log V_2 - \log V_1}_{\log\sqrt{e} - \log 1 = \log e^{\frac{1}{2}} = \frac{1}{2}}) = 20\times 8.31\times\frac{1}{2}$$

$= 83.1 = 8.31\times 10(\mathrm{J/K})$ となる。……………………………………(答)

(2) 同様に，$n = 2(\mathrm{mol})$ の理想気体を，温度一定の条件で，
体積 V：$V_1 = 0.01(\mathrm{m}^3) \rightarrow V_2 = 0.04(\mathrm{m}^3)$ に増加させたとき，エントロピー S の変化分 ΔS は，

$$\Delta S = \underbrace{nR}_{2\times 8.31} \underbrace{\int_{V_1}^{V_2} \frac{1}{V} dV}_{[\log V]_{V_1}^{V_2}} = 2\times 8.31\times(\underbrace{\log V_2 - \log V_1}_{\log 0.04 - \log 0.01 = \log\frac{0.04}{0.01} = \log 4})$$

$= 2\times 8.31\times\log 4 = 23.04\cdots \fallingdotseq 2.30\times 10(\mathrm{J/K})$ である。……………(答)

(3) 同様に，$n = 3(\mathrm{mol})$ の理想気体を，温度一定の条件で，
体積 V：$V_1 = 0.9(\mathrm{m}^3) \rightarrow V_2 = 0.1(\mathrm{m}^3)$ に減少させたとき，エントロピー S の変化分 ΔS は，

$$\Delta S = \underbrace{nR}_{3\times 8.31} \underbrace{\int_{V_1}^{V_2} \frac{1}{V} dV}_{[\log V]_{V_1}^{V_2}} = 3\times 8.31\times(\underbrace{\log V_2 - \log V_1}_{\log 0.1 - \log 0.9 = \log\frac{0.1}{0.9} = \log\frac{1}{9} = \log 3^{-2} = -2\log 3})$$

$= -6\times 8.31\times\log 3$

$= -54.776\cdots \fallingdotseq -5.48\times 10(\mathrm{J/K})$ である。…………………………(答)

演習問題 57　● エントロピーの計算公式 ●

n(mol)の理想気体について，

{ 熱力学第 1 法則：$d'Q = dU + pdV$ …………($*1$) と，
エントロピーの微分表示：$dS = \frac{d'Q}{T}$ ………($*2$) を用いて，

次の各問いに答えよ。

(1) ($*1$), ($*2$) から $dS = \frac{1}{T}(dU + pdV)$ ……($*3$) を導き，これから，

エントロピー S の計算公式：

$S = S(T, V) = nC_V \log T + nR \log V + \alpha_1$ ……($*4$) (α_1：定数)

を導け。

(2) ($*4$) の公式を基に，さらに簡単化した次の計算公式を導け。

{ $S = nC_V \log TV^{\gamma-1} + \alpha_1$ ……($*$)
$S = nC_V \log pV^{\gamma} + \alpha_2$ ………($**$)

(ただし，C_V：定積モル比熱，α_1, α_2：定数)

ヒント！ (1) 理想気体の公式を用いて，($*3$) を $dS = nC_V \frac{dT}{T} + nR \frac{dV}{V}$ として積分すれば ($*4$) が導ける。(2) では，($*4$) を基にマイヤーの関係式：$C_p = C_V + R$ などを利用して変形すれば，公式 ($*$) と ($**$) が導ける。($*$) と ($**$) は覚えやすい形をしているので，以降，エントロピーの計算に利用する。

解答＆解説

(1) ($*1$) を ($*2$) に代入して，

$dS = \frac{1}{T}(dU + pdV)$ ……($*3$) …………(終)

理想気体の公式を用いて，($*3$) を変形すると，

$dS = \frac{1}{T}\underbrace{dU}_{n \cdot C_V \cdot dT} + \frac{1}{T} \cdot \underbrace{p}_{\frac{nRT}{V}}dV$

← 理想気体の状態方程式 $pV = nRT$

よって，

理想気体の公式
・$pV = nRT$
・$dU = nC_V dT$
・$C_p = C_V + R$
・$\gamma = \frac{C_p}{C_V}$
・ポアソンの関係式(断熱変化)
{ $TV^{\gamma-1} = $(一定)
$pV^{\gamma} = $(一定)

$\therefore dS = \underset{\text{定数}}{nC_V}\dfrac{dT}{T} + \underset{\text{定数}}{nR}\dfrac{dV}{V}$ ……① となる。

①の両辺を不定積分すると，

公式：
$\int \frac{1}{x}dx = \log x + C$
$(x > 0)$

$S = \int\left(nC_V\frac{1}{T}dT + nR\frac{1}{V}dV\right) = nC_V\int\frac{1}{T}dT + nR\int\frac{1}{V}dV$

$= nC_V\log T + nR\log V + \alpha_1$

$\therefore S = S(T, V) = nC_V\log T + nR\log V + \alpha_1$ ……$(*4)$

"エントロピーSを，TとVの2つの状態変数の関数として表す"という意味

(α_1：積分定数）となって，$(*4)$ が導ける。……………………………(終)

(2) $(*4)$ の式は，エントロピーの計算式であるが，これは覚えるのに適した公式ではないので，$(*4)$ を基にさらに変形して覚えやすい公式を導く。

$S = nC_V\log T + nR\log V + \alpha_1$ ……$(*4)$ (α_1：定数）の，

右辺の第2項からまず nC_V をくくり出すと，

$S = nC_V\left(\log T + \frac{R}{C_V}\log V\right) + \alpha_1$

$\frac{C_p - C_V}{C_V} = \frac{C_p}{C_V} - 1 = \gamma - 1$

・マイヤーの関係式
$C_p = C_V + R$
・比熱比
$\gamma = \frac{C_p}{C_V}$

$= nC_V\{\log T + (\gamma - 1)\log V\} + \alpha_1$

$\log V^{\gamma-1}$

対数計算
・$p\log x = \log x^p$
・$\log x + \log y = \log xy$

$= nC_V\left(\log T + \log V^{\gamma-1}\right) + \alpha_1$

$= nC_V\log TV^{\gamma-1} + \alpha_1$

以上より，エントロピーSの計算公式：

$S = nC_V\log TV^{\gamma-1} + \alpha_1$ ……$(*)$ (α_1：定数）が導ける。………………(終)

$(*)$ の計算公式は，対数の真数部が，ポアソンの関係式：$TV^{\gamma-1} = $(一定）の左辺と同じ式なので，対数にかかる係数が nC_V であることだけを覚えておけばいいんだね。覚えやすい公式が導けたんだね。

次に，理想気体の状態方程式：$pV = nRT$ を用いて，(＊)をさらに変形すると，

$S = nC_V \log TV^{\gamma-1} + \alpha_1 \cdots\cdots(*)$

$$S = nC_V \log \underbrace{T}_{\frac{pV}{nR}} V^{\gamma-1} + \alpha_1$$

（状態方程式より）

$$= \underbrace{nC_V}_{\text{定数}} \log \frac{pV^{\gamma}}{\underbrace{nR}_{\text{定数}}} + \alpha_1$$

対数計算の公式：
$\log \frac{y}{x} = \log y - \log x$

$$= \underbrace{nC_V}_{\text{定数}} (\log pV^{\gamma} - \underbrace{\log nR}_{\text{定数}}) + \alpha_1$$

$$= nC_V \log pV^{\gamma} + \underbrace{\alpha_1 - nC_V \log nR}_{\text{これを，新たな定数}\alpha_2\text{とおく。}}$$

ここで，定数 $\alpha_2 = \alpha_1 - nC_V \log nR$ とおくと，

もう1つのエントロピーの計算公式：

$S = nC_V \log pV^{\gamma} + \alpha_2 \cdots\cdots(**)$ （α_2：定数）が導ける。………………(終)

(＊＊)の計算公式の真数部分も，ポアソンの関係式：$pV^{\gamma} =$ (一定) の左辺と同じ式なので，この(＊＊)も覚えやすいはずだ。

参考

2つの状態 A, B について，

(i) T と V が (T_A, V_A), (T_B, V_B) のように与えられたら，(＊)の式を用いて，エントロピーの差 $S_B - S_A$ を，
$S_B - S_A = nC_V \log T_B V_B^{\gamma-1} - nC_V T_A V_A^{\gamma-1}$ として求めればいいんだね。

（定数 α_1 はどうせ打ち消し合うので，書く必要はない。）

(ii) p と V が (p_A, V_A), (p_B, V_B) のように与えられたら，(＊＊)の式を用いて，
$S_B - S_A = nC_V \log p_B V_B^{\gamma} - nC_V \log p_A V_A^{\gamma}$ として求めればいいんだね。

(定数 α_1 や α_2 は差の計算では打ち消し合ってなくなるので，考慮する必要はないんだね。)

演習問題 58　●定積過程とエントロピーの変化(Ⅱ)●

次の各問いに答えよ。ただし，以下の過程はすべて定積過程である。

(1) $n=10$(mol)の多原子分子の理想気体を $T_1=100$(K)から $T_2=e\times100$(K)に上昇させたときのエントロピーの変化分 ΔS(J/K)を求めよ。

(2) $n=6$(mol)の単原子分子の理想気体を $T_1=300$(K)から $T_2=600$(K)に上昇させたときのエントロピーの変化分 ΔS(J/K)を，有効数字 3 桁で求めよ。

ヒント！ これらの問題は演習問題 55(P138)の(1), (2)と同じ条件の問題だね。今回は，エントロピーの計算式：$S=nC_V\log TV^{\gamma-1}+\alpha_1$ を用いて計算しよう。

解答＆解説

(1) $n=10$(mol)の多原子分子理想気体より，$C_V=3R$

定積過程：$(T_1=100(\text{K}),\ V_1)\to(T_2=e\times100(\text{K}),\ V_1)$ の変化による

エントロピーの変化分 ΔS は，

$$\Delta S=S_2-S_1=nC_V\log T_2V_1^{\gamma-1}-nC_V\log T_1V_1^{\gamma-1}$$

（エントロピーの計算公式 $S=nC_V\log TV^{\gamma-1}+\alpha_1$）

$$=10\times3R\{\log(e\times100\times V_1^{\gamma-1})-\log(100\times V_1^{\gamma-1})\}$$

$$=30\times8.31\cdot\log\frac{e\times\cancel{100V_1^{\gamma-1}}}{\cancel{100V_1^{\gamma-1}}}=30\times8.31\times\underbrace{\log e}_{1}$$

$$=249.3(\text{J/K})$$ である。……(答)

(2) $n=6$(mol)の単原子分子理想気体より，$C_V=\frac{3}{2}R$

定積過程：$(T_1=300(\text{K}),\ V_1)\to(T_2=600(\text{K}),\ V_1)$ の変化による

エントロピーの変化分 ΔS は，

$$\Delta S=S_2-S_1=nC_V\log T_2V_1^{\gamma-1}-nC_V\log T_1V_1^{\gamma-1}$$

$$=6\times\frac{3}{2}R\cdot\log\frac{600\cdot\cancel{V_1^{\gamma-1}}}{300\cdot\cancel{V_1^{\gamma-1}}}=9\times8.31\times\log2$$

$$=51.84\cdots\fallingdotseq5.18\times10(\text{J/K})$$ である。……(答)

演習問題 55(1), (2)と同じ結果が得られることが分かったでしょう？
55(3)についても，各自確認してみよう。

演習問題 59　●等温過程とエントロピーの変化(Ⅱ)●

次の各問いに答えよ。ただし，以下の過程はすべて等温過程であるものとし，答えは有効数字 **3** 桁で求めよ。

(1) $n = 20(\text{mol})$の理想気体の体積が $V_1 = 1(\text{m}^3)$から $V_2 = \sqrt{e}\,(\text{m}^3)$ に増加したとき，エントロピーの増加分$\Delta S(\text{J/K})$を求めよ。

(2) $n = 2(\text{mol})$の理想気体の体積が $V_1 = 0.01(\text{m}^3)$から $V_2 = 0.04(\text{m}^3)$ に増加したとき，エントロピーの増加分$\Delta S(\text{J/K})$を求めよ。

ヒント！ これらの問題は演習問題 **56(P140)** の **(1)**, **(2)** と同じ条件の問題だね。今回は，エントロピーの計算式：$S = nC_V \log TV^{\gamma-1} + \alpha_1$ を使って計算しよう。

解答＆解説

(1) $n = 20(\text{mol})$ の理想気体について，

等温過程：$(T_1,\ V_1 = 1(\text{m}^3)) \to (T_1,\ V_2 = \sqrt{e}\,(\text{m}^3))$ の変化による

エントロピーの変化分ΔS は，

$$\Delta S = S_2 - S_1 = nC_V \log T_1 V_2^{\gamma-1} - nC_V \log T_1 V_1^{\gamma-1}$$

公式：$S = nC_V \log TV^{\gamma-1} + \alpha_1$

$$= nC_V \log \frac{T_1 V_2^{\gamma-1}}{T_1 V_1^{\gamma-1}} = n \cdot C_V \log\left(\frac{V_2}{V_1}\right)^{\gamma-1} = nC_V(\gamma-1)\log\frac{V_2}{V_1}$$

$$C_V\left(\frac{C_p}{C_V} - 1\right) = C_p - C_V = R$$ ←マイヤーの関係式

$$= 20 \times 8.31 \cdot \log\frac{\sqrt{e}}{1} = 20 \times 8.31 \cdot \log e^{\frac{1}{2}}$$

$= 8.31 \times 10(\text{J/K})$ である。……………………………………………(答)

(2) $n = 2(\text{mol})$ の理想気体について，

等温過程：$(T_1,\ V_1 = 0.01(\text{m}^3)) \to (T_1,\ V_2 = 0.04(\text{m}^3))$ の変化による

エントロピーの変化分ΔS は，同様に，

$$\Delta S = S_2 - S_1 = nC_V \log \frac{T_1 V_2^{\gamma-1}}{T_1 V_1^{\gamma-1}} = n \cdot \underbrace{C_V(\gamma-1)}_{R} \cdot \log\frac{V_2}{V_1}$$

$$= 2 \times 8.31 \times \log\frac{0.04}{0.01} = 2 \times 8.31 \times \log 4 = 23.04\cdots \fallingdotseq 2.30 \times 10(\text{J/K})$$

である。……(答)

演習問題 **56(3)** についても，各自計算して同じ結果を導いてみよう！

演習問題 60 ● 定圧過程とエントロピーの変化 ●

次の各問いに答えよ。ただし，以下の過程はすべて定圧過程である。

(1) $n=0.3$(mol)の単原子分子の理想気体の体積が $V_1=0.1(\mathrm{m}^3)$ から $V_2=0.2(\mathrm{m}^3)$ に増加したとき，エントロピーの変化分 ΔS(J/K)を，有効数字 3 桁で求めよ。

(2) $n=3$(mol)の多原子分子の理想気体の温度が $T_1=400$(K)から $T_2=600$(K)に上昇したとき，エントロピーの変化分 ΔS(J/K)を，有効数字 3 桁で求めよ。

ヒント！ (1), (2) 共にエントロピーの計算式：$S=nC_V\log pV^\gamma+\alpha_2$ を利用して解こう。

解答＆解説

(1) $n=0.3$(mol) の単原子分子理想気体より，$C_p=\frac{5}{2}R$ である。

定圧過程：$(p_1,\ V_1=0.1(\mathrm{m}^3))\to(p_1,\ V_2=0.2(\mathrm{m}^3))$ の変化による

エントロピーの変化分 ΔS は，

$$\Delta S=S_2-S_1=nC_V\log p_1V_2^\gamma-nC_V\log p_1V_1^\gamma$$

公式：$S=nC_V\log pV^\gamma+\alpha_2$

$$=nC_V\log\frac{p_1V_2^\gamma}{p_1V_1^\gamma}=nC_V\log\left(\frac{V_2}{V_1}\right)^\gamma=n\cdot C_V\gamma\log\frac{0.2}{0.1}$$

$C_V\cdot\frac{C_p}{C_V}=C_p$

$$=0.3\times\frac{5}{2}\times8.31\times\log 2=4.320\cdots\fallingdotseq 4.32(\mathrm{J/K})$$ である。……(答)

(2) $n=3$(mol) の多原子分子理想気体より，$C_p=4R$ である。

定圧条件より，

シャルルの法則：$\frac{V_1}{T_1}=\frac{V_2}{T_2}$ から，$\frac{V_2}{V_1}=\frac{T_2}{T_1}=\frac{600}{400}=\frac{3}{2}$ となる。

定圧過程：$(p_1,\ V_1)\to(p_1,\ V_2)$ の変化による

エントロピーの変化分 ΔS は，

$$\Delta S=S_2-S_1=nC_V\log p_1V_2^\gamma-nC_V\log p_1V_1^\gamma$$

$$=nC_V\log\frac{p_1V_2^\gamma}{p_1V_1^\gamma}=n\cdot C_V\log\left(\frac{V_2}{V_1}\right)^\gamma=n\cdot C_p\log\frac{V_2}{V_1}$$

$$=3\times4\times8.31\times\log\frac{3}{2}=40.43\cdots\fallingdotseq 4.04\times10(\mathrm{J/K})$$ である。………(答)

演習問題 61　● 循環過程とエントロピーの変化 (I) ●

n(mol) の理想気体の作業物質が，右図のような 3 つの状態 A, B, C を A→B→C→A の順に 1 周する循環過程がある。具体的には，

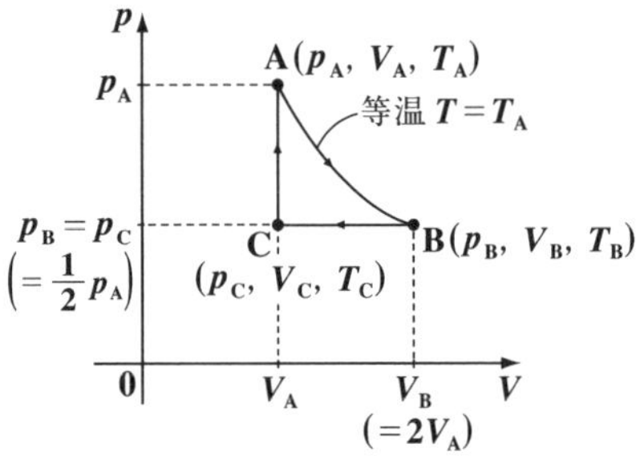

(i) A→B：$T = T_A$ の等温過程

(ii) B→C：$p = \frac{1}{2}p_A$ の定圧過程

(iii) C→A：$V = V_A$ の定積過程で

ある。また，(i)A→B, (ii)B→C, (iii)C→A におけるエントロピーの変化分を順に $\Delta S_{A\to B}$, $\Delta S_{B\to C}$, $\Delta S_{C\to A}$ とおく。次の各問いに答えよ。

(1) $\Delta S_{A\to B}$, $\Delta S_{B\to C}$, $\Delta S_{C\to A}$ を n と気体定数 R, およびこの作業物質の定積モル比熱 C_V, 定圧モル比熱 C_p を用いて表せ。

(2) $\Delta S = \Delta S_{A\to B} + \Delta S_{B\to C} + \Delta S_{C\to A}$ を求めよ。

ヒント！ (1) の 3 つの過程のエントロピーの変化分は，計算公式：$S = nC_V\log TV^{\gamma-1} + \alpha_1$ と $S = nC_V\log pV^{\gamma} + \alpha_2$ を用いて，求めればいいんだね。(2) の 1 サイクル周って A に戻ると，エントロピー S は作業物質 (気体) の状態量なので，当然 $\Delta S = 0$ となることは分かる。このことを，実際に計算して確かめてみよう。

解答＆解説

(1) n(mol) の理想気体による循環過程で，各過程におけるエントロピーの変化分を調べる。

エントロピーの計算公式
$S = nC_V\log TV^{\gamma-1} + \alpha_1$

(i) A→B：等温過程において，

$A(T_A, V_A) \to B(\underbrace{T_A}_{T_B}, \underbrace{2V_A}_{V_B})$ より，このときのエントロピーの変化分 $\Delta S_{A\to B}$ は，計算公式より，

$$\Delta S_{A\to B} = nC_V\log T_A(2V_A)^{\gamma-1} - nC_V\log T_AV_A^{\gamma-1}$$

よって，

$$\Delta S_{A\to B} = nC_V \log \frac{T_A(2V_A)^{\gamma-1}}{T_A V_A^{\gamma-1}} \quad nC_V \log\left(\frac{2V_A}{V_A}\right)^{\gamma-1}$$

$$= nC_V(\gamma-1)\log 2 = nR\log 2 \;\cdots\cdots ①$$ である。…………(答)

$C_V \cdot \frac{C_p}{C_V} - C_V = C_p - C_V = R$ ← $\because \gamma = \frac{C_p}{C_V}$

(ii) B→C の定圧過程において，

$B\left(\frac{1}{2}p_A,\ 2V_A\right) \to C\left(\frac{1}{2}p_A,\ V_A\right)$ より，このときのエントロピーの変化分 $\Delta S_{B\to C}$ は，計算公式より，

公式：$S = nC_V \log pV^\gamma + \alpha_2$

$$\Delta S_{B\to C} = nC_V \log \frac{1}{2}p_A \cdot V_A^\gamma - nC_V \log \frac{1}{2}p_A \cdot (2V_A)^\gamma$$

$$= nC_V \log \frac{\frac{1}{2}p_A V_A^\gamma}{\frac{1}{2}p_A(2V_A)^\gamma} = n \cdot C_V \log\left(\frac{1}{2}\right)^\gamma = nC_V \cdot \gamma \cdot \log 2^{-1}$$

$C_V \cdot \frac{C_p}{C_V} = C_p$

$$= -nC_p \log 2 \;\cdots\cdots ②$$ である。……………………………………(答)

(iii) C→A の定積過程において，

$C\left(\frac{1}{2}p_A,\ V_A\right) \to A(p_A,\ V_A)$ より，このときのエントロピーの変化分 $\Delta S_{C\to A}$ は，

$$\Delta S_{C\to A} = nC_V \log p_A V_A^\gamma - nC_V \log \frac{1}{2}p_A V_A^\gamma$$

$$= nC_V \log \frac{p_A V_A^\gamma}{\frac{1}{2}p_A V_A^\gamma} = nC_V \log 2 \;\cdots\cdots ③$$ である。……(答)

(2) ①，②，③の総和を求めて，これを ΔS とすると，

$$\Delta S = \Delta S_{A\to B} + \Delta S_{B\to C} + \Delta S_{C\to A}$$

$$= nR\log 2 - nC_p \log 2 + nC_V \log 2$$

$$= n(R - C_p + C_V)\log 2 = 0$$ である。………………………………(答)

$C_V + R - C_p = C_p - C_p = 0$ ← マイヤーの関係式：$C_p = C_V + R$

演習問題 62 ● 循環過程とエントロピーの変化 (Ⅱ) ●

n(mol)の理想気体の作業物質が，右図のような 3 つの状態 A, B, C を A→B→C→A の順に 1 周する循環過程がある。具体的には，

(ⅰ) A→B：$pV^{\gamma}=$(一定) の断熱変化

(ⅱ) B→C：$p=\frac{1}{2}p_A$ の定圧過程

(ⅲ) C→A：$V=V_A$ の定積過程である。

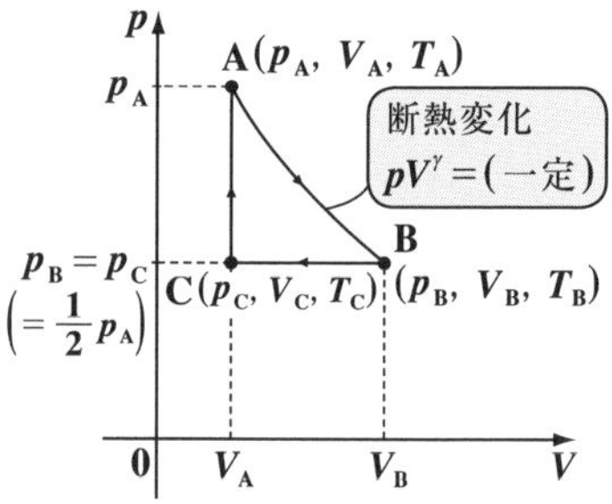

(ⅰ) A→B, (ⅱ) B→C, (ⅲ) C→A におけるエントロピーの変化分を順に $\Delta S_{A\to B}$, $\Delta S_{B\to C}$, $\Delta S_{C\to A}$ とおく。次の各問いに答えよ。

(1) V_B を V_A で表せ。

(2) $\Delta S_{A\to B}$, $\Delta S_{B\to C}$, $\Delta S_{C\to A}$ を，n と定積モル比熱 C_V で表せ。
また，$\Delta S=\Delta S_{A\to B}+\Delta S_{B\to C}+\Delta S_{C\to A}$ を求めよ。

ヒント！ (1) $pV^{\gamma}=$(一定) より，$p_AV_A^{\gamma}=p_BV_B^{\gamma}$ から，V_B を求めよう。(2)(ⅰ) A→B は断熱変化なので，$\Delta S_{A\to B}=0$ であることはすぐに分かる。他は，公式：$S=nC_V\log pV^{\gamma}+\alpha_2$ を利用して求めよう。そして，$\Delta S=0$ となることを，確認しよう。

解答&解説

(1) (ⅰ) A→B は断熱変化より，

ポアソンの関係式 $pV^{\gamma}=$(一定)

$A(p_A,\ V_A)\to B\left(\frac{1}{2}p_A,\ V_B\right)$ から，$\cancel{p_A}\cdot V_A^{\gamma}=\frac{1}{2}\cancel{p_A}\cdot V_B^{\gamma}$

$V_B^{\gamma}=2V_A^{\gamma}$ $\therefore V_B=(2V_A^{\gamma})^{\frac{1}{\gamma}}=2^{\frac{1}{\gamma}}\cdot V_A$ ……① となる。…………(答)

(2) (ⅰ) A→B は断熱変化なので，

エントロピーは変化しない。$\therefore \Delta S_{A\to B}=0$ ……② である。……(答)

参考

実際に計算すると，$\Delta S_{A\to B}=nC_V\log \underbrace{p_BV_B^{\gamma}}_{=p_AV_A^{\gamma}}-nC_V\log p_AV_A^{\gamma}=0$ となる。

$p_AV_A^{\gamma}$ ← $pV^{\gamma}=$(一定) より

(ii) **B→C**：定圧過程において，①より，

$B\left(\frac{1}{2}p_A,\ 2^{\frac{1}{\gamma}}V_A\right) \to C\left(\frac{1}{2}p_A,\ V_A\right)$ となる。

公式：
$S = nC_V \log pV^{\gamma} + \alpha_2$

このときのエントロピーの変化分 $\Delta S_{B\to C}$ は，

$$\Delta S_{B\to C} = nC_V \log \frac{1}{2}p_A V_A{}^{\gamma} - nC_V \log \frac{1}{2}p_A\left(2^{\frac{1}{\gamma}}V_A\right)^{\gamma}$$

$$= nC_V\left(\log \frac{1}{2}p_A V_A{}^{\gamma} - \log \frac{1}{2}p_A 2 V_A{}^{\gamma}\right)$$

$$= nC_V \log \frac{\frac{1}{2}p_A V_A{}^{\gamma}}{p_A V_A{}^{\gamma}} = nC_V \log 2^{-1}$$

$= -nC_V \log 2$ ……③ である。 ……………………………………(答)

(iii) **C→A**：定積変化において，

$C\left(\frac{1}{2}p_A,\ V_A\right) \to A(p_A,\ V_A)$ となる。

このときのエントロピーの変化分 $\Delta S_{C\to A}$ は，

$$\Delta S_{C\to A} = nC_V \log p_A V_A{}^{\gamma} - nC_V \log \frac{1}{2}p_A V_A{}^{\gamma}$$

$$= nC_V \log \frac{p_A V_A{}^{\gamma}}{\frac{1}{2}p_A V_A{}^{\gamma}} = nC_V \log \frac{1}{\frac{1}{2}}$$

$= nC_V \log 2$ ……④ である。 ……………………………………(答)

以上②，③，④の総和をとって，この循環過程の **1** サイクルでのエントロピーの変化分 ΔS を求めると，

$$\Delta S = \Delta S_{A\to B} + \Delta S_{B\to C} + \Delta S_{C\to A}$$

$= 0 - nC_V \log 2 + nC_V \log 2 = 0$ となる。 ……………………………………(答)

演習問題 63 ● 循環過程とエントロピーの変化(Ⅲ) ●

2(mol) の理想気体の作業物質が，右図のような **3** つの状態 **A, B, C** を **A→B→C→A** の順に **1** 周する循環過程がある。具体的には，

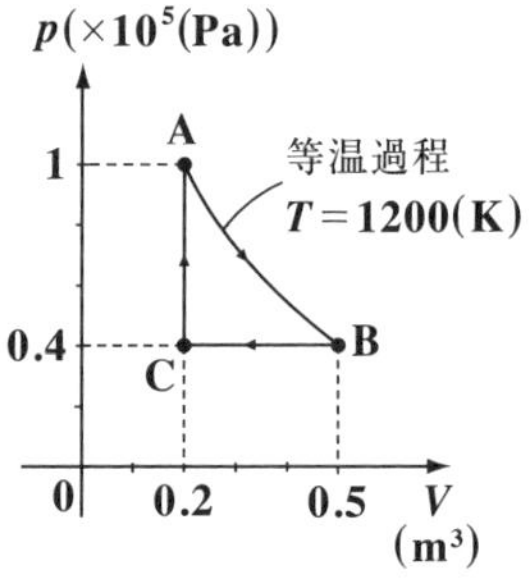

(ⅰ) **A→B** : $T = 1200$**(K)** の等温過程

(ⅱ) **B→C** : $p = 0.4\times10^5$**(Pa)** の定圧過程

(ⅲ) **C→A** : $V = 0.2$**(m³)** の定積過程

である。(ⅰ) **A→B**，(ⅱ) **B→C**，(ⅲ) **C→A** におけるエントロピーの変化分を順に $\Delta S_{A\to B}$，$\Delta S_{B\to C}$，$\Delta S_{C\to A}$ とする。次の各問いに答えよ。

(1) $\Delta S_{A\to B}$，$\Delta S_{B\to C}$，$\Delta S_{C\to A}$ を，定積モル比熱 C_V や気体定数 R，定圧モル比熱 C_p で表せ。自然対数もそのままでよい。

(2) $\Delta S = \Delta S_{A\to B} + \Delta S_{B\to C} + \Delta S_{C\to A}$ を求めよ。

ヒント! エントロピーの計算公式：$S = nC_V\log TV^{\gamma-1}+\alpha_1$ と $S = nC_V\log pV^{\gamma}+\alpha_2$ を用いて解いていこう。**(2)** では，$\Delta S = 0$ となるはずだね。

解答&解説

(1) (ⅰ) **A→B** は，$T = 1200$**(K)** の等温過程より，

$$A(T_A = 1200(K),\ V_A = 0.2(m^3)) \to B(T_A = 1200(K),\ V_B = 0.5(m^3))$$

このときのエントロピーの変化分 $\Delta S_{A\to B}$ は，

公式：$S = nC_V\log TV^{\gamma-1}+\alpha_1$

$$\Delta S_{A\to B} = nC_V\log T_A V_B^{\gamma-1} - nC_V\log T_A V_A^{\gamma-1}$$

$$= nC_V\log\frac{T_A V_B^{\gamma-1}}{T_A V_A^{\gamma-1}} = nC_V\log\left(\frac{V_B}{V_A}\right)^{\gamma-1}$$

$$= \underset{2}{n}\,\underset{C_p - C_V = R}{C_V(\gamma-1)}\cdot\log\frac{0.5}{0.2} = 2R\log\frac{5}{2} \quad \cdots\cdots①$$ である。……(答)

(ⅱ) **B→C** は，$p = 0.4\times10^5$**(Pa)** の定圧過程より，

$B(p_B = 0.4\times10^5(Pa),\ V_B = 0.5(m^3)) \to C(p_B = 0.4\times10^5(Pa),\ V_C = 0.2(m^3))$ となる。

このときのエントロピーの変化分 $\Delta S_{B\to C}$ は，

公式：
$S = nC_V\log pV^\gamma + \alpha_2$

$$\Delta S_{B\to C} = nC_V\log p_BV_C{}^\gamma - nC_V\log p_BV_B{}^\gamma$$

$$= nC_V\log\frac{p_BV_C{}^\gamma}{p_BV_B{}^\gamma} = nC_V\log\left(\frac{V_C}{V_B}\right)^{\gamma}$$

$$= nC_V\gamma\log\frac{0.2}{0.5} = nC_p\log\left(\frac{5}{2}\right)^{-1}$$

($n = 2$)

$C_V \times \dfrac{C_p}{C_V} = C_p$

$$= -2C_p\log\frac{5}{2} \quad \cdots\cdots②$$ である。 ……………………………(答)

(iii) C→A は，$V = 0.2(\mathrm{m}^3)$ の定積過程より，

$\mathrm{C}(p_C = 0.4\times10^5(\mathrm{Pa}),\ V_A = 0.2(\mathrm{m}^3)) \to \mathrm{A}(p_A = 10^5(\mathrm{Pa}),\ V_A = 0.2(\mathrm{m}^3))$

となる。このときのエントロピーの変化分 $\Delta S_{C\to A}$ は，

$$\Delta S_{C\to A} = nC_V\log p_AV_A{}^\gamma - nC_V\log p_CV_A{}^\gamma$$

$$= nC_V\log\frac{p_AV_A{}^\gamma}{p_CV_A{}^\gamma} = nC_V\log\frac{10^5}{0.4\times10^5}$$

$$= nC_V\log\frac{1}{\frac{2}{5}} = 2C_V\log\frac{5}{2} \quad \cdots\cdots③$$ である。 …………(答)

($n = 2$)

(2) (1) の結果より，①＋②＋③により，この循環過程が1周したときのエントロピーの変化分 ΔS は，

$$\Delta S = \Delta S_{A\to B} + \Delta S_{B\to C} + \Delta S_{C\to A}$$

$$= 2R\log\frac{5}{2} - 2C_p\log\frac{5}{2} + 2C_V\log\frac{5}{2}$$

$$= 2(R - C_p + C_V)\cdot\log\frac{5}{2} = 0$$ である。 ……………………………(答)

$\underbrace{C_V + R}_{C_p} - C_p = C_p - C_p = 0$ ← マイヤーの関係式 $C_p = C_V + R$

演習問題 64 ● 循環過程とエントロピーの変化 (Ⅳ) ●

100(mol) の単原子分子の理想気体の作業物質が，右図のような **3** つの状態 **A, B, C** を **A→B→C→A** の順に **1** 周する循環過程がある。具体的には，

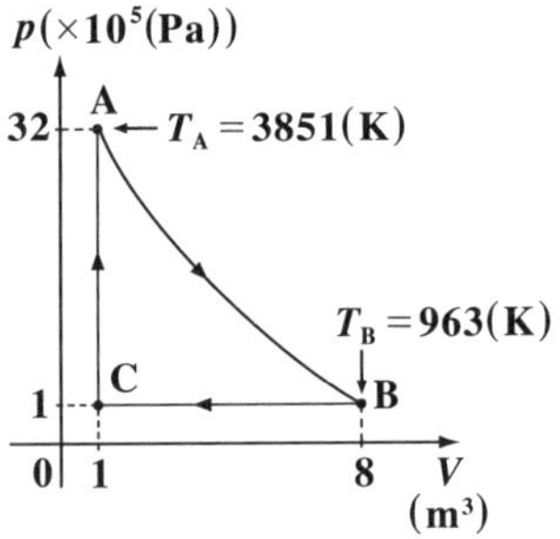

(ⅰ) **A→B**：断熱変化

(ⅱ) **B→C**：$p = 10^5$ **(Pa)** の定圧過程

(ⅲ) **C→A**：$V = 1$ **(m³)** の定積過程

である。(ⅰ) **A→B**, (ⅱ) **B→C**, (ⅲ) **C→A** におけるエントロピーの変化分を順に $\Delta S_{A\to B}$，$\Delta S_{B\to C}$，$\Delta S_{C\to A}$ とする。次の問いに答えよ。

(1) $\Delta S_{A\to B}$，$\Delta S_{B\to C}$，$\Delta S_{C\to A}$ を気体定数 R で表せ。自然対数はそのままでよい。

(2) $\Delta S = \Delta S_{A\to B} + \Delta S_{B\to C} + \Delta S_{C\to A}$ を求めよ。

ヒント！ **(1) A→B** は断熱変化なので，$\Delta S_{A\to B} = 0$ であることはすぐに分かる。他は，公式：$S = nC_V \log pV^\gamma + \alpha_2$ を用いて計算しよう。**(2)** は，この **1** サイクルのエントロピーの変化分なので，当然 $\Delta S = 0$ となるはずだね。

解答＆解説

(1) (ⅰ) **A→B** は断熱変化より，明らかに，

$\Delta S_{A\to B} = \underset{\sim}{0}$ ……① である。…………………………………………(答)

参考

$A(p_A, V_A) \to B(p_B, V_B)$ とすると，断熱変化より，ポアソンの関係式から，$p_A V_A{}^\gamma = p_B V_B{}^\gamma$ が成り立つ。よって，この過程でのエントロピーの変化分 $\Delta S_{A\to B}$ は，

$\Delta S_{A\to B} = nC_V \log \underbrace{p_B V_B{}^\gamma}_{p_A V_A{}^\gamma} - nC_V \log p_A V_A{}^\gamma = 0$ となることが分かる。

(ⅱ) $\mathbf{B \to C}$ は $p = 10^5(\mathrm{Pa})$ の定圧過程より，

$\mathbf{B}(p_\mathrm{B} = 10^5(\mathrm{Pa}),\ V_\mathrm{B} = 8(\mathrm{m^3})) \to \mathbf{C}(p_\mathrm{B} = 10^5(\mathrm{Pa}),\ V_\mathrm{C} = 1(\mathrm{m^3}))$ となる。

よって，このときのエントロピーの変化分 $\Delta S_{\mathrm{B}\to\mathrm{C}}$ は，

公式：$S = nC_V \log pV^\gamma + \alpha_2$

$$\Delta S_{\mathrm{B}\to\mathrm{C}} = nC_V \log p_\mathrm{B} V_\mathrm{C}{}^\gamma - nC_V \log p_\mathrm{B} V_\mathrm{B}{}^\gamma$$

$$= \underbrace{n}_{100} C_V \log \frac{p_\mathrm{B} V_\mathrm{C}{}^\gamma}{p_\mathrm{B} V_\mathrm{B}{}^\gamma} = 100\, C_V \log \left(\frac{1}{8}\right)^{\gamma} = 100\, \underbrace{C_V \gamma}\, \log 2^{-3}$$

$C_V \times \dfrac{C_p}{C_V} = C_p = \dfrac{5}{2}R$ ← 単原子分子の理想気体

$$= -300 \times \frac{5}{2} R \log 2 = \underline{-750 R \log 2}$$ ……② である。……(答)

(ⅲ) $\mathbf{C \to A}$ は $V = 1(\mathrm{m^3})$ の定積過程により，

$\mathbf{C}(p_\mathrm{C} = 10^5(\mathrm{Pa}), V_\mathrm{A} = 1(\mathrm{m^3})) \to \mathbf{A}(p_\mathrm{A} = 32 \times 10^5(\mathrm{Pa}), V_\mathrm{A} = 1(\mathrm{m^3}))$ となる。

よって，このときのエントロピーの変化分 $\Delta S_{\mathrm{C}\to\mathrm{A}}$ は，

$$\Delta S_{\mathrm{C}\to\mathrm{A}} = nC_V \log p_\mathrm{A} V_\mathrm{A}{}^\gamma - nC_V \log p_\mathrm{C} V_\mathrm{A}{}^\gamma$$

$$= \underbrace{n}_{100} \underbrace{C_V}_{\frac{3}{2}R} \log \frac{p_\mathrm{A} V_\mathrm{A}{}^\gamma}{p_\mathrm{C} V_\mathrm{A}{}^\gamma} = 100 \times \frac{3}{2} R \cdot \log \frac{32 \times 10^5}{10^5} = 150 R \log 2^{5}$$

単原子分子理想気体より

$$= \underline{750 R \log 2}$$ ……③ である。……………………………(答)

(2) (1) の結果から，①＋②＋③により，この循環過程が 1 周したときのエントロピーの変化分 ΔS は，

$$\Delta S = \underline{\Delta S_{\mathrm{A}\to\mathrm{B}}} + \underline{\Delta S_{\mathrm{B}\to\mathrm{C}}} + \underline{\Delta S_{\mathrm{C}\to\mathrm{A}}}$$

$$= \underline{0} \ \underline{- 750 R \log 2} + \underline{750 R \log 2} = 0$$ である。……………………………(答)

演習問題 65 ● 循環過程とエントロピーの変化 (V) ●

100(mol) の多原子分子の理想気体の作業物質が，右図のような **4** つの状態 **A, B, C, D** を **A→B→C→D→A** の順に **1** 周する循環過程がある。

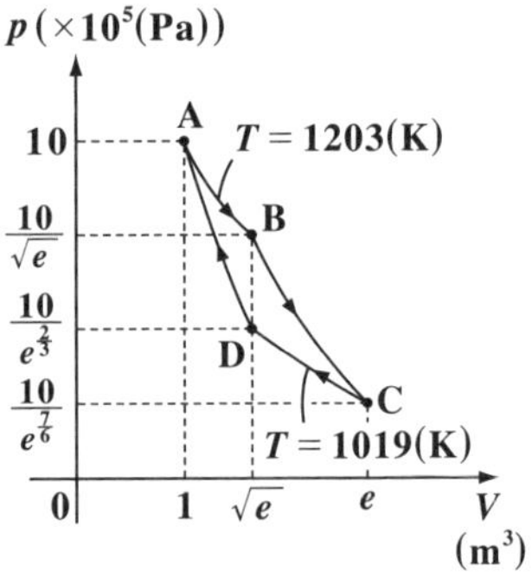

具体的には，

(i) **A→B**：$T=1203(\mathrm{K})$ の等温過程

(ii) **B→C**：断熱変化

(iii) **C→D**：$T=1019(\mathrm{K})$ の等温過程

(iv) **D→A**：断熱変化　　である。

(i) **A→B**, (ii) **B→C**, (iii) **C→D**, (iv) **D→A** におけるエントロピーの変化分を順に $\Delta S_{\mathrm{A\to B}}$，$\Delta S_{\mathrm{B\to C}}$，$\Delta S_{\mathrm{C\to D}}$，$\Delta S_{\mathrm{D\to A}}$ とする。次の問いに答えよ。

(1) $\Delta S_{\mathrm{A\to B}}$，$\Delta S_{\mathrm{B\to C}}$，$\Delta S_{\mathrm{C\to D}}$，$\Delta S_{\mathrm{D\to A}}$ を，気体定数 R で表せ。

(2) $\Delta S=\Delta S_{\mathrm{A\to B}}+\Delta S_{\mathrm{B\to C}}+\Delta S_{\mathrm{C\to D}}+\Delta S_{\mathrm{D\to A}}$ を求めよ。

ヒント！ このカルノー・サイクルの設定条件は演習 **47(P112)** のものと同じだね。今回はこの **4** つの過程のエントロピーの変化分を，公式：$S=nC_V\log pV^{\gamma}+\alpha_2$ を利用して求めよう。(i) と (iii) の等温過程では $S=nC_V\log TV^{\gamma-1}+\alpha_1$ を用いても求まる。頑張ろう。

解答＆解説

(1) (i) **A→B** は，$T=1203(\mathrm{K})$ の等温過程で，

$\mathrm{A}\left(p_{\mathrm{A}}=10^6(\mathrm{Pa}),\ V_{\mathrm{A}}=1(\mathrm{m}^3)\right)\to\mathrm{B}\left(p_{\mathrm{B}}=\dfrac{10^6}{\sqrt{e}}(\mathrm{Pa}),\ V_{\mathrm{B}}=\sqrt{e}\,(\mathrm{m}^3)\right)$ である。よって，このときのエントロピーの変化分 $\Delta S_{\mathrm{A\to B}}$ は，

$$\Delta S_{\mathrm{A\to B}}=\underbrace{n}_{100}C_V\log\underbrace{p_{\mathrm{B}}V_{\mathrm{B}}^{\gamma}}_{\frac{10^6}{\sqrt{e}}\cdot(\sqrt{e})^{\gamma}}-\underbrace{n}_{100}C_V\log\underbrace{p_{\mathrm{A}}V_{\mathrm{A}}^{\gamma}}_{10^6\cdot 1^{\gamma}}$$

公式：$S=nC_V\log pV^{\gamma}+\alpha_2$

$$=100\,C_V\left(\log\frac{10^6}{\sqrt{e}}\left(\sqrt{e}\right)^{\gamma}-\log 10^6\right)$$

$$=100\,C_V\log\frac{\cancel{10^6}\left(\sqrt{e}\right)^{\gamma-1}}{\cancel{10^6}}=100\,C_V\log e^{\frac{\gamma-1}{2}}$$ より，

$\Delta S_{A\to B} = 50\underbrace{C_V(\gamma-1)}_{C_V\left(\frac{C_p}{C_V}-1\right)=C_p-C_V=R}\underbrace{\log e}_{1} = 50R$ ………① である。…………(答)

(ⅱ) B→C は，断熱変化より，

$\Delta S_{B\to C} = 0$ ……………………………………② である。 …………(答)

(ⅲ) C→D は，$T = 1019(K)$ の等温過程で，

$C\left(p_C = \frac{10^6}{e^{\frac{7}{6}}}(Pa),\ V_C = e(m^3)\right) \to D\left(p_D = \frac{10^6}{e^{\frac{2}{3}}}(Pa),\ V_D = \sqrt{e}\,(m^3)\right)$ である。

$$\Delta S_{C\to D} = \underbrace{n}_{100}C_V\log\underbrace{p_D V_D{}^{\gamma}}_{\frac{10^6}{e^{\frac{2}{3}}}\cdot(\sqrt{e})^{\gamma}} - \underbrace{n}_{100}C_V\log\underbrace{p_C V_C{}^{\gamma}}_{\frac{10^6}{e^{\frac{7}{6}}}\times e^{\gamma}}$$

公式：
$S = nC_V\log pV^{\gamma} + \alpha_2$

$$= 100C_V\left(\log\frac{10^6}{e^{\frac{2}{3}}}e^{\frac{\gamma}{2}} - \log\frac{10^6}{e^{\frac{7}{6}}}e^{\gamma}\right)$$

$$= 100C_V\log\left(\frac{10^6}{e^{\frac{2}{3}}}e^{\frac{\gamma}{2}} \times \frac{e^{\frac{7}{6}}}{10^6 e^{\gamma}}\right) = 100C_V\log e^{\frac{1-\gamma}{2}}$$

$e^{\frac{7}{6}-\frac{2}{3}} \times e^{\frac{\gamma}{2}-\gamma} = e^{\frac{1}{2}-\frac{\gamma}{2}} = e^{\frac{1-\gamma}{2}}$

$= 50\underbrace{C_V(1-\gamma)}_{C_V\left(1-\frac{C_p}{C_V}\right)=C_V-C_p=-R}\underbrace{\log e}_{1} = -50R$ ……③ である。 …………(答)

(ⅳ) D→A は，断熱変化より，

$\Delta S_{D\to A} = 0$ ……………………………………④ である。 …………(答)

(2)(1) の結果から，①＋②＋③＋④により，このカルノー・サイクルが 1 周したときのエントロピーの変化分 ΔS は，

$\Delta S = \Delta S_{A\to B} + \Delta S_{B\to C} + \Delta S_{C\to D} + \Delta S_{D\to A}$

$= 50R + 0 - 50R + 0 = 0$ である。 ……………………………………(答)

演習問題 66　●エントロピー増大の法則（Ⅰ）●

次の各問いに答えよ。

(1) 図（i）に示すように，断熱材で囲まれた **0.5(m³)** の容器を仕切りで，**0.2(m³)** と **0.3(m³)** に分割し，**0.2(m³)** の方にのみ温度 $T_1 = 300(\mathrm{K})$，$n = 10(\mathrm{mol})$ の理想気体を入れ，**0.3(m³)** の方は真空にしておく。この状態を **A** とする。

図（i）状態 A

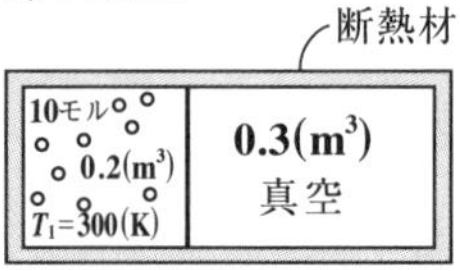

次に，図（ii）に示すように仕切りに穴をあけると，気体は自由膨張して，**0.5(m³)** の容器全体を一杯に満たした。この状態を **B** とする。

図（ii）状態 B

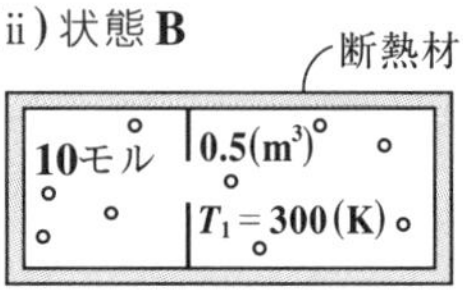

このとき，状態 **A** から状態 **B** への変化におけるエントロピーの変化分 $\Delta S_{A \to B}$ を，有効数字 **3** 桁で求めよ。

(2) 図（iii）に示すように断熱材で囲まれた **0.09(m³)** の容器を仕切りで **0.06(m³)** と **0.03(m³)** に分割し，**0.06(m³)** の方にのみ温度 $T_2 = 400(\mathrm{K})$，$n = 5(\mathrm{mol})$ の理想気体を入れ，**0.03(m³)** の方は真空にしておく。この状態を **C** とする。

図（iii）状態 C

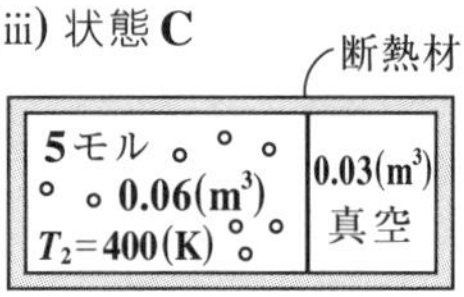

次に，図（iv）に示すように仕切りに穴をあけると，気体は自由膨張して，**0.09(m³)** の容器全体を一杯に満たした。この状態を **D** とする。

図（iv）状態 D

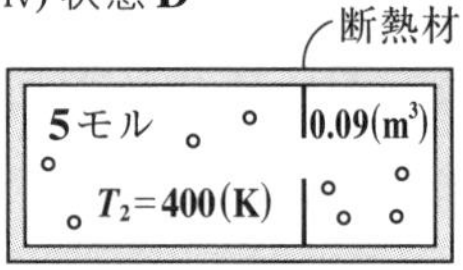

このとき，状態 **C** から状態 **D** への変化におけるエントロピーの変化分 $\Delta S_{C \to D}$ を，有効数字 **3** 桁で求めよ。

ヒント！ **(1)**, **(2)** 共に，断熱された孤立系において，容器の片方の部分にのみ封入され，束縛状態にあった理想気体が，仕切りに穴をあけることにより自由膨張して容器全体を一杯に満たすようになる。この過程は不可逆過程である。このとき，エントロピーは必ず増大する。このことを実際に計算して確かめてみよう。

解答&解説

(1) 温度 $T_1 = 300\,(\mathrm{K})$, $n = 10\,(\mathrm{mol})$ の理想気体が $0.5\,(\mathrm{m^3})$ の断熱された容器の内，仕切りにより仕切られた $0.2\,(\mathrm{m^3})$ の方の部分にのみ封入されている。この状態 A から，仕切りに穴をあけると気体は，初めその穴から噴出するが，抵抗を受けることなく自由膨張するのでこの気体は何ら仕事をしない。したがって，$Q = 0$, $W = 0$ より，熱力学第1法則から，$\underbrace{\Delta U}_{nC_V\Delta T} = Q - W = 0$ となるので，温度変化 ΔT も $\Delta T = 0$ となる。よって，

この気体が，容器全体を一杯に満たす状態 B になっても，温度は $T_1 = 300\,(\mathrm{K})$ のままである。よって，

A→B への変化は，不可逆過程であり，$n = 10\,(\mathrm{mol})$ の理想気体は，次のように変化する。

$$\mathrm{A}(V_\mathrm{A} = 0.2\,(\mathrm{m^3}),\ T_\mathrm{A} = 300\,(\mathrm{K})) \to \mathrm{B}(V_\mathrm{B} = 0.5\,(\mathrm{m^3}),\ T_\mathrm{B} = 300\,(\mathrm{K}))$$

よって，この過程によるエントロピーの変化分 $\Delta S_{\mathrm{A}\to\mathrm{B}}$ は，

$$\Delta S_{\mathrm{A}\to\mathrm{B}} = nC_V\log T_\mathrm{B}V_\mathrm{B}{}^{\gamma-1} - nC_V\log T_\mathrm{A}V_\mathrm{A}{}^{\gamma-1}$$

公式：$S = nC_V\log TV^{\gamma-1} + \alpha_1$

$$= \underbrace{n}_{10}C_V(\log \underbrace{T_\mathrm{B}V_\mathrm{B}{}^{\gamma-1}}_{300\times0.5^{\gamma-1}} - \log \underbrace{T_\mathrm{A}V_\mathrm{A}{}^{\gamma-1}}_{300\times0.2^{\gamma-1}})$$

$$= 10\,C_V\log\frac{300\times0.5^{\gamma-1}}{300\times0.2^{\gamma-1}} = 10\,C_V\log\left(\frac{5}{2}\right)^{\gamma-1}$$

$$= 10\underbrace{C_V(\gamma-1)}_{C_V\left(\frac{C_p}{C_V}-1\right) = C_p - C_V = R}\log\frac{5}{2} = 10\times R\log\frac{5}{2}$$

マイヤーの関係式：$C_p = C_V + R$

$$= 10\times8.31\times\underbrace{\log\frac{5}{2}}_{0.9162\cdots} = 76.14\cdots$$

$\therefore\ \Delta S_{\mathrm{A}\to\mathrm{B}} \fallingdotseq 7.61\times10\,(\mathrm{J/K})$ となって，エントロピーが増大することが分かった。……………………………………………………(答)

(2) 温度 $T_2 = 400$(K)，$n = 5$(mol) の理想気体が，図(iii) に示すように，$0.09(m^3)$ の断熱された容器の内，仕切りに仕切られた $0.06(m^3)$ の方の部分にのみ封入されている。この状態 **C** から，仕切りに穴をあけると，気体は，初め穴から噴出して，自由膨張し，その容器全体を一杯に満たして，状態 **D** となる。この不可逆過程において，$Q = 0$，$W = 0$ より，$\Delta U = 0$ となって気体の温度は変化しない。よって，**C→D** への不可逆変化において，$n = 5$(mol) の理想気体は，次のように変化する。

図 (iii) 状態 **C**

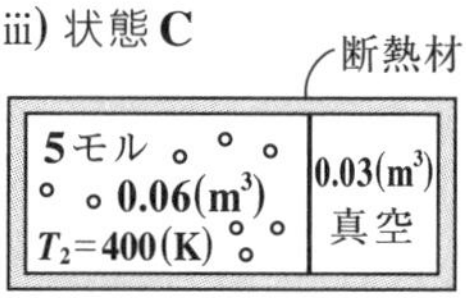

図 (iv) 状態 **D**

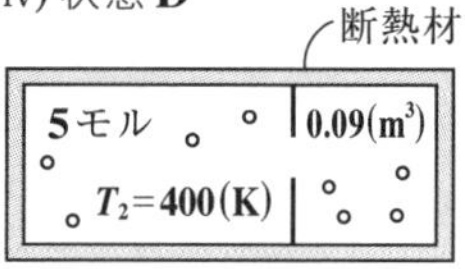

$C(V_C = 0.06(m^3),\ T_C = 400(K)) \rightarrow D(V_D = 0.09(m^3),\ T_D = 400(K))$

よって，この過程によるエントロピーの変化分 $\Delta S_{C\to D}$ は，

$$\Delta S_{C\to D} = nC_V \log T_D V_D^{\gamma-1} - nC_V \log T_C V_C^{\gamma-1}$$

公式：
$S = nC_V \log TV^{\gamma-1} + \alpha_1$

$$= nC_V \log \frac{T_D V_D^{\gamma-1}}{T_C V_C^{\gamma-1}} = \underbrace{n}_{5} C_V \log \frac{\cancel{400} \times 0.09^{\gamma-1}}{\cancel{400} \times 0.06^{\gamma-1}}$$

$$= 5 \cdot C_V \cdot \log\left(\frac{3}{2}\right)^{\gamma-1} = 5 \cdot \underbrace{C_V(\gamma - 1)}_{C_p - C_V = R} \cdot \log \frac{3}{2}$$

$$= 5 \times 8.31 \times \underbrace{\log \frac{3}{2}}_{0.4054\cdots} = 16.8470\cdots$$

$\therefore\ \Delta S_{C\to D} \fallingdotseq 1.68 \times 10$ (J/K) となって，エントロピーが増大することが分かった。…………………………………………………………(答)

演習問題 67　●エントロピー増大の法則 (II)●

図(i)に示すように，断熱材で囲まれた $0.5(m^3)$ の容器を，熱をよく通す仕切りで，$0.2(m^3)$ と $0.3(m^3)$ の 2 つの部分に分割し，$0.2(m^3)$ の方には温度 $T_2 = 500(K)$ で $3(mol)$ の単原子分子理想気体を入れ，$0.3(m^3)$ の方には温度 $T_0 = 300(K)$ で $2(mol)$ の同じ単原子分子理想気体を入れた。これらの気体を入れた瞬間を状態 A とする。

図(i) 状態 A

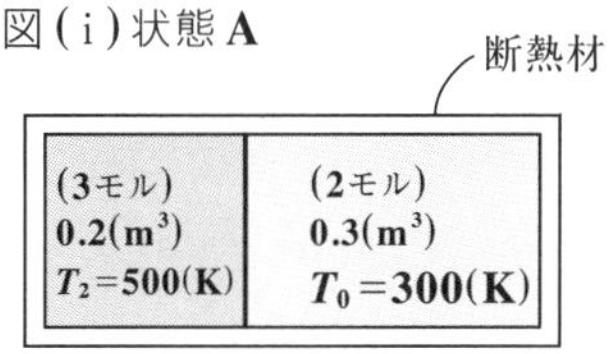

図(ii) 状態 B

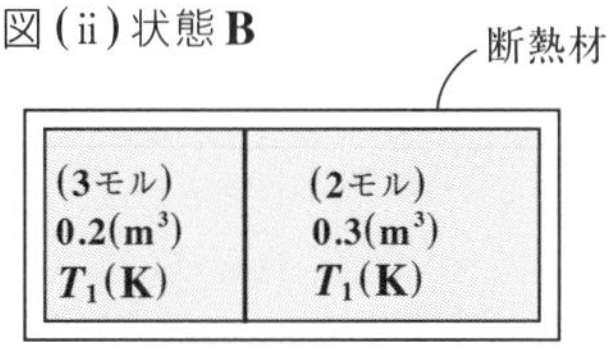

次に，仕切りを通して，高温から低温の気体に熱が移動し，やがて 2 つの気体の温度は一定の $T_1(K)$ になった。この熱平衡状態を状態 B とする。このとき，次の各問いに答えよ。

(1) 状態 B の温度 $T_1(K)$ を求めよ。

(2) A から B への不可逆過程におけるエントロピーの変化分 $\Delta S_{A\to B}$ を有効数字 3 桁で求めよ。

ヒント！ (1) 断熱された孤立系で，熱の出入りはなく，また 2 つの部分に入っている気体の体積も変化しない。よって，状態 A の内部エネルギー：$3C_VT_2 + 2C_VT_0$ と，状態 B の内部エネルギー：$5C_VT_1$ とは等しい。これから T_1 を求めよう。(2) エントロピー S は，示量変数なので，A→B の不可逆過程におけるエントロピーの変化分 $\Delta S_{A\to B}$ は，$0.2(m^3)$ の方の変化分と，$0.3(m^3)$ の方の変化分にそれぞれ分けて計算し，これらの和をとることにより，求めることができるんだね。

解答＆解説

(1) A→B の変化は，仕切りを通して熱が流出・入するので，初め 2 つの部分の気体には渦などの乱れが生じるはずである。よって，この過程は不可逆過程である。しかし，A→B の変化は断熱された孤立系であり，外部からこの系への熱の出入りはない。よって，$Q = 0$ である。また，それぞれの部分の気体に体積の変化もないので，仕事 $W = 0$ である。これから A と B とで，内部エネルギーは保存されるので，

状態 **A** と **B** における内部エネルギーをそれぞれ U_A, U_B とおくと

$U_A = U_B$，すなわち，

$$3\cdot \cancel{C_V}\cdot \underbrace{T_2}_{500} + 2\cdot \cancel{C_V}\cdot \underbrace{T_0}_{300} = 5\cdot \cancel{C_V}\cdot T_1$$ となる。両辺を $5C_V$ で割ると，

$$T_1 = \frac{3\times500+2\times300}{5} = \frac{2100}{5} = 420(\mathrm{K})$$ である。……………………(答)

(2) エントロピー S は示量変数なので，右図に示すように，

(Ⅰ) 容積 $0.2(\mathrm{m}^3)$ の方の $3(\mathrm{mol})$ の気体の $T_2 \to T_1$ の過程におけるエントロピーの変化分を $\Delta S_{\mathrm{I\,A\to B}}$ とおき，

(Ⅱ) 容積 $0.3(\mathrm{m}^3)$ の方の $2(\mathrm{mol})$ の気体の $T_0 \to T_1$ の過程におけるエントロピーの変化分を $\Delta S_{\mathrm{II\,A\to B}}$ とおいて，これらの総和として，

$\Delta S_{A\to B} = \Delta S_{\mathrm{I\,A\to B}} + \Delta S_{\mathrm{II\,A\to B}}$ ……① を求める。

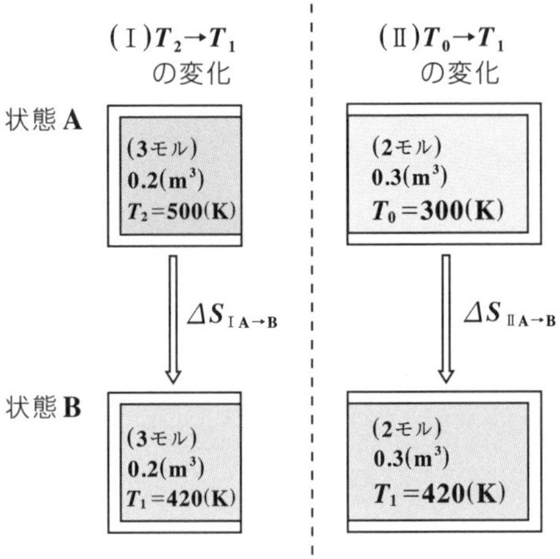

(Ⅰ) $T_2 \to T_1$ の過程において，

$n = 3(\mathrm{mol})$ の単原子分子理想気体は次のように変化する。

$\mathrm{A_I}(T_2 = 500(\mathrm{K}),\ V_{\mathrm{AI}} = 0.2(\mathrm{m}^3)) \to \mathrm{B_I}(T_1 = 420(\mathrm{K}),\ V_{\mathrm{AI}} = 0.2(\mathrm{m}^3))$

よって，この過程によるエントロピーの変化分 $\Delta S_{\mathrm{I\,A\to B}}$ は，

$$\Delta S_{\mathrm{I\,A\to B}} = nC_V\log \underbrace{T_1}_{420}\cdot \underbrace{V_{\mathrm{AI}}{}^{\gamma-1}}_{0.2^{\gamma-1}} - nC_V\log \underbrace{T_2}_{500}\cdot \underbrace{V_{\mathrm{AI}}{}^{\gamma-1}}_{0.2^{\gamma-1}}$$

$$= \underbrace{n}_{3}\,\underbrace{C_V}_{\frac{3}{2}R}\log\frac{420\times\cancel{0.2^{\gamma-1}}}{500\times\cancel{0.2^{\gamma-1}}} = \frac{9}{2}R\cdot\log\frac{21}{25}$$

$\frac{3}{2}R$ ← 単原子分子理想気体

$$= -6.5199\cdots \fallingdotseq -6.520(\mathrm{J/K})$$ ……② となる。

(Ⅱ) $T_0 \to T_1$ の過程において，

$n' = 2$(mol) の単原子分子理想気体は次のように変化する。

$A_{\text{Ⅱ}}(T_0 = 300(\text{K}),\ V_{A\text{Ⅱ}} = 0.3(\text{m}^3)) \to B_{\text{Ⅱ}}(T_1 = 420(\text{K}),\ V_{A\text{Ⅱ}} = 0.3(\text{m}^3))$

よって，この過程におけるエントロピーの変化分 $\Delta S_{\text{Ⅱ}A\to B}$ は，

$$\Delta S_{\text{Ⅱ}A\to B} = n'C_V \log \underbrace{T_1}_{420} \cdot \underbrace{V_{A\text{Ⅱ}}{}^{\gamma-1}}_{0.3^{\gamma-1}} - n'C_V \log \underbrace{T_0}_{300} \cdot \underbrace{V_{A\text{Ⅱ}}{}^{\gamma-1}}_{0.3^{\gamma-1}}$$

$$= \underbrace{n'}_{2}\underbrace{C_V}_{\frac{3}{2}R} \log \frac{420 \times \cancel{0.3^{\gamma-1}}}{300 \times \cancel{0.3^{\gamma-1}}} = 3R \cdot \log \frac{7}{5}$$

$$= 8.3882 \cdots \fallingdotseq 8.388(\text{J/K}) \cdots\cdots ③$$ となる。

以上 (Ⅰ)(Ⅱ) より，②と③を①に代入して，A→B の不可逆過程における

エントロピーの変化分 $\Delta S_{A\to B}$ は，

$\Delta S_{A\to B} = \Delta S_{\text{Ⅰ}A\to B} + \Delta S_{\text{Ⅱ}A\to B} \fallingdotseq -6.520 + 8.388$

$= 1.868 \fallingdotseq 1.87(\text{J/K})$ となって，エントロピーが増大することが分

かった。……………………………………………………………………(答)

講義 Lecture 6 熱力学的関係式 methods & formulae

§1. U と H の熱力学的関係式

これまで解説した，圧力 p，体積 V，温度 T，内部エネルギー U，エンタルピー H，エントロピー S の 6 つの状態量は，次のように，示量変数と示強変数に分類される。

- ・示量変数：S，V，U，H ←（物質の量に比例する状態量）
- ・示強変数：p，T ←（物質の量とは無関係な状態量）

ここで，微分形式の熱力学第 1 法則とエントロピーの定義を示すと，

$$\begin{cases} d'Q = dU + pdV \quad \cdots\cdots(*1) & \leftarrow \text{熱力学第 1 法則} \\ dS = \dfrac{d'Q}{T} \quad \cdots\cdots\cdots\cdots\cdots(*2) & \leftarrow \text{エントロピーの定義式} \end{cases}$$

となる。

$(*1)$, $(*2)$ より，

$$\underbrace{dU}_{(\text{示量})} = \underbrace{T}_{(\text{示強})}\,\underbrace{dS}_{(\text{示量})} - \underbrace{p}_{(\text{示強})}\,\underbrace{dV}_{(\text{示量})} \quad \cdots\cdots(*3)$$

が導ける。（$T = \left(\dfrac{\partial U}{\partial S}\right)_V$，$p$ ↔ $\left(\dfrac{\partial U}{\partial V}\right)_S$）

$(*3)$ は差分表示で，$\Delta U = T\Delta S - p\Delta V \cdots\cdots(*3)'$ とも表せる。

また，$(*3)$ より $\left(\dfrac{\partial U}{\partial S}\right)_V = T \cdots\cdots(*3)''$，$\left(\dfrac{\partial U}{\partial V}\right)_S = -p \cdots\cdots(*3)'''$ が導ける。

$(*3)''$ を V で，また $(*3)'''$ を S で偏微分すると，シュワルツの定理より，

$\left(\dfrac{\partial T}{\partial V}\right)_S = -\left(\dfrac{\partial p}{\partial S}\right)_V \cdots\cdots(*4)$ が導ける。

次に，エンタルピー $H = U + pV$ について，これを微分表示すると，

$dH = \underbrace{dU}_{TdS - pdV} + d(pV) = TdS - \cancel{pdV} + \cancel{pdV} + Vdp$ より，

$dH = TdS + Vdp \cdots\cdots(*5)$ が導ける。同様に，

この差分表示は，$\Delta H = T\Delta S + V\Delta p \cdots\cdots(*5)'$ であり，

また，$(*5)$ より $\left(\dfrac{\partial H}{\partial S}\right)_p = T \cdots\cdots(*5)''$，$\left(\dfrac{\partial H}{\partial p}\right)_S = V \cdots\cdots(*5)'''$ となる。

さらに，$(*5)''$ を p で，$(*5)'''$ を S で偏微分すると，シュワルツの定理より，
$\left(\frac{\partial T}{\partial p}\right)_S = \left(\frac{\partial V}{\partial S}\right)_p$ ……$(*6)$ が導かれる。

以上をまとめて，下に示す。

U と H の熱力学的関係式

(Ⅰ) 内部エネルギー U について，次の関係式が成り立つ。

(i) $dU = TdS - pdV$ ………$(*3)$

(ii) $\Delta U = T\Delta S - p\Delta V$ ……$(*3)'$

(iii) $\left(\frac{\partial U}{\partial S}\right)_V = T$ ……$(*3)''$ $\left(\frac{\partial U}{\partial V}\right)_S = -p$ ……$(*3)'''$

(iv) $\left(\frac{\partial T}{\partial V}\right)_S = -\left(\frac{\partial p}{\partial S}\right)_V$ ……$(*4)$ ←マクスウェルの関係式

(Ⅱ) エンタルピー H について，次の関係式が成り立つ。

(i) $dH = TdS + Vdp$ ………$(*5)$

(ii) $\Delta H = T\Delta S + V\Delta p$ ……$(*5)'$

(iii) $\left(\frac{\partial H}{\partial S}\right)_p = T$ ……$(*5)''$ $\left(\frac{\partial H}{\partial p}\right)_S = V$ ……$(*5)'''$

(iv) $\left(\frac{\partial T}{\partial p}\right)_S = \left(\frac{\partial V}{\partial S}\right)_p$ ………$(*6)$ ←マクスウェルの関係式

§2. 2つの自由エネルギー F と G

2 つの**自由エネルギー** F と G の定義を下に示す。

(Ⅰ) **ヘルムホルツの自由エネルギー**：$F = U - TS$ ………………$(*7)$
(Ⅱ) **ギブスの自由エネルギー**：$G = H - TS = U + pV - TS$ ……$(*8)$

ヘルムホルツの自由エネルギー F の全微分は，

$dF = dU - d(TS) = \cancel{TdS} - pdV - \cancel{TdS} - SdT$

（dU ＝ $TdS - pdV$）

$\therefore dF = -SdT - pdV$ ……$(*9)$ となる。この差分表示は，

$\Delta F = -S\Delta T - p\Delta V$ ……$(*9)'$ である。

$F = U - TS$ ……………(＊7)
$G = H - TS$ ……………(＊8)
$dF = -SdT - pdV$ ……(＊9)

等温変化におけるヘルムホルツの自由エネルギー F と，系が外部になす仕事 W の関係を調べる。

熱力学第 1 法則より，$dU = d'Q - d'W$ ……① であり，

また，可逆・不可逆の両過程を考慮に入れたエントロピーの式は，

$dS \geqq \dfrac{d'Q}{T}$ ……② である。 ← エントロピー増大の法則

（可逆のとき等号，不可逆のとき不等号）

②より，$TdS \geqq d'Q$ ……②´

①と②´より，$dU + d'W = d'Q \leqq TdS$

よって，$dU + d'W \leqq TdS$ より，

$\underline{\underline{dU - TdS}} \leqq -d'W$ ……③ となる。ここで，$dT = 0$ より，③は，

$dU - TdS - S\underbrace{dT}_{0} = dU - d(TS) = d(U - TS) = dF$

$dF \leqq -d'W \quad \therefore -dF \geqq d'W$ となる。これから等温過程では，

(i) 可逆変化のとき，$-dF = d'W$ であり，
(ii) 不可逆変化のとき，$-dF > d'W$ となる。 以上より，

系が外部になす仕事は，可逆変化のとき最大で，ヘルムホルツの自由エネルギーの減少分と等しいが，不可逆変化のときはこの減少分より少ない仕事しかできないことが分かる。

次に，ギブスの自由エネルギー $G = H - TS = U + pV - TS = F + pV$ について，この全微分 dG は，

$dG = \underbrace{dF}_{-SdT - pdV} + d(pV) = -SdT - \cancel{pdV} + \cancel{pdV} + Vdp$

$\therefore dG = -SdT + Vdp$ ……(＊11) となる。この差分形式は，

$\varDelta G = -S\varDelta T + V\varDelta p$ ……(＊11)´ である。

ここで，可逆・不可逆を含めて，等温定圧変化におけるギブスの自由エネルギー G について調べる。

①，②´より，$dU + pdV - TdS \leqq 0$

等温・定圧より，$V\underbrace{dp}_{0} - S\underbrace{dT}_{0} = 0$ の左辺を上式に加えて，

$dU + pdV + V\underline{\underline{dp}} - TdS - S\underline{\underline{dT}} \leqq 0$

$dU + d(pV) - d(TS) \leqq 0$　　$d(U + pV - TS) \leqq 0$ より，

$dG \leqq 0$ ……④ が導ける。④より，等温定圧過程において，

(ア) 可逆変化のときは，$dG = 0$ であり，G は変化しない。

(イ) 不可逆変化のときは，$dG < 0$ となって，G が常に減少する向きに変化が生じることが分かる。

(ア)より，直線 $p = p_0$ とファン・デル・ワールスの状態方程式の曲線とで囲まれる2つの部分の面積を S_1，S_2 とおくと，

$S_1 = S_2$ ……⑤ が成り立つことを示すことができる。これを逆に言うと，⑤が成り立つように，圧力 $p = p_0$(一定)となる線分を引けば，実在の気体の液化現象を近似的に表すことができる。以上を "**マクスウェルの規則**" という。

マクスウェルの規則
(等面積の規則)

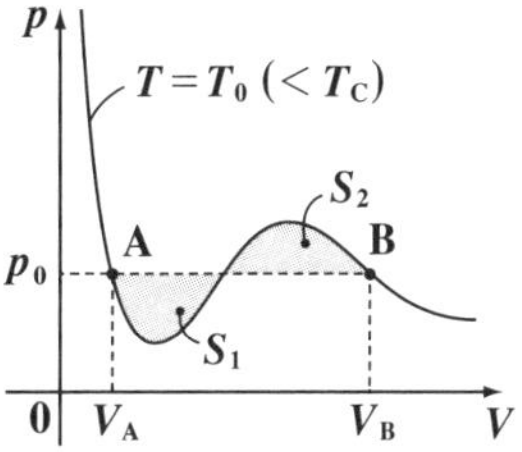

この証明は，演習問題 76 (P178) で扱う。

ここで，4つのエネルギー U，H，F，G の熱力学的関係式をまとめて下に示す。

4つの熱力学的関係式

(Ⅰ) 内部エネルギー $U(S, V)$

$dU = TdS - pdV$ ………(∗3)

(Ⅱ) エンタルピー $H(S, p) = U + pV$

$dH = TdS + Vdp$ ………(∗5)

(Ⅲ) ヘルムホルツの自由エネルギー $F(T, V) = U - TS$

$dF = -SdT - pdV$ ……(∗9)

(Ⅳ) ギブスの自由エネルギー $G(T, p) = U + pV - TS$

$dG = -SdT + Vdp$ ……(∗11)

(Ⅰ) dU，(Ⅱ) dH のときと同様に，(Ⅲ) dF と (Ⅳ) dG についても同じ変形を行って，導いた結果の公式を次に示す。

F と G の熱力学的関係式

(Ⅲ) ヘルムホルツの自由エネルギー F について，次の関係式が成り立つ。

(ⅰ) $dF = -SdT - pdV$ ………(＊9)

(ⅱ) $\Delta F = -S\Delta T - p\Delta V$ ……(＊9)′

(ⅲ) $\left(\frac{\partial F}{\partial T}\right)_V = -S$ ……(＊9)″　　$\left(\frac{\partial F}{\partial V}\right)_T = -p$ ……(＊9)‴

(ⅳ) $\left(\frac{\partial S}{\partial V}\right)_T = \left(\frac{\partial p}{\partial T}\right)_V$ …………(＊10) ← マクスウェルの関係式

(Ⅳ) ギブスの自由エネルギー G について，次の関係式が成り立つ。

(ⅰ) $dG = -SdT + Vdp$ ………(＊11)

(ⅱ) $\Delta G = -S\Delta T + V\Delta p$ ……(＊11)′

(ⅲ) $\left(\frac{\partial G}{\partial T}\right)_p = -S$ ……(＊11)″　　$\left(\frac{\partial G}{\partial p}\right)_T = V$ ……(＊11)‴

(ⅳ) $\left(\frac{\partial S}{\partial p}\right)_T = -\left(\frac{\partial V}{\partial T}\right)_p$ ………(＊12) ← マクスウェルの関係式

U, H, F, G の各偏微分を，$-p$，$-S$，V，T でまとめると，次の熱力学的関係式が得られる。

8 つの熱力学的関係式

(1) $\left(\frac{\partial U}{\partial V}\right)_S = \left(\frac{\partial F}{\partial V}\right)_T = -p$ ……(＊3)‴，(＊9)‴

(2) $\left(\frac{\partial F}{\partial T}\right)_V = \left(\frac{\partial G}{\partial T}\right)_p = -S$ ……(＊9)″，(＊11)″

(3) $\left(\frac{\partial H}{\partial p}\right)_S = \left(\frac{\partial G}{\partial p}\right)_T = V$ ………(＊5)‴，(＊11)‴

(4) $\left(\frac{\partial U}{\partial S}\right)_V = \left(\frac{\partial H}{\partial S}\right)_p = T$ ………(＊3)″，(＊5)″

さらに，4つの**マクスウェルの関係式**もまとめて下に示す。

4つのマクスウェルの関係式

(i) $\left(\dfrac{\partial T}{\partial V}\right)_S = -\left(\dfrac{\partial p}{\partial S}\right)_V$ ……(*4)　　(ii) $\left(\dfrac{\partial T}{\partial p}\right)_S = \left(\dfrac{\partial V}{\partial S}\right)_p$ ………(*6)

(iii) $\left(\dfrac{\partial S}{\partial V}\right)_T = \left(\dfrac{\partial p}{\partial T}\right)_V$ ………(*10)　　(iv) $\left(\dfrac{\partial S}{\partial p}\right)_T = -\left(\dfrac{\partial V}{\partial T}\right)_p$ ……(*12)

このマクスウェルの関係式はいずれも，p，S，V，Tの順に円形にならんで

（**"ポーク(p)で，す(S)ぶ(V)た(T)"**と覚えよう！）

いるので，下の模式図の要領で覚えればよい。

まず，起点となるp(ポーク)の位置は(i)，(iii)のように右上にくるか，(ii)，(iv)のように左下にくるかだけなので，これは固定して考える。そして，このpを起点にして，

(Ⅰ) ポーク(p)で，す(S)ぶ(V)た(T)の順に反時計回りに回転して円形に並ぶときは，正の向きの回転なので，公式の右辺はそのままにする。

(Ⅱ) ポーク(p)で，す(S)ぶ(V)た(T)の順に時計回りに回転して円形に並ぶときは，負の向きの回転なので，公式の右辺に㊀を付ける。

マクスウェルの関係式の覚え方の模式図

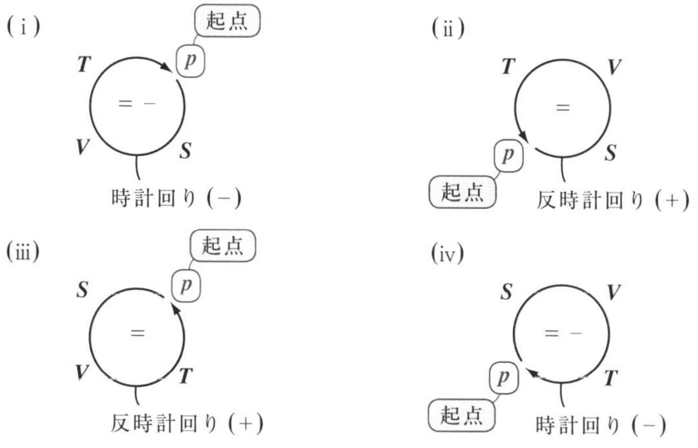

演習問題 68　● U の熱力学的関係式(Ⅰ) ●

内部エネルギーの差分公式：$\Delta U = T\Delta S - p\Delta V$ ……(＊) を用いて，次の各問いに答えよ。

(1) 準静的断熱過程において，体積 V が $V_A = 0.098(m^3)$ から $V_B = 0.101(m^3)$ に変化したとき，内部エネルギー U の変化分 ΔU を求めよ。ただし，この間，圧力 p は近似的に $1.2 \times 10^5(Pa)$ で一定であるものとする。

(2) 準静的定積過程においてエントロピー S が $S_A = 29.99(J/K)$ から $S_B = 30.01(J/K)$ に変化したとき，内部エネルギー U の変化分 ΔU を求めよ。ただし，この間，温度 T は近似的に $300(K)$ で一定であるものとする。

ヒント！ (1) では，断熱過程より $\Delta S = 0$，(2) では，定積過程より $\Delta V = 0$ となる。

解答＆解説

(1) 準静的断熱過程では $\Delta Q = 0$ より，$\Delta S = \dfrac{\Delta Q}{T} = 0$ となる。

よって，$\Delta U = \cancel{T \cdot \Delta S} - p\Delta V$ ……(＊) より，

$\Delta U = -p \cdot \Delta V$ ……① となる。

ここで，$\Delta V = V_B - V_A = 0.101 - 0.098 = 3 \times 10^{-3}(m^3)$ であり，p は近似的に $p = 1.2 \times 10^5(Pa)$ で一定より，これらを①に代入して，

内部エネルギー U の変化分 ΔU は，

$\Delta U = -1.2 \times 10^5 \times 3 \times 10^{-3} = -3.6 \times 10^2(J)$ である。………………(答)

(2) 準静的定積過程では $\Delta V = 0$ となる。

よって，$\Delta U = T \cdot \Delta S - \cancel{p\Delta V}$ ……(＊) より，

$\Delta U = T \cdot \Delta S$ ……② となる。

ここで，$\Delta S = S_B - S_A = 30.01 - 29.99 = 2 \times 10^{-2}(J/K)$ であり，T は近似的に $T = 300(K)$ で一定より，これらを②に代入して，

内部エネルギー U の変化分 ΔU は，

$\Delta U = 300 \times 2 \times 10^{-2} = 6(J)$ である。………………………………(答)

演習問題 69　● U の熱力学的関係式 (II) ●

内部エネルギー U の全微分の公式：$dU = TdS - pdV$ ……(＊) を用いて，次の各問いに答えよ。

(1) $\left(\frac{\partial U}{\partial S}\right)_V = T$ ……(＊1)，$\left(\frac{\partial U}{\partial V}\right)_S = -p$ ……(＊2) が成り立つことを示せ。

(2) $\left(\frac{\partial T}{\partial V}\right)_S = -\left(\frac{\partial p}{\partial S}\right)_V$ ……(＊3) が成り立つことを示せ。

ヒント！ (1) $U = U(S, V)$ とすると，U の全微分は，$dU = \frac{\partial U}{\partial S}dS + \frac{\partial U}{\partial V}dV$ となる。(2) では，シュワルツの定理を利用しよう。

解答＆解説

(1) $dU = TdS - pdV$ ……(＊)

ここで，$U = U(S, V)$ としたときの U の全微分 dU は，

$dU = \frac{\partial U}{\partial S}dS + \frac{\partial U}{\partial V}dV$ ……① となる。

ここで，(＊) と①とを比較して，$\frac{\partial U}{\partial S} = T$，$\frac{\partial U}{\partial V} = -p$ となる。

（V は一定として）（S は一定として）

$\therefore \left(\frac{\partial U}{\partial S}\right)_V = T$ ……(＊1) と $\left(\frac{\partial U}{\partial V}\right)_S = -p$ ……(＊2) が導かれる。……(終)

(2) (＊1) の両辺をさらに V で偏微分して，

$\frac{\partial}{\partial V}\left(\frac{\partial U}{\partial S}\right) = \frac{\partial T}{\partial V}$　$\therefore \frac{\partial^2 U}{\partial V \partial S} = \frac{\partial T}{\partial V}$ ……②

(＊2) の両辺をさらに S で偏微分して，

$\frac{\partial}{\partial S}\left(\frac{\partial U}{\partial V}\right) = -\frac{\partial p}{\partial S}$　$\therefore \frac{\partial^2 U}{\partial S \partial V} = -\frac{\partial p}{\partial S}$ ……③ となる。

シュワルツの定理
$$\frac{\partial^2 f}{\partial x \partial y} = \frac{\partial^2 f}{\partial y \partial x}$$

②，③の左辺は共に連続関数として，シュワルツの定理を用いると，

$\frac{\partial T}{\partial V} = -\frac{\partial p}{\partial S}$　$\therefore \left(\frac{\partial T}{\partial V}\right)_S = -\left(\frac{\partial p}{\partial S}\right)_V$ ……(＊3) が導かれる。……(終)

（S は一定として）（V は一定として）

演習問題 70　● H の熱力学的関係式 (Ⅰ) ●

エンタルピーの差分公式：$\Delta H = T\Delta S + V\Delta p$ ……(＊) を用いて，
次の各問いに答えよ。

(1) 準静的断熱過程において，圧力 p が $p_A = 1.501 \times 10^5$(Pa) から $p_B = 1.503 \times 10^5$(Pa) に変化したとき，エンタルピー H の変化分 ΔH を求めよ。ただし，この間，体積 V は近似的に 0.3(m³) で一定であるものとする。

(2) 準静的定圧過程においてエントロピー S が $S_A = 99.98$(J/K) から $S_B = 100.01$(J/K) に変化したとき，エンタルピー H の変化分 ΔH を求めよ。ただし，この間，温度 T は近似的に 500(K) で一定であるものとする。

ヒント！ (1) では，断熱過程より $\Delta S = 0$，(2) では，定圧過程より $\Delta p = 0$ となるんだね。

解答＆解説

(1) 準静的断熱過程より $\Delta Q = 0$　$\therefore \Delta S = \dfrac{\Delta Q}{T} = 0$ となる。

よって，$\Delta H = \cancel{T \cdot \Delta S} + V \cdot \Delta p$ ……(＊) より，

$\Delta H = V \cdot \Delta p$ ……① となる。

ここで，$\Delta p = p_B - p_A = 1.503 \times 10^5 - 1.501 \times 10^5 = 2 \times 10^2$(Pa) であり，体積 V は近似的に $V = 0.3$(m³) で一定より，これらを①に代入して，エンタルピー H の変化分 ΔH は，

$\Delta H = 0.3 \times 2 \times 10^2 = 60$(J) である。 ……………………………………(答)

(2) 準静的定圧過程より，$\Delta p = 0$ となる。

よって，$\Delta H = T \cdot \Delta S + \cancel{V \cdot \Delta p}$ ……(＊) より，

$\Delta H = T \cdot \Delta S$ ……② となる。

ここで，$\Delta S = S_B - S_A = 100.01 - 99.98 = 3 \times 10^{-2}$(J/K) であり，温度 T は近似的に $T = 500$(K) で一定より，これらを②に代入して，エンタルピー H の変化分 ΔH は，

$\Delta H = 500 \times 3 \times 10^{-2} = 15$(J) である。 ……………………………………(答)

演習問題 71 ● H の熱力学的関係式 (Ⅱ) ●

エンタルピー H の全微分の公式：$dH = TdS + Vdp$ ……(＊) を用いて，次の各問いに答えよ。

(1) $\left(\frac{\partial H}{\partial S}\right)_p = T$ ……(＊1)，$\left(\frac{\partial H}{\partial p}\right)_S = V$ ……(＊2) が成り立つことを示せ。

(2) $\left(\frac{\partial T}{\partial p}\right)_S = \left(\frac{\partial V}{\partial S}\right)_p$ ……(＊3) が成り立つことを示せ。

ヒント！ (1) $H = H(S, p)$ とすると，H の全微分は，$dH = \frac{\partial H}{\partial S}dS + \frac{\partial H}{\partial p}dp$ となる。(2) では，シュワルツの定理が重要になるんだね。

解答＆解説

(1) $dH = TdS + Vdp$ ……(＊)

ここで，$H = H(S, p)$ としたときの H の全微分は，

$dH = \frac{\partial H}{\partial S}dS + \frac{\partial H}{\partial p}dp$ ……① となる。

ここで，(＊) と①とを比較して，$\frac{\partial H}{\partial S} = T$，$\frac{\partial H}{\partial p} = V$ となる。

（p は一定として）（S は一定として）

$\therefore \left(\frac{\partial H}{\partial S}\right)_p = T$ ……(＊1) と $\left(\frac{\partial H}{\partial p}\right)_S = V$ ……(＊2) が導かれる。………(終)

(2) (＊1) の両辺をさらに p で偏微分して，

$\frac{\partial}{\partial p}\left(\frac{\partial H}{\partial S}\right) = \frac{\partial T}{\partial p}$　　$\therefore \frac{\partial^2 H}{\partial p \partial S} = \frac{\partial T}{\partial p}$ ……②

(＊2) の両辺をさらに S で偏微分して，

$\frac{\partial}{\partial S}\left(\frac{\partial H}{\partial p}\right) = \frac{\partial V}{\partial S}$　　$\therefore \frac{\partial^2 H}{\partial S \partial p} = \frac{\partial V}{\partial S}$ ……③

シュワルツの定理
$\frac{\partial^2 f}{\partial x \partial y} = \frac{\partial^2 f}{\partial y \partial x}$

②，③の左辺は共に連続関数として，シュワルツの定理を用いると，

$\frac{\partial T}{\partial p} = \frac{\partial V}{\partial S}$　　$\therefore \left(\frac{\partial T}{\partial p}\right)_S = \left(\frac{\partial V}{\partial S}\right)_p$ ……(＊3) が導かれる。……………(終)

（S は一定として）（p は一定として）

演習問題 72　●Fの熱力学的関係式（Ⅰ）●

次の各問いに答えよ。

(1) ヘルムホルツの自由エネルギー F を $F = F(T, V)$ として，その全微分 dF が $dF = -SdT - pdV$ ……(＊) となることを示せ。

(2) ヘルムホルツの自由エネルギーの差分公式：$\Delta F = -S\Delta T - p\Delta V$ ……(＊)′ を用いて，準静的等温過程において，体積 V が，$V_A = 0.209(m^3)$ から $V_B = 0.211(m^3)$ に変化したとき，ヘルムホルツの自由エネルギー F の変化分 ΔF を求めよ。ただし，この間，圧力 p は近似的に $1.5 \times 10^5(Pa)$ で一定であるものとする。

ヒント！ (1) $F = U - TS$ より，$dF = dU - d(TS)$ となる。(2) 等温過程より，$\Delta T = 0$ だね。

解答＆解説

(1) $F = U - TS$ ……① より，この①の全微分を求めると，

$dF = dU - d(TS) = \underline{dU} - TdS - SdT$

$\underline{dU}$：$TdS - pdV$ ← $\begin{cases} d'Q = TdS \\ d'Q = dU + pdV \end{cases}$ より，$dU = TdS - pdV$

$= \cancel{TdS} - pdV - \cancel{TdS} - SdT$

$\therefore dF = -SdT - pdV$ ……(＊) が導かれる。……………………………(終)

(2) (＊) より，ヘルムホルツの自由エネルギー F を差分表示すると，

$\Delta F = -S\Delta T - p\Delta V$ ……(＊)′ となる。

ここで，準静的等温過程より，$\Delta T = 0$ となる。

よって，(＊)′ は，$\Delta F = -p \cdot \Delta V$ ……② となる。

ここで，$\Delta V = V_B - V_A = 0.211 - 0.209 = 2 \times 10^{-3}(m^3)$ であり，圧力 p は，近似的に $p = 1.5 \times 10^5(Pa)$ で一定より，これらを②に代入して，ヘルムホルツの自由エネルギー F の変化分 ΔF は，

$\Delta F = -1.5 \times 10^5 \times 2 \times 10^{-3} = -3 \times 10^2(J)$ である。…………………(答)

演習問題 73　● F の熱力学的関係式 (Ⅱ) ●

ヘルムホルツの自由エネルギーの微分公式：$dF = -SdT - pdV$ ……(＊)
を用いて，次の各問いに答えよ。

(1) $\left(\frac{\partial F}{\partial T}\right)_V = -S$ ……(＊1)，$\left(\frac{\partial F}{\partial V}\right)_T = -p$ ……(＊2) が成り立つことを示せ。

(2) $\left(\frac{\partial S}{\partial V}\right)_T = \left(\frac{\partial p}{\partial T}\right)_V$ ……(＊3) が成り立つことを示せ。

ヒント！ (1) $F = F(T, V)$ とすると，F の全微分は，$dF = \frac{\partial F}{\partial T}dT + \frac{\partial F}{\partial V}dV$ となる。(2) は，シュワルツの定理を使って導こう。

解答＆解説

(1) $dF = -SdT - pdV$ ……(＊)

ここで，$F = F(T, V)$ としたときの F の全微分は，

$dF = \frac{\partial F}{\partial T}dT + \frac{\partial F}{\partial V}dV$ ……① となる。

ここで，(＊) と①を比較して，$\frac{\partial F}{\partial T} = -S$，$\frac{\partial F}{\partial V} = -p$ となる。

（V は一定として）（T は一定として）

$\therefore \left(\frac{\partial F}{\partial T}\right)_V = -S$ ……(＊1)，$\left(\frac{\partial F}{\partial V}\right)_T = -p$ ……(＊2) が導かれる。……(終)

(2) (＊1) の両辺をさらに V で偏微分して，

$\frac{\partial}{\partial V}\left(\frac{\partial F}{\partial T}\right) = -\frac{\partial S}{\partial V}$　$\therefore \frac{\partial^2 F}{\partial V \partial T} = -\frac{\partial S}{\partial V}$ ……②

(＊2) の両辺をさらに T で偏微分して，

$\frac{\partial}{\partial T}\left(\frac{\partial F}{\partial V}\right) = -\frac{\partial p}{\partial T}$　$\therefore \frac{\partial^2 F}{\partial T \partial V} = -\frac{\partial p}{\partial T}$ ……③

シュワルツの定理
$\frac{\partial^2 f}{\partial x \partial y} = \frac{\partial^2 f}{\partial y \partial x}$

②，③の左辺は共に連続関数として，シュワルツの定理を用いると，

$-\frac{\partial S}{\partial V} = -\frac{\partial p}{\partial T}$　$\therefore \left(\frac{\partial S}{\partial V}\right)_T = \left(\frac{\partial p}{\partial T}\right)_V$ ……(＊3) が導かれる。………(終)

（T は一定として）（V は一定として）

演習問題 74　● G の熱力学的関係式（Ⅰ）●

次の各問いに答えよ。

(1) ギブスの自由エネルギー G を $G=G(T,\ p)$ として，その全微分が $dG=-SdT+Vdp$ ……(＊) となることを示せ。

(2) ギブスの自由エネルギーの差分公式：$\Delta G=-S\cdot\Delta T+V\cdot\Delta p$ …(＊)′ を用いて，準静的等温過程において，圧力 p が $p_A=1.19\times10^5$(Pa) から $p_B=1.21\times10^5$(Pa) に変化したとき，ギブスの自由エネルギーの変化分 ΔG を求めよ。ただし，この間，体積 V は近似的に 0.02(m^3) で一定であるものとする。

ヒント！ (1) $G=H-TS=U+pV-TS$ より，$dG=dU+d(pV)-d(TS)$ となる。(2) 等温過程より $\Delta T=0$ となるので，(＊)′ は，$\Delta G=V\cdot\Delta p$ となる。

解答＆解説

(1) $G=H-TS=U+pV-TS$ ……① より，この①の全微分を求めると，

$$dG=dU+d(pV)-d(TS)=\underline{dU}+pdV+Vdp-TdS-SdT$$

$\underline{dU}=TdS-pdV$ ← $d'Q=TdS$，$d'Q=dU+pdV$ より，$dU=TdS-pdV$

$$=\cancel{TdS}-\cancel{pdV}+\cancel{pdV}+Vdp-\cancel{TdS}-SdT$$

$\therefore\ dG=-SdT+Vdp$ ……(＊) が導かれる。……………………………(終)

(2) (＊) より，ギブスの自由エネルギー G を差分表示すると，

$\Delta G=-S\cdot\Delta T+V\cdot\Delta p$ ……(＊)′ となる。

ここで，準静的等温過程より，$\Delta T=0$ となる。

よって，(＊)′ は，$\Delta G=V\cdot\Delta p$ ……② となる。

ここで，$\Delta p=p_B-p_A=1.21\times10^5-1.19\times10^5=0.02\times10^5=2\times10^3$(Pa)

であり，体積 V は近似的に $V=0.02$(m^3) で一定より，これらを②に代入して，ギブスの自由エネルギーの変化分 ΔG は，

$\Delta G=0.02\times2\times10^3=4\times10=40$(J) である。 ……………………(答)

演習問題 75　● G の熱力学的関係式 (II) ●

ギブスの自由エネルギーの全微分の公式：$dG = -SdT + Vdp$ ……(＊)
を用いて，次の各問いに答えよ。

(1) $\left(\frac{\partial G}{\partial T}\right)_p = -S$ ……(＊1)，$\left(\frac{\partial G}{\partial p}\right)_T = V$ ……(＊2) が成り立つことを示せ。

(2) $\left(\frac{\partial S}{\partial p}\right)_T = -\left(\frac{\partial V}{\partial T}\right)_p$ ……(＊3) が成り立つことを示せ。

ヒント！ (1) $G = G(T, p)$ とすると，G の全微分は，$dG = \frac{\partial G}{\partial T}dT + \frac{\partial G}{\partial p}dp$ となる。(2) では，シュワルツの定理を利用して (＊3) を導けばいい。

解答＆解説

(1) $dG = -SdT + Vdp$ ……(＊)

ここで，$G = G(T, p)$ としたときの G の全微分は，

$$dG = \frac{\partial G}{\partial T}dT + \frac{\partial G}{\partial p}dp \quad \cdots\cdots ①$$ となる。

ここで，(＊) と①を比較して，$\frac{\partial G}{\partial T} = -S$，$\frac{\partial G}{\partial p} = V$ となる。

（p は一定として）（T は一定として）

$\therefore \left(\frac{\partial G}{\partial T}\right)_p = -S$ ……(＊1)，$\left(\frac{\partial G}{\partial p}\right)_T = V$ ……(＊2) が導かれる。 ……(終)

(2) (＊1) の両辺をさらに p で偏微分して，

$$\frac{\partial}{\partial p}\left(\frac{\partial G}{\partial T}\right) = -\frac{\partial S}{\partial p} \qquad \therefore \frac{\partial^2 G}{\partial p \partial T} = -\frac{\partial S}{\partial p} \quad \cdots\cdots ②$$

(＊2) の両辺をさらに T で偏微分して，

$$\frac{\partial}{\partial T}\left(\frac{\partial G}{\partial p}\right) = \frac{\partial V}{\partial T} \qquad \therefore \frac{\partial^2 G}{\partial T \partial p} = \frac{\partial V}{\partial T} \quad \cdots\cdots ③$$

シュワルツの定理
$$\frac{\partial^2 f}{\partial x \partial y} = \frac{\partial^2 f}{\partial y \partial x}$$

②，③の左辺は共に連続関数として，シュワルツの定理を用いると，

$$-\frac{\partial S}{\partial p} = \frac{\partial V}{\partial T} \qquad \therefore \left(\frac{\partial S}{\partial p}\right)_T = -\left(\frac{\partial V}{\partial T}\right)_p \quad \cdots\cdots (＊3)$$ は成り立つ。………(終)

（T は一定として）（p は一定として）

演習問題 76　● マクスウェルの規則 ●

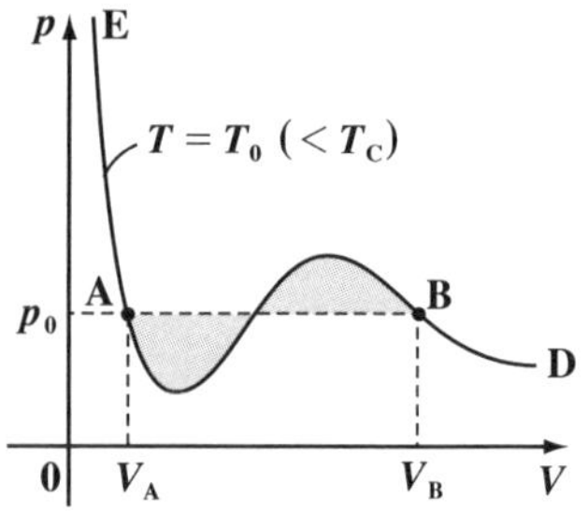

ファン・デル・ワールスの状態方程式：

$$\left(p+\frac{n^2R}{V^2}\right)(V-nb)=nRT \quad \cdots\cdots ①$$

で表される n(mol) の気体について，右図に臨界温度 T_C より低い温度 T_0 で等温圧縮したときの pV 図を示す。n(mol) の実在の気体の場合，この pV 図の D→B と A→E の部分はよく一致するが，気体と液体が共存する B→A の部分については，B から A へ，圧力 $p=p_0$，温度 $T=T_0$ のまま直線的に変化する。このとき，次の各問いに答えよ。

(1) A と B におけるギブスの自由エネルギー G_A と G_B が $G_A=G_B$ をみたすことから，$S_B-S_A=\frac{U_B-U_A}{T_0}+p_0\cdot\frac{V_B-V_A}{T_0}$ ……② が成り立つことを示せ。

(2) ①の状態方程式とエントロピーの微分公式：$dS=\frac{1}{T}(dU+pdV)$ を用いて，A→B の変化におけるエントロピーの変化分 S_B-S_A が $S_B-S_A=\frac{U_B-U_A}{T_0}+\frac{1}{T_0}\int_{V_A}^{V_B}pdV$ ……③ となることを示せ。

(3) ②，③より，直線 AB と pV 図で囲まれた 2 つの網目部の面積 S_1 と S_2 が $S_1=S_2$ をみたすことを示せ。

ヒント！ (1) 実在の気体の B→A の変化は，等温定圧過程なので，ギブスの自由エネルギー G は変化しないんだね。(2) では，①のファン・デル・ワールスの状態方程式の気体について，エントロピーの変化分 S_B-S_A を求めよう。(3) では，②と③を比較することにより，$S_1=S_2$，すなわちマクスウェルの規則が成り立つことを示せるんだね。頑張ろう！

解答＆解説

(1) 実在の n(mol) の気体を臨界温度 T_C より低い温度 T_0 で，等温圧縮すると，図(i)に示すように，B→A の過程で液化現象が生ずる。

この B→A の過程は，$T=T_0$(一定)，$p=p_0$(一定) の準静的等温定圧過程

図(i) 実在の気体(nモル)

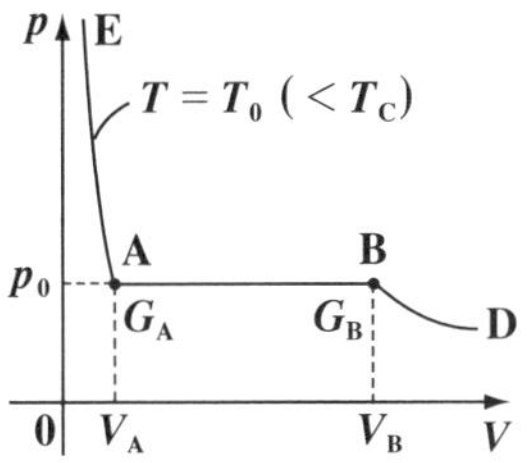

である。よって，$dT=0$ かつ $dp=0$ である。

ここで，ギブスの自由エネルギー

$G=U+pV-TS$ ……④ の微分表示は，

$dG=-S\underbrace{dT}_{0}+V\underbrace{dp}_{0}$ ……⑤ である。

⑤に $dT=0$ かつ $dp=0$ を代入すると，

$dG=0$ となって A→B の過程で，

ギブスの自由エネルギー G は変化しないことが分かる。ゆえに，

$G_B=G_A$ ……⑥ である。よって，④の各状態量で A，B におけるものはそれぞれ添字の A，B を付けることにすると，⑥は，

$U_B+\underbrace{p_B}_{p_0}V_B-\underbrace{T_B}_{T_0}S_B=U_A+\underbrace{p_A}_{p_0}V_A-\underbrace{T_A}_{T_0}S_A$ となる。

ここで，$p_A=p_B=p_0$，$T_A=T_B=T_0$ より，

$T_0(S_B-S_A)=U_B-U_A+p_0(V_B-V_A)$

$\therefore S_B-S_A=\dfrac{U_B-U_A}{T_0}+p_0\cdot\dfrac{V_B-V_A}{T_0}$ ……② が成り立つ。………………(終)

(2) 次に，図(ii)に示すようなファン・デル・ワールスの状態方程式①で表される pV 図に沿って，A→B の変化によるエントロピーの変化分 S_B-S_A を求めると，

図(ii) nモルの気体(液体)のファン・デル・ワールスの状態方程式

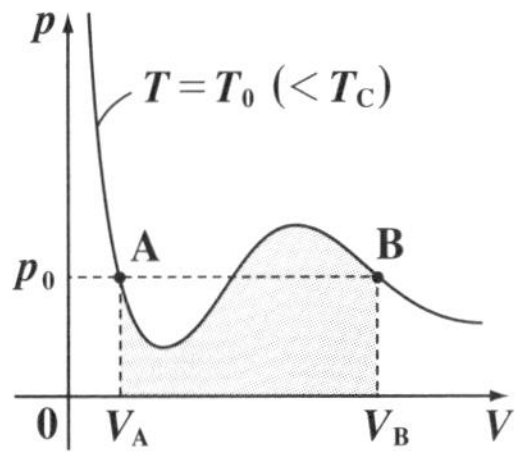

$dS=\dfrac{1}{T_0}(dU+pdV)$ より，

$S_B-S_A=\displaystyle\int_A^B dS=\frac{1}{T_0}\int_A^B(dU+pdV)$

$=\dfrac{1}{T_0}\left(\underbrace{\displaystyle\int_{U_A}^{U_B}dU}_{[U]_{U_A}^{U_B}=U_B-U_A}+\int_{V_A}^{V_B}pdV\right)$

$\therefore S_B-S_A=\dfrac{U_B-U_A}{T_0}+\dfrac{1}{T_0}\displaystyle\int_{V_A}^{V_B}pdV$ ……③ が成り立つ。……………(終)

(3) ②，③の各右辺を比較して，

$$S_B - S_A = \frac{U_B - U_A}{T_0} + p_0 \cdot \frac{V_B - V_A}{T_0} \quad \cdots\cdots ②$$

$$S_B - S_A = \frac{U_B - U_A}{T_0} + \frac{1}{T_0}\int_{V_A}^{V_B} p\,dV \quad \cdots\cdots ③$$

$$\cancel{\frac{U_B - U_A}{T_0}} + p_0 \cdot \frac{V_B - V_A}{\cancel{T_0}}$$

$$= \cancel{\frac{U_B - U_A}{T_0}} + \frac{1}{\cancel{T_0}}\int_{V_A}^{V_B} p\,dV$$

$$\therefore\ p_0(V_B - V_A) = \int_{V_A}^{V_B} p\,dV \quad \cdots\cdots ⑦$$

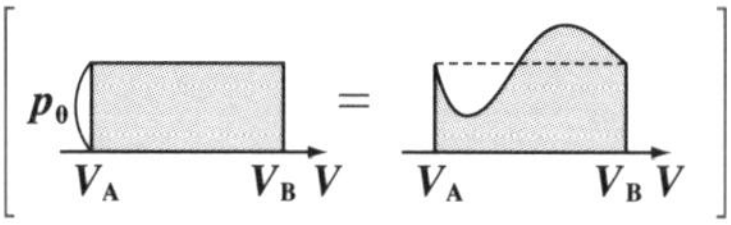

よって，⑦より，図(i)の実在気体と，図(ii)のファン・デル・ワールスの状態方程式の **2** つの pV 図を重ねて，図(iii)のように描くと，図(iii)に示した **2** つの図形の面積 S_1 と S_2 は，$S_1 = S_2$ をみたすことが分かる。……………………………………………………(終)

図(iii)　マクスウェルの規則
(等面積の規則)

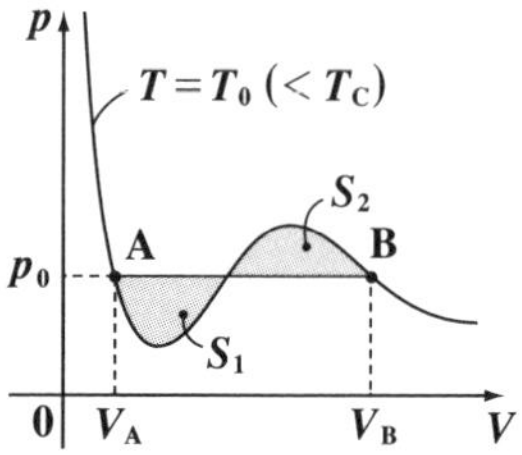

参考

逆に言えば，$S_1 = S_2$ となるように，圧力 $p = p_0$ (一定) となるような線分を，ファン・デル・ワールスの状態方程式の曲線に引けばいい。これで，“**マクスウェルの規則**” (“**等面積の規則**”) が証明できた。

演習問題 77　● 熱力学的関係式 ●

公式：$\left(\frac{\partial U}{\partial V}\right)_S = \left(\frac{\partial F}{\partial V}\right)_T = -p$ ……(＊) について，次の各問いに答えよ。

(1) 準静的断熱過程において，体積 V が $V_A = 0.103(\mathrm{m}^3)$ から，$V_B = 0.105(\mathrm{m}^3)$ に変化したとき，内部エネルギー U の変化分 ΔU を求めよ。ただし，この間，圧力 p は近似的に $2.0 \times 10^5(\mathrm{Pa})$ で一定であるものとする。

(2) 準静的等温過程において体積 V が $V_A = 1.000(\mathrm{m}^3)$ から，$V_B = 0.997(\mathrm{m}^3)$ に変化したとき，ヘルムホルツの自由エネルギー F の変化分 ΔF を求めよ。ただし，圧力 p は近似的に $1.5 \times 10^5(\mathrm{Pa})$ で一定であるものとする。

ヒント！ (1)では，$\left(\frac{\partial U}{\partial V}\right)_S = -p$ を，(2)では，$\left(\frac{\partial F}{\partial V}\right)_T = -p$ を利用して解けばいい。

解答＆解説

(1) 断熱変化より，S は一定である。このとき $\left(\frac{\partial U}{\partial V}\right)_S = -p$ ……(＊) より，

近似的に，$\frac{\Delta U}{\Delta V} = -p$　よって，$\Delta U = -p\Delta V$ ……① となる。

ここで，$\Delta V = V_B - V_A = 0.105 - 0.103 = 0.002 = 2 \times 10^{-3}(\mathrm{m}^3)$ であり，

近似的に $p = 2.0 \times 10^5(\mathrm{Pa})$ で一定より，これらを①に代入して，

内部エネルギー U の変化分 ΔU は，

$\Delta U = -2.0 \times 10^5 \times 2 \times 10^{-3} = -4 \times 10^2 = -400(\mathrm{J})$ である。………(答)

(2) 等温変化より，T は一定である。このとき，$\left(\frac{\partial F}{\partial V}\right)_T = -p$ ……(＊) より，

近似的に，$\frac{\Delta F}{\Delta V} - -p$　よって，$\Delta F = -p\Delta V$ ……② となる。

ここで，$\Delta V = V_B - V_A = 0.997 - 1.000 = -3 \times 10^{-3}(\mathrm{m}^3)$ であり，

近似的に $p = 1.5 \times 10^5(\mathrm{Pa})$ で一定より，これらを②に代入して，

ヘルムホルツの自由エネルギー F の変化分 ΔF は，

$\Delta F = -1.5 \times 10^5 \times (-3) \times 10^{-3} = 4.5 \times 10^2 = 450(\mathrm{J})$ である。………(答)

演習問題 78　●マクスウェルの関係式（Ⅰ）●

マクスウェルの関係式：$\left(\frac{\partial T}{\partial V}\right)_S = -\left(\frac{\partial p}{\partial S}\right)_V$ ……(＊) を用いて，次の各問いに答えよ。

(1) ある熱力学的系（気体）が圧力 $p_A = 10^5$(Pa)，体積 $V_A = 0.03$(m³)，温度 $T_A = 400$(K)，エントロピー $S_A = 10$(J/K) の状態 A にあるものとする。この系を，準静的断熱過程により，体積を $V_B = 0.0302$(m³) に変化させたとき，温度は $T_B = 400.4$(K) になった。このとき，((＊)の左辺) $= \left(\frac{\partial T}{\partial V}\right)_S$ の近似値を求めよ。

(2) また，系を状態 A に戻した後で，準静的定積過程により，圧力を $p_C = 0.98 \times 10^5$(Pa) に変化させたとき，この系のエントロピーの変化分 ΔS(J/K) を求めよ。

(3) また，系を状態 A に戻した後で，準静的定積過程により，エントロピーを，$S_D = 10.02$(J/K) に変化させたとき，この系の圧力の変化分 Δp(Pa) を求めよ。

ヒント！ (1) 断熱過程より，S は一定として，$\frac{\Delta T}{\Delta V}$ を求めて，$\left(\frac{\partial T}{\partial V}\right)_S$ の近似値とすればいいんだね。(2), (3) は，(＊) の左辺の値が分かっているので，定積過程で，体積 V 一定の下で圧力を変化させたときのエントロピー変化分 ΔS と，エントロピーを変化させたときの圧力の変化分 Δp を，(＊) を利用して計算しよう。

解答＆解説

(1) 状態 A において，圧力 $p_A = 10^5$(Pa)，体積 $V_A = 0.03$(m³)，温度 $T_A = 400$(K)，エントロピー $S_A = 10$(J/K) である。

準静的断熱過程，すなわち S 一定の条件の下で，この系を，

$A(V_A = 0.03(\mathrm{m}^3),\ T_A = 400(\mathrm{K})) \to B(V_B = 0.0302(\mathrm{m}^3),\ T_B = 400.4(\mathrm{K}))$

のように変化させたとき，

$\Delta V = V_B - V_A = 0.0302 - 0.03 = 0.0002 = 2 \times 10^{-4}(\mathrm{m}^3)$,

$\Delta T = T_B - T_A = 400.4 - 400 = 0.4 = 4 \times 10^{-1}(\mathrm{K})$ より，

(＊) の左辺の近似値は,

$$\left(\frac{\partial T}{\partial V}\right)_S \fallingdotseq \underset{\substack{\uparrow \\ \boxed{S\text{は一定として}}}}{\frac{\Delta T}{\Delta V}} = \frac{4\times10^{-1}}{2\times10^{-4}} = 2\times10^3 = 2000\,(\mathrm{K/m^3})$$ である。…①…(答)

(2) 準静的定積過程，すなわち V 一定の条件で，この系を，

$A(p_A = 10^5(\mathrm{Pa}),\ S_A = 10\,(\mathrm{J/K})) \to C(p_C = 0.98\times10^5(\mathrm{Pa}),\ S_C = S_A + \Delta S(\mathrm{J/K}))$

のように変化させたとき,

$\Delta p = p_C - p_A = 0.98\times10^5 - 10^5 = -0.02\times10^5 = -2000\,(\mathrm{Pa})$

$S_C - S_A = \Delta S(\mathrm{J/K})$ より,

(＊) の右辺は近似的に,

$$-\left(\frac{\partial p}{\partial S}\right)_V \fallingdotseq -\underset{\substack{\uparrow \\ \boxed{V\text{は一定として}}}}{\frac{\Delta p}{\Delta S}} = -\frac{-2000}{\Delta S} = \frac{2000}{\Delta S}$$ ……② となる。

①，②を (＊) の左右各辺に代入して，$2000 = \dfrac{2000}{\Delta S}$ より,

$\Delta S = 1(\mathrm{J/K})$ である。……………………………………………………(答)

(3) 準静的定積過程，すなわち V 一定の条件で，この系を，

$A(p_A = 10^5(\mathrm{Pa}),\ S_A = 10\,(\mathrm{J/K})) \to D(p_D = p_A + \Delta p\,(\mathrm{Pa}),\ S_D = 10.02\,(\mathrm{J/K}))$

のように変化させたとき,

$p_D - p_A = \Delta p\,(\mathrm{Pa})$,

$\Delta S = S_D - S_A = 10.02 - 10 = 0.02 = 2\times10^{-2}(\mathrm{J/K})$ より,

(＊) の右辺は近似的に,

$$-\left(\frac{\partial p}{\partial S}\right)_V \fallingdotseq -\underset{\substack{\uparrow \\ \boxed{V\text{は一定として}}}}{\frac{\Delta p}{\Delta S}} = -\frac{\Delta p}{2\times10^{-2}}$$ ……③ となる。

①，③を (＊) の左右各辺に代入して，$2000 = -\dfrac{\Delta p}{2\times10^{-2}}$ より,

$\Delta p = -40\,(\mathrm{Pa})$ である。……………………………………………………(答)

演習問題 79　● マクスウェルの関係式 (Ⅱ) ●

マクスウェルの関係式：$\left(\frac{\partial T}{\partial p}\right)_S=\left(\frac{\partial V}{\partial S}\right)_p$ ……(∗) を用いて，次の各問いに答えよ。

(1) ある熱力学的系 (気体) が，圧力 $p_A=2.001\times10^5$(Pa)，体積 $V_A=0.301$(m³)，温度 $T_A=450$(K)，エントロピー $S_A=12$(J/K) の状態 A にあるものとする。この系を，準静的断熱過程により，圧力を $p_B=2.004\times10^5$(Pa) に変化させたとき，温度は $T_B=450.06$(K) になった。このとき，((∗) の左辺) $=\left(\frac{\partial T}{\partial p}\right)_S$ の近似値を求めよ。

(2) また，系を状態 A に戻した後で，準静的定圧過程により，体積を $V_C=0.302$(m³) に変化させたとき，この系のエントロピーの変化分 ΔS(J/K) を求めよ。

(3) また，系を状態 A に戻した後で，準静的定圧過程により，エントロピーを $S_D=12.03$(J/K) に変化させたとき，この系の体積の変化分 ΔV(m³) を求めよ。

ヒント！ (1) 断熱過程より，S は一定として，$\frac{\Delta T}{\Delta p}$ を求めて，(∗) の左辺の近似値とすればいい。(2)，(3) は，(∗) の左辺の近似値が分かっているので，定圧過程で，圧力 p 一定の下で，体積を変化させたときのエントロピーの変化分 ΔS と，エントロピーを変化させたときの体積の変化分 ΔV を，(∗) を利用して求めればいいんだね。

解答＆解説

(1) 状態 A において，圧力 $p_A=2.001\times10^5$(Pa)，体積 $V_A=0.301$(m³)，温度 $T_A=450$(K)，エントロピー $S_A=12$(J/K) である。

準静的断熱過程，すなわち S 一定の条件の下で，この系を，

$A(p_A=2.001\times10^5\text{(Pa)},\ T_A=450\text{(K)})\rightarrow B(p_B=2.004\times10^5\text{(Pa)},\ 450.06\text{(K)})$

のように変化させたとき，

$\Delta p=p_B-p_A=2.004\times10^5-2.001\times10^5=0.003\times10^5=3\times10^2$(Pa)，

$\Delta T=T_B-T_A=450.06-450=0.06=6\times10^{-2}$(K) より，

(＊)の左辺の近似値は，

$$\left(\frac{\partial T}{\partial p}\right)_S \doteqdot \frac{\Delta T}{\Delta p} = \frac{6\times10^{-2}}{3\times10^{2}} = 2\times10^{-4}\,(\mathrm{K/Pa})$$ である。……① ………(答)

（Sは一定として）

(2) 準静的定圧過程，すなわちp一定の条件で，この系を，

$\mathrm{A}(V_\mathrm{A}=0.301(\mathrm{m}^3),\ S_\mathrm{A}=12(\mathrm{J/K}))\to\mathrm{C}(V_\mathrm{C}=0.302(\mathrm{m}^3),\ S_\mathrm{C}=S_\mathrm{A}+\Delta S(\mathrm{J/K}))$

のように変化させたとき，

$\Delta V = V_\mathrm{C}-V_\mathrm{A} = 0.302-0.301 = 0.001 = 10^{-3}(\mathrm{m}^3)$，

$S_\mathrm{C}-S_\mathrm{A} = \Delta S(\mathrm{J/K})$ より，

(＊)の右辺は近似的に，

$$\left(\frac{\partial V}{\partial S}\right)_p \doteqdot \frac{\Delta V}{\Delta S} = \frac{10^{-3}}{\Delta S}$$ ……②　となる。

（pは一定として）

①，②を(＊)の左右各辺に代入して，$2\times10^{-4} = \dfrac{10^{-3}}{\Delta S}$

$\therefore \Delta S = \dfrac{10^{-3}}{2\times10^{-4}} = \dfrac{10}{2} = 5(\mathrm{J/K})$ である。………………………………(答)

(3) 準静的定圧過程，すなわちp一定の条件で，この系を，

$\mathrm{A}(V_\mathrm{A}=0.301(\mathrm{m}^3),\ S_\mathrm{A}=12(\mathrm{J/K}))\to\mathrm{D}(V_\mathrm{D}=V_\mathrm{A}+\Delta V(\mathrm{m}^3),\ S_\mathrm{D}=12.03(\mathrm{J/K}))$

のように変化させたとき，

$V_\mathrm{D}-V_\mathrm{A} = \Delta V(\mathrm{m}^3)$，

$\Delta S = S_\mathrm{D}-S_\mathrm{A} = 12.03-12 = 0.03 = 3\times10^{-2}(\mathrm{J/K})$ である。よって，

(＊)の右辺は近似的に，

$$\left(\frac{\partial V}{\partial S}\right)_p \doteqdot \frac{\Delta V}{\Delta S} = \frac{\Delta V}{3\times10^{-2}}$$ ……③　となる。

（pは一定として）

①，③を(＊)の左右各辺に代入して，$2\times10^{-4} = \dfrac{\Delta V}{3\times10^{-2}}$

$\therefore \Delta V = 2\times3\times10^{\ 4}\times10^{-2} = 6\times10^{-6}(\mathrm{m}^3)$ である。……………………(答)

演習問題 80 ● 理想気体の内部エネルギー $U(T)$ ●

次の各問いに答えよ。

(1) 内部エネルギー U の熱力学的関係式：$dU = TdS - pdV$ ……(＊1) と

マクスウェルの関係式：$\left(\frac{\partial S}{\partial V}\right)_T = \left(\frac{\partial p}{\partial T}\right)_V$ ……(＊2) を用いて，

エネルギー方程式：$\left(\frac{\partial U}{\partial V}\right)_T = T\left(\frac{\partial p}{\partial T}\right)_V - p$ ……(＊) を導け。

(2) エネルギー方程式 (＊) を用いて，理想気体の内部エネルギー U が体積 V に依存しないことを示せ。

ヒント！ (1)(＊1) を差分形式で表して，$\Delta U = T\cdot\Delta S - p\cdot\Delta V$ として，両辺を ΔV で割った後で，$\Delta V \to 0$ の極限をとると話が見えてくるはずだ。(2) 理想気体の状態方程式より，$p = \frac{nRT}{V}$ となる。これを (＊) の右辺に代入すると $\left(\frac{\partial U}{\partial V}\right)_T = 0$ が導けるので，U は V に依存しないことが示せる。

解答＆解説

(1) 内部エネルギー U の熱力学関係式：

$dU = TdS - pdV$ ……(＊1) を差分形式で表して，

$\Delta U = T\cdot\Delta S - p\cdot\Delta V$ となる。この両辺を ΔV で割ると，

$$\frac{\Delta U}{\Delta V} = T\cdot\frac{\Delta S}{\Delta V} - p \quad \cdots\cdots①$$ となる。

ここで，$U = U(T, V)$，$S = S(T, V)$ と考えて，T 一定の条件の下で，（準静的等温過程を考える）

$\Delta V \to 0$ の極限を求めると，①は，

$$\left(\frac{\partial U}{\partial V}\right)_T = T\cdot\left(\frac{\partial S}{\partial V}\right)_T - p \quad \cdots\cdots②$$ となる。

（$\left(\frac{\partial S}{\partial V}\right)_T = \left(\frac{\partial p}{\partial T}\right)_V$ （マクスウェルの関係式 (＊2) より））

ここで，マクスウェルの関係式：

$\left(\frac{\partial S}{\partial V}\right)_T = \left(\frac{\partial p}{\partial T}\right)_V$ ……(＊2) を②に代入すると，

エネルギー方程式：

$\left(\frac{\partial U}{\partial V}\right)_T = T\cdot\left(\frac{\partial p}{\partial T}\right)_V - p$ ……(＊) が導かれる。…………………………(終)

(2) n(mol)の理想気体の状態方程式：$pV = nRT$ より，

$p = \frac{nRT}{V}$ ……③ となる。③を(＊)の右辺に代入して，

$\left(\frac{\partial U}{\partial V}\right)_T = T\cdot\left(\frac{\partial}{\partial T}\left(\underbrace{\frac{nR}{V}}_{\text{定数}(\because V\text{一定})}\cdot T\right)\right)_V - p = \underbrace{T\times\frac{nR}{V}}_{p\,(③より)} - p = p - p = 0$ となる。

以上より，T 一定の条件で，U を V で偏微分したものが 0 となるので，U は V に依存しない関数であることが示された。……………………(終)

参考

対象とする系（気体）が理想気体である場合，内部エネルギー U は，次のように表される。

(Ⅰ)単原子分子理想気体：$U = \frac{3}{2}nRT$

(Ⅱ) 2 原子分子理想気体：$\underbrace{U = \frac{5}{2}nRT}_{常温(\sim 300(K))のとき}$，$\underbrace{U = \frac{7}{2}nRT}_{高温のとき}$

(Ⅲ) 多原子分子理想気体（3 原子以上）：$U = 3nRT$

このように，理想気体の内部エネルギー U が，温度 T のみの関数で，体積 V に依存しないことが，エネルギー方程式(＊)から示すことができたんだね。

演習問題 81 ● ファン・デル・ワールスの気体の内部エネルギー $u(T, v)$ ●

ファン・デル・ワールスの状態方程式：$\left(p+\frac{a}{v^2}\right)(v-b)=RT$ ……①

をみたす $1(\mathrm{mol})$ の気体について，次の各問いに答えよ。

(1) 内部エネルギー u を，体積 v と温度 T の関数として，この全微分は，

$$du=\left(\frac{\partial u}{\partial T}\right)_v dT+\left(\frac{\partial u}{\partial v}\right)_T dv \quad \cdots\cdots②$$ である。

気体 $1(\mathrm{mol})$ のエネルギー方程式は，

$$\left(\frac{\partial u}{\partial v}\right)_T=T\left(\frac{\partial p}{\partial T}\right)_v-p \quad \cdots\cdots③$$ である。

①，②，③より $du=C_V dT+\frac{a}{v^2}dv$ ……$(*1)$ を導け。

（ただし，C_V：定積モル比熱）

(2) $(*1)$ を基にして，ファン・デル・ワールスの状態方程式で表される気体の内部エネルギー u が，

$$u=C_V T-\frac{a}{v}+u_0 \quad \cdots\cdots(*2)$$ と表されることを示せ。

（ただし，C_V，a，u_0：定数）

ヒント！ (1) ②の右辺の第1項の dT の係数は，$\left(\frac{\partial u}{\partial T}\right)_v=C_V$（定積モル比熱）になるんだね。(2) の $(*2)$ は，$(*1)$ の両辺を不定積分することにより求められる。

解答＆解説

(1) ①のファン・デル・ワールスの状態方程式を変形して，

$$p=\frac{RT}{v-b}-\frac{a}{v^2} \quad \cdots\cdots①' \quad (R：気体定数，a, b：定数)$$

①′を v を一定として T で微分すると，

$$\left(\frac{\partial p}{\partial T}\right)_v=\frac{\partial}{\partial T}\left(\frac{RT}{v-b}-\frac{a}{v^2}\right)=\frac{R}{v-b} \quad \cdots\cdots①''$$ となる。

（$\frac{a}{v^2}$：定数扱い）

①´´を③に代入して，

$$\left(\frac{\partial u}{\partial v}\right)_T = T\cdot\left(\frac{\partial p}{\partial T}\right)_v - p = T\cdot\frac{R}{v-b} - p = \frac{RT}{v-b} - p$$

$\frac{RT}{v-b} = p + \frac{a}{v^2}$ （①より）

$$= \cancel{p} + \frac{a}{v^2} - \cancel{p} = \frac{a}{v^2}$$ より，

$$\left(\frac{\partial u}{\partial v}\right)_T = \frac{a}{v^2} \quad \cdots\cdots ③'$$ となる。

また，定積モル比熱 C_V の定義式より，

$$\left(\frac{\partial u}{\partial T}\right)_v = C_V \quad \cdots\cdots ④$$ である。

③´と④を②に代入すると，

$$du = \left(\frac{\partial u}{\partial T}\right)_v dT + \left(\frac{\partial u}{\partial v}\right)_T dv = C_V dT + \frac{a}{v^2}dv$$

$$\therefore\ du = C_V dT + \frac{a}{v^2}dv \quad \cdots\cdots (*1)$$ が導かれる。…………………………(終)

(2) $(*1)$ の両辺を不定積分すると，ファン・デル・ワールスの状態方程式で表される気体の内部エネルギー u は，

$$u = \int C_V dT + \int a v^{-2} dv$$

$$= C_V T - a v^{-1} + u_0$$

$$\therefore\ u = u(T,\ v) = C_V T - \frac{a}{v} + u_0 \quad \cdots\cdots (*2)$$ となる。……………………(終)

（ただし，C_V，a，u_0：定数）

ファン・デル・ワールスの状態方程式で表される気体の内部エネルギー u は，$(*2)$ で示されるように，T と v の関数となる。

演習問題 82 ● 理想気体のエンタルピー $H(T)$ ●

次の各問いに答えよ。

(1) エンタルピー H の熱力学的関係式：$dH = TdS + Vdp$ ……(＊1) と

マクスウェルの関係式：$\left(\frac{\partial S}{\partial p}\right)_T = -\left(\frac{\partial V}{\partial T}\right)_p$ ……(＊2) を用いて，

エンタルピーの方程式：$\left(\frac{\partial H}{\partial p}\right)_T = -T\left(\frac{\partial V}{\partial T}\right)_p + V$ ……(＊) を導け。

(2) エンタルピーの方程式 (＊) を用いて，理想気体のエンタルピー H が圧力 p に依存しないことを示せ。

ヒント！ (1)(＊1) を差分形式で表して，$\Delta H = T\cdot\Delta S + V\cdot\Delta p$ として，両辺を Δp で割った後で，$\Delta p \to 0$ の極限を取って，偏微分方程式を作り，さらに (＊2) を利用して，エンタルピーの方程式 (＊) を導こう。(2) 理想気体の状態方程式より，$V = \frac{nRT}{p}$ を (＊) に代入して，H が p に依存しないことを示せばいいんだね。

解答＆解説

(1) エンタルピー H の熱力学関係式：

$dH = TdS + Vdp$ ……(＊1) を差分形式で表して，

$\Delta H = T\Delta S + V\Delta p$ となる。この両辺を Δp で割ると，

$$\frac{\Delta H}{\Delta p} = T\cdot\frac{\Delta S}{\Delta p} + V \quad \cdots\cdots ①$$ となる。

ここで，$H = H(T, p)$，$S = S(T, p)$ と考えて，T 一定の条件の下で，

（準静的等温変化を考える）

$\Delta p \to 0$ の極限を求めると，①は，

$$\left(\frac{\partial H}{\partial p}\right)_T = T\cdot\left(\frac{\partial S}{\partial p}\right)_T + V \quad \cdots\cdots ②$$ となる。

（$\left(\frac{\partial S}{\partial p}\right)_T = -\left(\frac{\partial V}{\partial T}\right)_p$（マクスウェルの関係式 (＊2) より））

ここで，マクスウェルの関係式：

$$\left(\frac{\partial S}{\partial p}\right)_T = -\left(\frac{\partial V}{\partial T}\right)_p \quad \cdots\cdots (*2)$$ を②に代入すると，

エンタルピーの方程式：

$$\left(\frac{\partial H}{\partial p}\right)_T = -T\left(\frac{\partial V}{\partial T}\right)_p + V \quad \cdots\cdots (*)$$ が導かれる。……………………………(終)

(2) n(mol)の理想気体の状態方程式：$pV = nRT$ より，

$V = \dfrac{nRT}{p}$ ……③　となる。③を$(*)$の$\left(\dfrac{\partial V}{\partial T}\right)_p$に代入して，

$$\left(\frac{\partial H}{\partial p}\right)_T = -T\cdot\left(\frac{\partial}{\partial T}\left(\frac{nR}{p}\cdot T\right)\right)_p + V = -T\cdot\frac{nR}{p} + V$$

（$\frac{nR}{p}$：定数（∵ p 一定），$T\cdot\frac{nR}{p}$：V（③より））

$= -V + V = 0$　となる。

以上より，T 一定の条件で，H を p で偏微分したものが 0 となるので，H は p に依存しない関数であることが示された。……………………(終)

参考

対象とする系（気体）が理想気体である場合，エンタルピー H は，次のように表される。

(Ⅰ) 単原子分子理想気体：$H = \frac{5}{2}nRT$

(Ⅱ) 2 原子分子理想気体：$H = \frac{7}{2}nRT$（常温（～300(K)）のとき），$H = \frac{9}{2}nRT$（高温のとき）

(Ⅲ) 多原子分子理想気体：$H = 4nRT$（多原子：3 原子以上）

このように，理想気体のエンタルピー H が温度 T のみの関数で，圧力 p に依存しないことが，エンタルピーの方程式$(*)$からも示せた。

◆◆◆ Appendix(付録) ◆◆◆

補充問題 1 ● $xy^2 = c$ の微分表示 ●

2 変数 x，y について，$xy^2 = c$ ……(＊) (c：0 以外の定数) が成り立つとき，$ydx + 2xdy = 0$ ……(＊)′ が成り立つことを示せ。

ヒント！ 演習問題 5 (P17) の応用問題だね。(＊) より $y^2 = \dfrac{c}{x}$ として，両辺を x で微分して求めてもいいし，$d(xy^2) = dc$ から求めてもいいんだね。

解答&解説

$xy^2 = c$ ……(＊) について，c は 0 以外の定数より，

$x \neq 0$，$y \neq 0$ である。

（もし，$x=0$ または $y=0$ と仮定すると，(＊) より，$0=c$ となって，$c \neq 0$ に矛盾する。(背理法)）

よって，(＊) の両辺を x で割って，

$y^2 = \dfrac{c}{x} = c \cdot x^{-1}$ ……① である。

①の両辺を x で微分して，

$\dfrac{dy^2}{dx} = -c \cdot x^{-2}$　　$2y \cdot y' = -\dfrac{c}{x^2}$ となる。これから，

（$\dfrac{dy^2}{dx} = \dfrac{dy^2}{dy} \cdot \dfrac{dy}{dx} = 2y \cdot y'$ ← 合成関数の微分）

$2y \cdot \dfrac{dy}{dx} = -\dfrac{c}{x^2}$ ……② となる。

ここで，(＊) を②に代入して c を消去すると，

$2y \cdot \dfrac{dy}{dx} = -\dfrac{xy^2}{x^2}$　　$2y \cdot \dfrac{dy}{dx} = -\dfrac{y^2}{x}$　　$2 \cdot \dfrac{dy}{dx} = -\dfrac{y}{x}$ ……③

③の両辺に xdx をかけると，

$2xdy = -ydx$　∴ $ydx + 2xdy = 0$ ……(＊)′ が導ける。……………………(終)

別解

$xy^2 = c$ のとき，この両辺の微分をとると，

$d(xy^2) = dc$　$y^2dx + 2xydy = 0$　この両辺を y で割って，$ydx + 2xdy = 0$

（$d(xy^2) = y^2dx + x \cdot 2ydy$，$dc = 0$）

（$y^2dx + x \cdot 2ydy$ ← $xy^2 = z$ とおくと，$dz = \dfrac{\partial z}{\partial x}dx + \dfrac{\partial z}{\partial y}dy$ (全微分と偏微分)）

◆ Term・Index ◆

大学物理入門編
初めから解ける 演習
熱力学 キャンパス・ゼミ

マセマ

著　者　馬場 敬之
発行者　馬場 敬之
発行所　マセマ出版社
〒 332-0023 埼玉県川口市飯塚 3-7-21-502
TEL 048-253-1734　FAX 048-253-1729
Email：info@mathema.jp
https://www.mathema.jp

編　集　七里 啓之
校閲・校正　高杉 豊　笠 恵介　秋野 麻里子
組版制作　間宮 栄二　町田 朱美
カバーデザイン　馬場 冬之
ロゴデザイン　馬場 利貞
印刷所　中央精版印刷株式会社

令和 6 年 2 月 20日　初版発行

ISBN978-4-86615-328-5　C3042
落丁・乱丁本はお取りかえいたします。